Anne Honer

Lebensweltliche Ethnographie

Ein explorativ-interpretativer Forschungsansatz
am Beispiel von Heimwerker-Wissen

Anne Honer

Lebensweltliche Ethnographie

Ein explorativ-interpretativer Forschungsansatz am Beispiel von Heimwerker-Wissen

Springer Fachmedien Wiesbaden GmbH

Die Deutsche Bibliothek — CIP-Einheitsaufnahme

Honer, Anne:
Lebensweltliche Ethnographie : ein explorativ-interpretativer
Forschungsansatz am Beispiel von Heimwerker-Wissen / Anne
Honer. — Wiesbaden : DUV, Dt. Univ.-Verl., 1993
  (DUV : Sozialwissenschaft)
  Zugl.: Bamberg, Univ., Diss., 1991
  ISBN 978-3-8244-4133-4   ISBN 978-3-663-14594-3 (eBook)
  DOI 10.1007/978-3-663-14594-3

Gedruckt auf chlorarm gebleichtem und säurefreiem Papier

*Zur Erinnerung
an
Benita Luckmann*

1. Vorwort (auch des Dankes)

Wenn man sich anschaut, was die einschlägige Methodenliteratur zur sogenannten qualitativen Sozialforschung so anbietet, dann gewinnt man leicht den Eindruck, man habe es mit einer Art von Bastelanleitungen für Fertigbausätze zur Erfassung von Wirklichkeit zu tun. Es mag scheinen, als *gewährleiste* die möglichst penible Befolgung von 'Gebrauchsanweisungen' die Erstellung eines ansehnlichen, wissenschaftlichen Endproduktes. Die gerade aktuell beobachtbare, zunehmende Kanonisierung qualitativer Methoden zeitigt aber, genauer betrachtet, einen Effekt, wie ihn Erving Goffman (1974, S. 18) einmal mit trefflicher Polemik für die *standardisierte* Sozialforschung beschrieben hat: "- als ob die Aufdeckung von Strukturen des sozialen Lebens so einfach wäre. Es scheint sich hier um eine Art kongeniale Magie zu handeln, der die Überzeugung zugrunde liegt, daß, wenn man die Handlungen vollzieht, die der Wissenschaft zugeordnet werden, das Resultat Wissenschaft sein müsse. Das ist aber nicht der Fall. (Fünf Jahre nach ihrer Veröffentlichung erinnern zahlreiche solcher Unternehmungen an die Experimente, die Kinder mit ihren Physik- oder Chemiekästen machen sollen: 'Folge der Anleitung und Du wirst bald ein richtiger Chemiker sein, genauso wie der Mann auf dem Kastendeckel'.)" D.h., man lernt anhand von Ausführungen über Methoden eben etwas über *Methoden* man lernt nichts über die *Anwendung* von Methoden, und man lernt schon garnichts über die Wirklichkeit(en), *auf die* die Methoden angewandt werden sollen.

Was aber ist dann der Sinn *dieses* Unternehmens hier? Ist das nicht selber ein schlechtes Beispiel genau für das, was Goffman als "eine Art kongeniale Magie" bezeichnet? - Nun, ja *und* nein: Ja, es geht hier *auch* um Methoden. Nein, man *lernt* hier nicht im engeren Sinne etwas über Methoden. Dies ist keine Methoden-Arbeit. Dies ist aber auch keine Arbeit über Heimwerker.[1] Dies ist eine Arbeit über ein soziologisches Forschungskonzept, das ich im zweiten Teil mit Interpretationen zu *Wissensperformanzen* von Heimwerkern illustriere. Dies ist eine Arbeit über das, was *mir* relevant und frag-würdig wird, wenn ich mich und weil ich mich mit immer neu und immer wieder auftauchenden theoretischen, methodologischen, methodischen und vor allem *praktischen* Problemen dieses Forschungskonzepts auseinandersetzen muß.

---

1 Als 'Arbeit über Heimwerker' betrachten wir die Gesamtheit unserer heterogen interessierten Teiluntersuchungen zum Projekt "Symbolische Repräsentation durch Schattenarbeit: Heimwerken als Erfahrungsstil und soziale Praxis" (Gross/Hitzler/Honer 1985).

Insofern ist diese Arbeit, die 1991 von der Fakultät Sozial- und Wirtschaftswissenschaften der Universität Bamberg als Inaugural-Dissertation angenommen worden ist, sozusagen eine lebensweltliche Ethnographie über strukturelle Probleme in der kleinen Lebens-Welt der lebensweltlichen Ethnographie (die sich selber wiederum auf eine 'Exkursion' begibt zu einem anderen merkwürdigen Zeitgenossen, dem Heimwerker). Und insofern hat diese Arbeit, obwohl sie letztlich in *einem* Sommer ihre endgültige Gestalt gewann, eine lange und merkwürdige Geschichte: Sie begann vor über zehn Jahren damit, daß ich Benita Luckmanns kleinen Text 'The Small Life-Worlds of Modern Man' (1970/1978) gelesen und daraufhin die Idee gehabt hatte, eine dieser kleinen Lebens-Welten zum Thema meiner Magisterarbeit zu machen. Thomas Luckmann hat damals ein wenig verwundert den Kopf geschüttelt und mich, wie man so sagt, 'machen lassen'. Seither bemühe ich mich, das dabei in nuce entstandene Konzept auch mit und an anderen Themen zu erproben.

Dazu gab und gibt mir *Peter Gross* einerseits 'freie Hand' und andererseits vielfältige und großzügige Unterstützung, die schon jetzt auch weit über den hier aktuellen Kontext hinausreicht. (Es muß - wenn nicht an dieser Stelle, wo sonst? - einmal geschrieben werden: Er ist ein großartiger Chef, aber für mich ist er viel mehr: ein stets vorauseilender spiritus rector - und ein Freund.) Der andere Freund ist (natürlich) *Ronald Hitzler,* der ja vor mir in der gleichen soziologischen Tradition sozialisiert worden war und der ohnehin ganz ähnliche Ideen mit stärker *theoretischem* Interesse verfolgt. In ihm habe ich einen dauerhaft hochinteressierten und problemsensiblen Gesprächs-, Arbeits- und Publikationspartner gefunden. Er hat auch die Entstehung dieses Textes bis zuletzt mit großer Anteilnahme verfolgt, dabei unermüdliche redaktionelle Hilfe geleistet und die Verfasserin obendrein auch in den unerquicklichsten Phasen zugleich vorangetrieben und liebevoll umsorgt. Diesen beiden, den seit langem (und hoffentlich noch für lange Zeit) wichtigsten Männern in meinem Leben, verdanke ich so Vieles, daß ich das meiste davon schon längst wieder vergessen habe. Herzlich danken will ich aber auch *Ulrich Beck,* der als Zweitgutachter die Arbeit mit betreut und befördert hat, sowie meinen heutigen und meinen früheren Kollegen, die mir stets und ohne Murren jeden Ungemach verziehen haben, den ihnen meine besondere Lebens- und Arbeitsweise immer wieder bereitet hat.

INHALT

Teil I: Ein explorativ-interpretativer Forschungsansatz

2. Zur Rekonstruktion der subjektiven Perspektive

Die typische soziologische Denk- und Sichtweise konzentriert sich, wenn sie nicht ohnehin das Subjekt (das handlungskompetente Individuum) als durch die gesellschaftlichen Verhältnisse determiniert begreift, im wesentlichen auf die Frage, wie die soziale Wirklichkeit aussieht und wie sie individuelle Handlungschancen ermöglicht und beschränkt. Was 'das Subjekt' aber sei, sofern es denn mehr ist als das (hilflose) Produkt der sozio-historischen Umstände, also als eine agierende und interagierende, eine denkende und fühlende, eine fragende und wertende Existenz, das bleibt in der Regel unthematisiert. Aber Soziologen, die meinen, daran vorbeisehen zu können, daß sie es tatsächlich mit Menschen und *deren* Objektivationen (und nicht mit von Sozialwissenschaftlern konstruierten Phänomenen) zu tun haben, mit sich zu sich selbst *und ihresgleichen* verhaltenden Subjekten also, betätigen sich nur noch als (schlechte) Sozialmechaniker (vgl. dazu auch Hitzler 1988a, v.a. S. 54ff).

Die Aufgabe der Sozialwissenschaften, so die Prämisse einer subjektorientierten Soziologie, wie wir sie verstehen, besteht darin, Konstruktionen der Wirklichkeit zu rekonstruieren. Demnach ist die Befasstheit mit den Erfahrungen der Subjekte also ein keineswegs *marginales* Thema der Sozialwissenschaften, sondern deren systematisches Kernproblem: Objektive Faktizitäten sind immer subjektive Bewußtseinsgegebenheiten. Und *nur* als solche sind sie empirisch evident. Der Rückgriff auf die Phänomenologie im Sinne von Alfred Schütz klärt den Wirklichkeitszugang des Sozialwissenschaftlers, wenn er Gegebenheiten seines eigenen Bewußtseins reflektiert und sich mit den Gegebenheiten des Bewußtseins anderer Subjekte befasst. Diese Selbstverständigung einer phänomenologisch reflektierten Wissenssoziologie bildet insgesamt den Hintergund, wenn ich hier von Analysen der Konstitution der Lebenswelt ausgehend (wieder einmal) die Idee der kleinen sozialen Lebens-Welten anspreche und zur lebensweltlichen Ethnographie einlade.

2.1 Die Idee der kleinen Lebens-Welten

2.1.1 Grundstrukturen der Lebenswelt

William James (1893) im wesentlichen hat uns die Einsicht näher gebracht
und 'vererbt', daß 'die Wirklichkeit' eine reichlich chaotische und irrationale,
eine im Grunde unkalkulierbare Angelegenheit voller Überraschungen sei,
und daß wir es eher mit (mannigfaltigen) Wirklichkeiten als mit *der*
Wirklichkeit zu tun haben. Auch der Begriff der 'Lebenswelt', wie er in der
Mundanphänomenologie als Korrelat subjektiver Bewußtseinsleistungen
entwickelt worden ist (vgl. dazu neuerdings Luckmann 1990a), meint das
Insgesamt von Wirklichkeiten (unter denen sich der Alltag pragmatisch
auszeichnet). Jede dieser Wirklichkeiten ist geprägt von spezifischen
Relevanzstrukturen, von bestimmten Zuwendungen zum eigenen Erleben.
Diese mundanphänomenologische Rekonstruktion der sich in speziellen
Erfahrungsstilen und Bewußtseinsspannungen konstituierenden Wirklichkeits-
bereiche und (Sub-)Sinnwelten (vgl. dazu v.a. Schütz 1971, S. 237-298) ist
von den Sozialwissenschaften noch weitgehend unbeachtet geblieben und
kaum systematisch berücksichtigt worden (vgl. aber z.B. Goffman 1977, dazu
auch Eberle 1991a). Es geht deshalb nunmehr darum, den komplexen
sozialwissenschaftlichen Modellen von als 'objektiv' hypostasierten so-
zial(strukturell)en Tatsachen die *systematische Rekonstruktion multipler
Erfahrungsqualitäten* gegenüberzustellen. Denn jede Teil-Wirklichkeit der
Lebenswelt ist konzentrisch auf das erlebende Subjekt hin geordnet. Erleben,
Erfahren, Handeln ist eine primordiale, evidentermaßen *nur* dem erlebenden,
erfahrenden, handelnden Subjekt zugängliche Sphäre.

Allgemeiner ausgedrückt: Lebenswelt im Sinne Edmund Husserls (vgl.
1954) ist ein egologisches Gebilde.[2] In ihren konkreten Ausformungen ist sie
in unendlicher Vielfalt den jeweiligen Subjekten zugeordnet als deren einzig
wirkliche Welt, "in welcher Subjekt und Objekt sich derart verschränken, daß
es weder ein reines und objektloses, also auch welt- und geschichtsloses
Subjekt, noch eine reine, nämlich subjektfrei vorfindbare Objektivität - das
Idol neuzeitlicher Wissenschaft - gibt, sondern nur deren gegenseitige

---

2 Ulf Matthiesen, der ja schon früher versucht hat, das 'Dickicht' der Lebenswelt zu lichten
(vgl. Matthiesen 1983), vertritt neuerdings sogar die Meinung, daß "dem Lebensweltbegriff
... neben der dominanten lebensphilosophischen Grundierung früh schon ein zunächst
weniger deutliches, gleichsam 'protestantisches Urwesen' innezuwohnen" scheint (Matthiesen
1991, S. 38).

Bedingung die Ganzheit unserer konkreten Verständniswelt bildet." (Coreth 1986, S. 47). Diese soziohistorisch mehr oder minder ähnlichen Variationen bauen sich auf aus allgemeinen, unwandelbaren Grundstrukturen, dem 'Reich ursprünglicher Evidenzen', dem Apriori der Geschichte. Alfred Schütz hat diese Idee Husserls aufgenommen und versucht, die allgemeinsten Wesensmerkmale der Lebenswelt zu beschreiben: Invariante Merkmale von Phänomenen werden mit der Methode eidetischer Reduktion so, wie sie dem subjektiven Bewußtsein unter Ausklammerung sowohl soziohistorischer Variationen als auch der Frage nach ihrem Wirklichkeitsstatus erscheinen, herausgearbeitet. Dabei geht es darum, auf dem Wege kontrollierter Abstraktion zu den fundierenden Schichten von Bewußtseinsprozessen vorzudringen und die universalen Strukturen subjektiver Konstitutionsleistungen aufzudecken (vgl. dazu auch Hitzler/Honer 1984).

Der darin implizierte Anspruch, eine Universalmatrix für die Sozialwissenschaften bereitzustellen, welche die Analyse der sich im Bewußtsein des Subjekts konstituierenden Erfahrungswelt ermöglicht, geht von der Grundannahme aus, daß eben alle gesellschaftlich konstruierte Wirklichkeit (vgl. Berger/Luckmann 1969) aufruht auf der subjektiven Orientierung *in* der Welt und dem sinnhaften Aufbau der *sozialen* Welt (vgl. Schütz 1974). Mithin ist die Mundanphänomenologie von Schütz und in der Nachfolge von Schütz, die sich um die Aufdeckung der invarianten Strukturen der Lebenswelt bemüht[3], kein soziologischer Ansatz, sondern eine *proto*-soziologische Unternehmung, die der eigentlichen soziologischen Arbeit zugrundeliegt (vgl. dazu Luckmann 1979; 1980, S. 9-55; 1983; 1990b; vgl. auch Eberle 1991b). Ausgearbeitet wurde dieses Konzept einer 'mathesis universalis' der Sozialwissenschaften – nach Entwürfen und Notizen von Schütz – durch Thomas Luckmann (vgl. hierzu Schütz/Luckmann 1979 und 1984).

Immer wieder ist zu betonen, daß nach Schütz und Luckmann (trotz einiger terminologischer Inkonsistenzen speziell bei Schütz) die Lebenswelt *nicht* mit der Alltagswelt zusammenfällt. Die Alltagswelt - auf die sich das Augenmerk der Sozialwissenschaften *hauptsächlich* richtet - ist 'lediglich' der aus pragmatischen Gründen 'ausgezeichnete' Wirklichkeitsbereich der Lebenswelt. Und wegen dieser besonderen pragmatischen Bedeutung setzt die mundanphänomenologische Beschreibung der Lebenswelt auch an bei der

---

3   Berger/Kellner (1984, S. 69) weisen darauf hin, "daß diese Ebene der conditio humana sehr abstrakt ist. Sie transzendiert Zeit und Raum und bringt daher die historisch konkreten Bedeutungssysteme in ihrer Relativität nicht zum Ausdruck."

alltäglichen Welterfahrung, bei der dem Alltagsverstand eignenden relativ-natürlichen Einstellung. Von dieser Einstellung aus schichtet sich die alltägliche Lebenswelt räumlich, zeitlich und sozial auf - gegliedert nach je subjektiven, biographisch sich konstituierenden Relevanzstrukturen. Die Lebenswelt setzt sich zusammen aus aktuellem Erleben und aus Sedimenten früheren Erlebens sowie aus mehr oder minder genauen Erwartungen zukünftig möglicher Erlebnisse. Sein konkretes Hier-und-Jetzt ist mithin für jeden Menschen das Zentrum seiner alltäglichen Lebenswelt.

Die Orientierung in der Lebenswelt erfolgt im Rekurs auf einen typologisch strukturierten, *subjektiven* Wissensvorrat, der wiederum in einer komplexen Beziehung steht zu ebenfalls typologisch angelegten *gesellschaftlichen* Wissensvorräten (vgl. hierzu Schütz/Luckmann 1979, S. 133ff): Der *subjektive* Wissensvorrat eines Menschen setzt sich strukturell (d.h.: *jedem* konkreten Wissensbestand inhärent) zusammen aus 1. *Grundelementen des Wissens*, die jeder Erfahrung mitgegeben sind, und die die Begrenztheit der Situation[4] und die unumstößlichen Bedingungen subjektiver Erfahrungen[5] betreffen; 2. *Routinewissen*, das anknüpft an die Grundelemente und sich weder gegen diese noch im Hinblick auf seine verschiedenen Bestandteile klar abgrenzen läßt[6], das 'beiläufig' angewandt werden kann und von einer ständigen aber marginalen Relevanz ist; und 3. *explizitem Wissen*, dessen Elemente nach Kriterien der Vertrautheit[7], der Bestimmtheit[8] und der

---

4   Man hat stets nur begrenzte Zeit zur Verfügung, und man muß deshalb die wie auch immer als 'am wichtigsten' definierten Dinge zuerst tun; man kann nicht an zwei Orten zugleich sein, und man ist darauf angewiesen, daß der eigene Körper hinlänglich 'wie gewohnt' funktioniert.

5   Man unterliegt immer (irgendwelchen) Beschränkungen seiner Reichweiten und Wirkzonen; man lebt stets in der Gegenwart, aber mit Erinnerungen und Erwartungen; man lebt mit (wie auch immer anonymisierten) 'Anderen', die jetzt sind, früher waren oder später sein werden.

6   Routinewissen läßt sich analytisch nochmals unterteilen in a) Fertigkeiten (d.h., man beherrscht bestimmte körperliche Fähigkeiten 'gewohnheitsmäßig': z.B. Gehen für jeden Nichtbehinderten), b) Gebrauchswissen (d.h., manche einmal erlernten körperlichen Fähigkeiten sind unproblematisch geworden: z.B. Rauchen für einen Raucher), c) Rezeptwissen (d.h., bestimmte (körperliche) Fähigkeiten sind jederzeit völlig unproblematisch aktualisierbar: z.B. einen Nagel einschlagen für einen geübten Heimwerker).

7   Die Frage, als wie vertraut man ein Phänomen empfindet, hängt davon ab, wie stark das, was man aktuell erfährt, mit vorangegangenen Erfahrungen übereinstimmt und wie 'gut' diese vorangegangenen Erfahrungen schon ausgelegt sind. Welche Aspekte eines Phänomens hierbei relevant werden, hängt davon ab, was als notwendig empfunden wird zur

16

Glaubwürdigkeit[9] 'dimensioniert' sind, und das in der Regel eben auch *als Wissen* gewußt wird. Außerdem verfügt jeder Mensch auch noch über *potentielles Wissen*, das sich auf Elemente des expliziten Wissens und des Routinewissens, im Normalfall aber nicht auf Grundelemente des Wissens beziehen kann, und das sich differenzieren läßt in 'wiederherstellbares', weil (irgendwie) verlorengegangenes oder von anderem Wissen verdecktes[10], und in 'erlangbares', weil noch nie im Wissensvorrat vorhanden gewesenes[11], Wissen.

Der *gesellschaftliche* Wissensvorrat einer Kultur oder Teil-Kultur läßt sich strukturell unterteilen in 1. *Allgemeinwissen*, das relativ stabil ist, jedes Mitglied der Kultur angeht und von jedem auch an jedes andere weitergegeben wird, und 2. *Sonderwissen*, das nur für manche Menschen in manchen Kontexten relevant und für andere zum Teil garnicht mehr einsichtig (zu machen) ist, das in der Regel ziemlich umständlich, manchmal über spezielle Wissensvermittler erworben werden muß, und das im Verhältnis zum Alltagswissen relativ systematisiert ist. Je mehr diese Systematisierung fortschreitet, umso mehr entsteht ein abgegrenzter, eigenständiger Wissens-

---

Bewältigung der je aktuellen Situation.

8   Man empfindet etwas dann als 'bestimmt', wenn es bei einigermaßen ähnlichen Erfahrungsabläufen in ähnlichen Situationen keine Überraschungen mehr bietet ("Das ist ein Tisch"). Die meisten 'Bestimmungen' von Phänomenen trifft man nicht selber, sondern übernimmt sie als 'gültig' von anderen.

9   Ein Wissenselement ist umso glaubwürdiger, je umfassender es ausgelegt ist, ohne daß die einmal getroffene 'Bestimmung' von weiteren Erfahrungen in Frage gestellt wurde. (Vorzeitig abgebrochene Auslegungen haben einen entsprechend niedrigen Glaubwürdigkeitsgrad.) Als besonders glaubwürdig gelten sogenannte 'empirische Gewißheiten' und aus als 'sicher' empfundenen Quellen stammende 'Kenntnisse'. Beide können aber ebenso wie alle anderen Wissenselemente auch prinzipiell (und 'jederzeit') durch neue Erfahrungen und weitere Auslegungen revidiert werden. (Ein gewichtiges wissenssoziologisches Argument m.E. sowohl gegen 'positivistische' als auch gegen 'ideologische' Positionen.)

10   Verlorengehen kann z.B. das Wissen, wie ein bestimmtes Wissen (einst) erworben worden ist, oder auch das Wissen, welche Beziehungen zwischen verschiedenen Wissenselementen bestehen. Verdeckt werden können z.B. frühere 'Ansichten' zu einem Thema durch Neubewertungen.

11   Dabei spielt die Frage eine Rolle, wie wahrscheinlich es ist, ein bestimmtes Wissen zu erlangen, bzw. die, als wie dringlich bzw. interessant der entsprechende Wissenserwerb angesehen wird. Das wiederum hängt auch damit zusammen, als wie undurchschaubar ein Wissensbereich grundsätzlich gilt.

bereich mit eigener 'Logik', eigener Methodik, eigener 'Pädagogik'. Das Sonderwissen wird so im engeren Sinne 'theoretisch'. "Es muß aber betont werden, daß die 'Anwendbarkeit' theoretischen Wissens prinzipiell vorausgesetzt bleibt, auch wenn eine Reihe von institutionalisierten Stufen zwischen Wissen und Anwendung (...) geschaltet sein mag." (Schütz/ Luckmann 1979, S. 361). Denn aus den wissensgeleiteten Grundformen *sozialen* Handelns baut sich, über mannigfaltige Institutionalisierungsvorgänge, der komplexe Bereich menschlicher *Praxis* auf, der auf erfahrbare und nur bedingt überschreitbare *Grenzen* stößt: Erfahrungen sind immer auch *Transzendenz*-Erfahrungen. Und Transzendenz-Erfahrungen wirken umgekehrt auf die subjektive, intersubjektive und soziale Praxis zurück.

Menschliche Praxis ist - unumgänglich - eine *interpretative*, eine Zeichen und Symbole deutende, wesentlich *kommunikative* (und hierin insbesondere sprachlich verfasste) Praxis (vgl. dazu Luckmann 1980, S. 93-122, Gross 1979a). Das bedeutet auch, daß die Lebenswelt eines jeden Menschen sinnhaft, 'offen' und damit auch erweiterungsfähig ist. Man könnte sogar sagen, daß die Lebenswelt grundsätzlich zu jedem Zeitpunkt weit mehr Erfahrungsmöglichkeiten eröffnet, als ein Subjekt tatsächlich thematisch fokussieren kann. Jeder Mensch selegiert deshalb ständig und zwangsläufig unter den ihm jederzeit prinzipiell möglichen Erfahrungen. Daß mithin unser Erleben und Handeln stets das Ergebnis von Auswahlvorgängen ist, wird uns aber im allgemeinen nicht zum Thema, weil wir unentwegt damit beschäftigt sind, unser tatsächliches Erleben sinnhaft zu vervollständigen, bzw., anders ausgedrückt: jede je ausgewählte Wahrnehmung gestalthaft zu 'komplettieren'.[12] Dieses Erleben kann natürlich gegenüber dem 'objektiven' Sachverhalt 'täuschen' (vgl. dazu das sogenannte Carneades-Beispiel in Schütz/Luckmann 1979, S. 224ff). Trotzdem bestimmt es, und darauf kommt es hier an, *objektiv* unser Handeln: Unser *Erleben* ist maßgeblich für unsere Situationsdefinition, und eben nicht ein 'objektiver' Sachverhalt (vgl. Thomas 1978). Anders ausgedrückt: In unserer Alltagswelt gibt es keine 'brute facts', sondern 'nur' Bedeutungen. Nicht nur ist unser Bewußtsein notwendigerweise

---

12 Gemeint sind damit natürlich apperzeptive und appräsentative Bewußtseinsleistungen. (Vgl. hierzu z.B. Schütz/Luckmann 1984, S. 178ff, Luckmann 1980, S. 93ff.) Dabei geht es in einfachen Fällen um das Ganze von Gegenständen. D.h., wir nehmen Gegenstände in aller Regel *als* Gegenstände wahr. Genau genommen aber sehen wir immer nur die uns zugewandten Teile der Gegenstände, sozusagen ihre jeweiligen 'Fassaden'. Die (jedenfalls im Augenblick) nicht sichtbaren Rückseiten sind uns anschaulich 'mitgegeben', zwar nicht als konkrete, aber eben in einer durch die Vorderansicht appräsentierten Typik.

18

intentional ('von etwas'), die Korrelate dieser Intentionalität sind auch - zumindest in der alltäglichen Erfahrung - *sinnhaft* (vgl. hierzu Schütz 1974).

Im Rekurs auf die Sinnhaftigkeit von Erfahrungen differenzieren wir, entsprechend unseren je subjektiven Relevanzen, zwischen Wichtigem und Unwichtigem, zwischen Beliebigem und Nichtbeliebigem. Diese Sinnhaftigkeit kann ausgesprochen situationsspezifisch und kurzlebig, sie kann aber auch (fast) völlig situationsunabhängig und dauerhaft sein; sie kann rein subjektiv, sie kann aber auch (in einem jeweils zu bestimmenden Ausmaß) sozial 'gelten'. Denn natürlich lebt, genau genommen, jeder Mensch in seiner eigenen (Lebens-)Welt, als dem Insgesamt *seines* konkreten Erfahrungsraumes. Aber alle Konkretionen lebensweltlicher Strukturen sind auch intersubjektiv geprägt. D.h. daß wir - nicht nur, aber vor allem - zur Bewältigung unseres ganz normalen Alltagslebens über eine große Anzahl gemeinsamer Deutungsschemata verfügen bzw. daß sich unsere je subjektiven Relevanzsysteme vielfach überschneiden.

Soziale Geltung von Sinnzuweisungen resultiert also aus der Annahme, daß andere Menschen die Dinge 'im wesentlichen' gleich sehen, bzw. daß sie sie zumindest gleich sehen *können*. Da wir diese Annahme im Alltag ganz selbstverständlich machen, während es uns zugleich ebenso selbstverständlich erscheint, daß jeder Mensch seinen spezifischen Standpunkt, seine individuelle Sicht und seine je eigenen Interessen hat, spricht Schütz (z.B. in 1971, S. 12ff) von einer *Idealisierung der Reziprozität der Perspektiven*. 'Reziprozität' meint dabei erstens die Annahme, man könne die jeweiligen Standpunkte vertauschen, und zweitens die Annahme, daß, solange sich keine schwerwiegenden Widersprüche ergeben, die jeweiligen Relevanzsysteme hinlänglich kongruent, d.h., daß mögliche Perspektivendifferenzen für die jeweiligen aktuellen Absichten unwichtig sind. Wir glauben (fraglos) "daß die Gegenstände der äußeren Umwelt für meinen Mitmenschen prinzipiell die gleichen sind wie für mich" (Schütz/Luckmann 1979, S. 26). Aufgrund dieser Idealisierung tun wir alle also im Alltag (mehr oder weniger) so, als ob die Differenzen der jeweiligen subjektiven Sicht der Welt irrelevant seien. Und dieses 'als ob' genügt normalerweise offensichtlich, den ganz normalen Alltag auch hinlänglich normal 'funktionieren' zu lassen.

Der Bestand an solcherart gemeinsamen Überzeugungen erst ermöglicht und bestimmt unser Alltagsleben, das immer ein *Zusammenleben* ist. In gewisser Weise also 'teilt' das Subjekt seine je konkrete Lebenswelt mit anderen. Genauer gesagt: Die Korrelate seines Erlebens entsprechen 'typisch' den Korrelaten des Erlebens anderer. Auf diese Weise können sich von verschiedenen Subjekten geteilte, also sozusagen intersubjektiv gültige

Deutungsschemata herausbilden, die mit den je individuellen, biographisch bedingten Sinnstrukturen mehr oder weniger stark korrelieren. Während *prinzipiell* also jedem Menschen tatsächlich seine eigene, einmalige Lebenswelt gegeben ist, erscheinen *empirisch* gesehen die je subjektiven Lebenswelten nur *relativ* originell, denn die Menschen greifen bei ihrer Orientierung in ihrer Welt typischerweise auf vielerlei je soziohistorisch 'gültige' Deutungsschemata zurück. Sie stimmen ständig in interaktiven und kommunikativen Prozessen ihre Lebenswelten, ihre Welt-*Wahr*-Nehmungen aufeinander ab.

Es geht deshalb wesentlich darum, zu verstehen, wie Wirklichkeit entsteht und fortbesteht, warum sie 'objektiv' genannt werden kann, und wie sich der einzelne Mensch die gesellschaftliche Wirklichkeit *deutend* aneignet, wie er aus ihr, wie aus einem Steinbruch, seine 'subjektive' Wirklichkeit herausbricht - und dadurch wiederum an der Konstruktion der 'objektiven Wirklichkeit' mitwirkt (vgl. Hitzler 1988a). Die Grundfrage dabei ist: Wie ist es möglich, daß subjektiv gemeinter Sinn zu objektiver Faktizität wird? Berger/Luckmann antworten darauf mit der dialektischen Figur von Externalisierung, Objektivation und Internalisierung: "Gesellschaft ist ein menschliches Produkt. Gesellschaft ist eine objektive Wirklichkeit. Der Mensch ist ein gesellschaftliches Produkt." (1969, S. 65). Daraus folgt, daß sich unter ähnlichen Lebens-Bedingungen auch die Lebenswelten der Menschen ähneln. Mit zunehmender zeitlicher, räumlicher und sozialer Entfernung nehmen allerdings auch die Ähnlichkeiten, die Gemeinsamkeiten der je konkreten Lebenswelten ab. Mit *allen* Menschen 'teile' ich letztlich doch nur noch die unveränderlichen Grundstrukturen der Lebenswelt.

2.1.2 Bedingungen und Folgen sozialer Wissensverteilung

Wie es scheint, hängt also die Verschiedenheit von Lebenswelten wesentlich damit zusammen, daß Menschen auf unterschiedliche Weise an unterschiedlichen sozialen Wissensvorräten partizipieren. Diese Ungleichheit zwischen den Menschen hinsichtlich ihrer Partizipation (und ihrer *Chancen* zur Partizipation) am kulturell je verfügbaren Wissen beginnt, strukturell gesehen, bereits im vorsozialen Bereich mit der Heterogenität physischer Ausstattungen und unvermeidlichen biographischen Differenzierungen. Nicht alle Probleme betreffen alle Menschen (einer Kultur) gleichermaßen; keineswegs alles subjektive Wissen jedes Einzelnen ist sozial relevant; Wissen und vor allem die Bedeutung von Wissen verändert sich dadurch, daß es weitergegeben wird; usw. Kurz: Völlig gleichmäßige Wissensverteilung ist – unabhängig von den je gegebenen Machtstrukturen und Herrschaftsverhältnissen in einer Gesellschaft - schlicht *nicht möglich*. Gleichwohl gibt es natürlich *beträchtliche Unterschiede* in der Wissensverteilung verschiedener Gesellschaftstypen: "Nur in Gesellschaften mit äußerst einfacher Arbeitsteilung und ohne verfestigte soziale Schichten stellen sich die 'jedermann' auferlegten Probleme jedermann auch in wesentlich gleichen Auffassungsperspektiven und Relevanzzusammenhängen dar." (Schütz/Luckmann 1979, S. 372).

Solche als 'archaisch' bezeichnete Gesellschaften sind dadurch gekennzeichnet, daß sich das soziale Wissen sehr langsam verändert und vermehrt, daß alles im sozialen Wissensvorrat abgelagerte Wissen jedem Gesellschaftsmitglied routinemäßig vermittelt wird und zugänglich ist, und daß es kaum besondere, für bestimmte Rollen 'exklusive' Wissensbestände gibt. Das bedeutet, daß in solchen Gesellschaften mehr oder weniger *jeder* normale Erwachsene über das gesamte Allgemeinwissen verfügen und normale Alltagsprobleme lösen kann, und daß auch jeder weiß, wann, wo und wie man sich an die wenigen Experten (z.B. Schamanen) wendet, die es hier gibt (vgl. dazu auch Luckmann 1980, S. 123-141, sowie Hitzler 1988a, S. 109ff).[13] Und vor allem in ihrem Aufsatz 'Über einige primitive Formen von Klassifikation' haben nun Emile Durkheim und Marcel Mauss (vgl. 1987) aufgezeigt, daß die Weltdeutungsschemata *archaischer* Gesellschaften Ausdruck sind einer jeweils basalen *sozialen* Organisation. Und daß das Fundierungsverhältnis nicht umgekehrt sein kann, läßt sich Durkheim und Mauss zufolge daran erkennen, daß unter sehr unterschiedlichen Natur- (d.h. geographischen, klimatischen, demographischen usw.) Gegebenheiten bestimmte Gesellschaftstypen trotzdem strukturell sehr ähnliche - verwandtschaftsanaloge - Ordnungsmuster zur Organisation des Kosmos ausbilden. Die wissenssoziologische Grundidee besteht also darin, daß alle kategorialen *Ordnungen*, derer sich Menschen bedienen, sich letztlich an deren sozialen Organisationsformen orientieren, daß gesellschaftliche Kategorien die Basis des menschlichen Umgangs mit Welt überhaupt darstellen.

Vor allem in modernen Gesellschaften tritt nun schon das Allgemeinwissen, korrelierend in der Regel mit 'sozialen Ungleichheiten' (vgl. zu deren

---

13 Aber auch in solchen Gesellschaften gibt es natürlich einige grundlegende Differenzierungen der Partizipation am sozialen Wissensvorrat: etwa den zwischen den Geschlechtern und den zwischen den Altersgruppen.

'neuen' Formen exemplarisch Beck 1987), in sozial differenzierten 'Versionen' auf – was sich z.B. in divergenten Sprach- und Sprechmilieus manifestiert. Wobei nach Auffassung der Durkheim-Tradition eben die je gültige Klassifikation von Dingen sozusagen die hier gebräuchliche Klassifikation von Menschen reproduziert, daß also soziale Ordnungsvorstellungen sich im Wissen generell niederschlagen, und daß mithin die soziale Kompetenz verschiedener Menschen (und gesellschaftlicher Gruppen) - sozusagen sozialstrukturell 'bedingt' - sehr unterschiedlich ausgeprägt ist. Daraus resultiert vor allem, daß die Relevanzstrukturen verschiedener Gesellschaftsmitglieder nur noch sehr bedingt und 'vorläufig' die gleichen sind. Darauf hat z.B., im Anschluß an Durkheim/Mauss, auch David Bloor aufmerksam gemacht: Am Beispiel der Auseinandersetzung um eine atomistische bzw. mechanistische Weltsicht in der *neuzeitlichen* Gesellschaft des 17. Jahrhunderts zeigt er, daß in den Auseinandersetzungen der beiden dabei relevanten Gruppierungen diese ihr 'Naturwissen' jeweils so *klassifiziert* haben, daß die Klassifikationen "auf kunstvolle Weise mit ihren sozialen Zielen in Einklang gebracht waren. Der politische Kontext wurde dazu benutzt, verschiedene Vorstellungen von der physischen Welt aufzubauen." (Bloor 1980, S. 39).

Hinzu kommt, daß sich im Zusammenhang mit der fortschreitenden Arbeitsteilung die Proportionen des Allgemeinwissens und des Sonderwissens zueinander verschieben: Die Sonderwissensbestände nehmen zu, werden immer stärker spezialisiert, müssen oft in langwierigen 'sekundären' Sozialisationsprozessen erworben werden und *entfernen* sich zunehmend vom Allgemeinwissen. Max Scheler (vgl. 1980) vor allem hat sich ja mit besonderen Formen der Wirklichkeitsdeutung befasst, die seiner Meinung nach 'über' der relativ-natürlichen Weltanschauung stehen und von besonderen gesellschaftlichen Gruppierungen getragen werden.[14] Diese 'obersten Wissensarten' differenziert er in *Herrschafts- und Leistungswissen* (womit er die Techniken der Natur- und Sozialbewältigung anspricht, welche sich am Lebenswerten, Angenehmen und Nützlichen orientieren), *Bildungswissen* (womit wesensdeskriptive Aussagen über frag-würdige Phänomene gemeint sind, die auf geistige Werte abzielen) und *Heils- und Erlösungswissen* (das

---

14 Die Wissenssoziologie Schelers ist eine *apriorische*, also nicht empirische Theorie der menschlichen Bewußtseinsinhalte in Interdependenz zu sozialen Organisationsformen, die diese Bewußtseinsinhalte 'widerspiegeln'. Auf diese Lehre von den Wissensformen habe ich aber bereits in einer früheren Arbeit *empirisch* Bezug genommen (vgl. Honer 1983, S. 18ff).

konkrete Erfahrungen in 'bergende' transzendente Bezüge einbettet und somit 'das Heilige' thematisiert).

Leistungs- und Herrschaftswissen wäre demnach jenes Wissen, das, geleitet vom Motiv der Machtgewinnung über Natur, Gesellschaft und Geschichte, die Gesetze der Erscheinungen (des Jetzt-Hier-So) in den Griff zu bekommen versucht. Es ist die für die *praktisch-theoretische Intelligenz* symptomatische Wissensart, und ihre entfaltetste Form ist die *positive Wissenschaft*. Getragen wird Leistungs- und Herrschaftswissen vor allem vom Stand 'freier kontemplativer Menschen' (die eine theoretische Erkenntnishaltung haben) einerseits, und vom Stand der 'Handwerker' (die daran interessiert sind, Bewegungsvorgänge kalkulierbar zu machen und damit den Arbeitsprozess zu regeln) andererseits. - Bildungswissen hingegen wäre jenes Wissen, das die 'Warumfrage' stellt. Das beginnt mit der Gemütsbewegung des 'Verwunderns'. Bildungswissen ist der Versuch der Teilhabe am 'Wesentlichen', durch die der Mensch auch sein eigenes Sein zu verwesentlichen sucht. Der Erwerb von Bildungswissen bedingt eine besondere ('ausgezeichnete') Geisteshaltung des Fragenden, die gerade das ausschaltet, was für das Leistungs- und Herrschaftswissen zentral ist, nämlich das 'Triebleben' und die vitalen (persönlichen) Interessen. Getragen wird das Bildungswissen vor allem von den *Wesens-Philosophen* bzw. von denen, die in einer kongenialen Verbindung mit ihnen stehen. - Heils- und Erlösungswissen schließlich wäre jenes Wissen, das auf Anteilnahme am absolut Seienden abzielt, am Urgrund allen Seins. Scheler unterscheidet dabei positive Religion ("Glaube und Gefolgschaft gegenüber einer Person, der man besondere Erfahrungskontakte mit der Gottheit: Offenbarung, Gnade, Erleuchtung oder gar irgendein besonderes Verhältnis zur Gottheit zuschreibt" - 1980, S. 87) und (spekulative) Metaphysik (die Heilswissen im "ausdrücklichen Verzicht auf alle sogenannten 'übernatürlichen' Quellen der Erkenntnis" (ebenda) zu erlangen vermag. Getragen wird Heils- und Erlösungswissen stets von heterogenen *metaphysischen Eliten*.

Zum Allgemeinwissen des modernen Menschen gehört nun zwar noch das Wissen, *daß* es sehr viel nicht nur derartig 'globales', sondern sehr viel sehr spezialisiertes, sehr verschiedenes und verschiedenartiges Sonderwissen gibt. Dessen faktische soziale Verteilung aber weiß 'man' durchaus nicht mehr, wenn man nicht wiederum ein Experte für Wissensbestände ist: Die Zusammenhänge zwischen den heterogenen Wissensgebieten lösen sich auf. Dadurch, daß insgesamt der soziale Wissensvorrat immer unübersichtlicher wird und diese Unübersichtlichkeit selber auch wieder unterschiedlich verteilt ist, wachsen symptomatischerweise die Abstände zwischen Experten und

Laien - wobei jedermann zugleich Laie ist auf den meisten und Experte auf ganz wenigen bzw. nur einem der (institutionell immer stärker spezialisierten) Gebiete des Sonderwissens. Dadurch entstehen vielschichtige Gemengelagen von Wissen, Halbwissen und Nichtwissen. Als Laien werden die Menschen auch bei der Lösung von Alltagsproblemen zunehmend abhängig von den Experten, und zugleich werden manche Spezialisten (für 'irgendwas') sozial nahezu unsichtbar: "Wenn, im Grenzfall, der Bereich des gemeinsamen Wissens und der gemeinsamen Relevanzen unter einen kritischen Punkt zusammenschrumpft, ist Kommunikation innerhalb der Gesellschaft kaum noch möglich. Es bilden sich 'Gesellschaften innerhalb der Gesellschaft' heraus." (Schütz/Luckmann 1979, S. 378).[15]

Das heißt: Für jede soziale Gruppierung innerhalb einer Gesellschaft sind andere *Arten* von Wissen und vor allem andere *Hierarchien* von Wissensarten relevant.[16] Und das (alles) hat, wie wir im Folgenden sehen werden, gravierende Folgen für die Orientierung in der Sozialwelt und für die Selbst- und Fremdeinschätzung. Vereinfacht ausgedrückt können wir aber soviel bereits festhalten: Die Teilhabe an einem besonders einfachen, wohlgeordneten, in sich stimmigen und auf wenigen grundsätzlichen Gewißheiten basierenden Wissensvorrat schlägt sich auch in relativ stark übereinstimmenden subjektiven Lebenswelten nieder, während die Teilhabe an komplexen, also sehr unterschiedlich verteilten, heterogenen und mit konkurrierenden Gewißheitsannahmen durchsetzten Wissensvorräten eben auch deutlich divergente Lebenswelten nach sich zieht.

---

15 Dies ist eine für die von mir hier postulierte Notwendigkeit einer ethnologischen Gesinnung des Soziologen gegenüber der eigenen Kultur ausgesprochen bedeutsame Erkenntnis.

16 Georges Gurvitch, der Nachfolger von Emile Durkheim an der Sorbonne, spricht von 'funktionellen Korrelationen' (vgl. Gurvitch 1971). - Das von Gurvitch dabei vorgeschlagene, hochelaborierte (und komplizierte) Klassifikationssystem ist sicherlich zu mechanisch und mit zu vielen zumindest problematischen Vorannahmen belastet, als daß es für eine direkte Anwendung im Rahmen einer aktuellen, *empirischen* Wissenssoziologie dienlich sein könnte. Im Hinblick auf mein Plädoyer für eine *'ethnologische'* Einstellung des Soziologen zur eigenen Gesellschaft ist es aber wichtig, bereits hier festzuhalten, daß Gurvitch den wissenssoziologischen Blick für die *Vielfalt* sozialer 'Gesellungsgebilde' und die für diese jeweils typischen, höchst heterogenen Relevanzstrukturen geöffnet hat. Gurvitch, in der Durkheim-Tradition stehend, aber auch auf Scheler rekurrierend, erscheint mir im Hinblick auf die aktuelle Zuwendung zu 'neuen' sozialen Ungleichheiten deshalb wesentlich *moderner* als etwa Karl Mannheim (z.B. 1964 und 1969), der auf einige wenige gesellschaftliche 'Großlagen' fixiert war.

24

Ganz summarisch gesprochen war in vormodernen Gesellschaften das Leben der Menschen durch eine Vielzahl traditioneller Bindungen bestimmt - von der Familienwirtschaft und der Dorfgemeinschaft, von der Heimatorientierung und der Religionsgemeinschaft bis hin zu ständischen Normen und Verwandtschafts- bzw. Abstammungsbindungen. Zentrum des Lebens waren die 'small communities', die territorial relativ klar begrenzt waren und in denen man seinen festen räumlichen *und* sozialen Platz hatte, in denen man sich also (in aller Regel) ganz fraglos 'zu Hause' fühlte (vgl. Luckmann 1970/1978). Derlei Bindungen schränkten somit einerseits die Wahlmöglichkeiten, die Optionen des einzelnen Menschen für ein 'individuelles' Leben ein, andererseits boten sie aber auch Vertrautheit und Schutz. Wo sie (noch) funktionieren, ist der Mensch nie allein, nie nur auf sich selber gestellt, sondern stets aufgehoben sozusagen 'in einem größeren Ganzen' (vgl. dazu auch Luckmann 1991). Mit dem Übergang zur modernen Gesellschaft aber hat ein grundlegender Wandel im Verhältnis von Individuum und Gesellschaft eingesetzt, den man heute "Individualisierung" nennt (vgl. dazu v.a. Beck 1983, 1986, S. 121-253, Beck/Beck-Gernsheim 1990; vgl. aber auch bereits Simmel 1977). Gemeint ist damit die Herauslösung der Menschen aus traditionellen sozialen Bindungen und Glaubensvorstellungen.

Dieser Prozeß beginnt, wie Max Weber in der 'Protestantischen Ethik' (1978) ausgeführt hat, bereits mit den Lehren der Reformation, die die Heilsgewißheit früherer Epochen aufheben und den Menschen in eine Art 'innere Vereinsamung' entlassen. In dessen Gefolge kommt es zur Ausgliederung privater Freiheitszonen aus institutionell festgelegten Lebenszusammenhängen. Dieser Prozess setzt sich in den folgenden Jahrhunderten fort, erfaßt immer weitere Schichten und erreicht zur Gegenwart hin ein historisch einmaliges Ausmaß. Das Ergebnis ist, daß sich allmählich *ein Anspruch und ein Zwang zum eigenen Leben* (vgl. Beck-Gernsheim 1989) - jenseits traditionaler Vergemeinschaftungen und überkommener sozial-moralischer Milieus - herauszubilden beginnt. Zumindest innerhalb dessen, was man heute 'Privatsphäre' nennt, ist man frei, selbst zu entscheiden, was man tun, denken und glauben will, denn im Zuge der Entwertung traditioneller Glaubensinhalte und der damit entstehenden Konkurrenz von Werten und neuen Glaubenssystemen werden Bezüge aufgelöst, die bislang in der Lage waren, den Menschen ein einheitliches und stimmiges Weltbild zu vermitteln, einen sinnstiftenden Zusammenhang, eine Verankerung der eigenen Existenz in einem größeren Kosmos. Mit dieser Entzauberung der Welt beginnt ein

Zustand der 'inneren Heimatlosigkeit' symptomatisch zu werden für die geistig-seelische Verfassung der Menschen.

Menschen in modernen Gesellschaften sind - aufgrund der besonderen sozialstrukturellen Bedingungen dieser modernen Gesellschaften (vgl. dazu Berger/Berger/Kellner 1975, Luckmann/Berger 1980) - typischerweise in eine Vielzahl von *disparaten* Beziehungen, Orientierungen und Einstellungen verstrickt. Sie müssen tagtäglich an höchst verschiedenen sozialen 'Veranstaltungen' teilnehmen, die zwar jeweils in sich sinnvoll erscheinen, aber kaum Rezepte für die Orientierung in anderen sozialen Zusammenhängen bereitstellen. Sie müssen also ständig mit heterogenen Deutungsschemata umgehen und nicht aufeinander abgestimmte Um-Orientierungen vornehmen, um am sozialen Leben teilhaben zu können. Sie müssen ihr Leben sozusagen als 'Collage' aus Partizipationen an verschiedenen 'single purpose communities' gestalten, in denen oft völlig heterogene Relevanzsysteme 'gelten', von denen jedes lediglich einen *begrenzten* Ausschnitt ihrer Erfahrungen betrifft. Auf, ihre verschiedenen Teilzeit-Engagements übergreifende und ordnende, symbolische Sinnsysteme können sie zwar 'privat' rekurrieren, aber keines der bereitstehenden Weltdeutungsangebote kann *allgemeine* soziale Verbindlichkeit beanspruchen. In jeder der vielen und vielfältigen Sinnwelten herrschen eigene Regeln und Routinen, mit prinzipiell auf die jeweiligen Belange beschränkter Geltung (vgl. Hitzler 1988a, vgl. auch Shibutani 1955, bes. S. 567).

Der moderne Mensch trifft auf eine Vielfalt von Sinnangeboten, unter denen er mehr oder weniger frei wählen kann und wählen *muß* (vgl. dazu Gross 1990 und 1993). Er versucht deshalb, seine komplexe Wirklichkeit dadurch zu bewältigen, daß er dieser Wirklichkeit zuhandene Elemente entnimmt und daraus eine subjektiv einigermaßen stimmige kleine Welt konstruiert. Er 'bastelt' sein Leben zusammen (vgl. auch Gross 1985) aus Partizipationen an verschiedenen sozialen Teilzeit-Aktivitäten, an dem, was Berger und Luckmann (1969, S. 83) "kleinere gesellschaftliche Formationen" genannt haben, also an sozial geteilten 'Zweckwelten' (vgl. Husserl 1954, S. 459-462) innerhalb der subjektiv gegebenen Lebenswelt. Werner Marx zufolge (1987, S. 128ff) ist die Lebenswelt ohnehin eine Pluralität von teils klar konturierten, teils unbestimmten, zweckhaften Sonderwelten. Marx argumentiert, daß Husserl die Lebenswelt von den Sonderwelten dadurch unterscheide, daß erstere vorgegeben und nicht absichtsvoll konstituiert sei, während letztere auf Zwecke ausgerichtet seien (z.B. Welt des Berufstätigen, des Familienmitgliedes, des Bürgers usw.). *Jede* aktuelle Erfahrung, jede gegenwärtige Welt aber hat, so Marx, "den Gehalt einer Sonderwelt" (S.

26

129). Und über sich hinaus verweist jede Sonderwelt wiederum auf andere (potentielle) Sonderwelten.

Dem ist zuzustimmen, wenn man, wie oben angedeutet, Lebenswelt als Insgesamt von (Sub-)Sinnwelten in dem von Schütz gemeinten Verstande "mannigfaltiger Wirklichkeiten" (1971) begreift. *Gegen* Marx allerdings ist einzuwenden, daß allenfalls dann jede aktuelle Erfahrung als bezogen auf eine *Zweckwelt* erscheint, wenn man Erfahrung schlechthin auf *alltägliche* Erfahrungen beschränkt, wenn man Lebenswelt mit *alltäglicher* Lebenswelt gleichsetzt. (Aber auch hier ist es keineswegs sicher, daß alle Erfahrungen zweckbezogen statthaben). Das Insgesamt von Erfahrungen aber umfasst zweifellos mehr als das Alltagsleben. Und hinsichtlich unserer Träume und Phantasien von 'Zweckwelten' zu reden, erscheint wenig plausibel. Ich schlage deshalb vor, Lebenswelt weiterhin als das Insgesamt von *Sinnwelten* zu bezeichnen. Und ich schlage außerdem vor, lediglich *das sozial Vor-Konstruierte* dessen, was wir im Anschluß an Benita Luckmann (1970/1978) '*kleine soziale Lebens-Welten*' nennen[17], als *Zweckwelten* zu bezeichnen. Anders gesagt: Alltägliche, pragmatische Orientierungen lassen sich immer als bezogen auf bestimmte (sozial vor-konstruierte) Zweckwelten beschreiben. Aber Zweckwelten können auch über die alltägliche Erfahrung hinausverweisen in phantastische Sinnwelten. Außerdem kann alltägliches, pragmatisches Handeln begleitet sein von außeralltäglichen Orientierungen (z.B. Tagträumereien).

Benita Luckmann hat konstatiert, daß die Lebenswelt des modernen Menschen aus vielen kleinen 'Welten' sowohl im privaten als auch im öffentlichen (das meint: institutionell vorgeordneten) Bereich besteht. In seiner Privatsphäre, also außerhalb institutionalisierter Rollenerwartungen, ist der moderne Mensch frei, sein Leben nach seinem eigenen Gusto zu

---

17 Von *kleinen sozialen Lebens-Welten* (mit Bindestrich) sprechen wir - und ich nehme hier im wesentlichen die Ausführungen in Hitzler/Honer 1988a auf - zur besseren Unterscheidung von der Lebenswelt als dem "Inbegriff einer Wirklichkeit, die erlebt, erfahren und erlitten wird" (Schütz/ Luckmann 1984, S. 11), also vom Begriff der 'Lebenswelt', der in der Tradition Husserls (1954) die Welt schlechthin bezeichnet, wie sie sich in subjektiven Bewußtseinsleistungen konstituiert. Eine kleine soziale Lebens-Welt ist ein in sich strukturiertes *Fragment* der Lebenswelt, innerhalb dessen Erfahrungen in Relation zu einem speziellen, verbindlich bereitgestellten intersubjektiven Wissensvorrat statthaben. Eine kleine soziale Lebens-Welt ist das Korrelat des subjektiven Erlebens der Wirklichkeit einer Teil- bzw. Teilzeit-Kultur. Seiner Wissens- und Bedeutungsstruktur nach ist dieser Erfahrungs-Ausschnitt also eine *Sinnwelt* oder *Sinnprovinz der Lebenswelt*, der ein spezifischer, in sich stimmiger Erkenntnisstil eignet.

gestalten, sich auf einem 'Markt' von Ideen, Idealen und Ideologien selbstzubedienen: Er kann Mitglied verschiedenster Gruppierungen, Gruppen und Gemeinschaften werden. Er kann - zumindest prinzipiell - seine Arbeit, seinen Beruf, seine Vereins-, Partei- und Kirchen- bzw. Sekten-Zugehörigkeit wechseln. Er kann umziehen, sich scheiden lassen und in immer neuen Familien-Konstellationen leben. Er kann einen neuen subkulturellen Stil übernehmen in Habitus, Kleidung, Sprache, Sexualverhalten - oder worin sonst auch immer. Er kann sich ein neues Selbstverständnis oder ein neues Image zulegen. Er kann auch sein Haus verkaufen, abreißen oder (unentwegt) renovieren. Kurz: Seine Lebenszeit und sein Lebensraum sind keineswegs 'aus einem Guß', sondern zersplittert in viele Teilbereiche, die im Grunde nur durch die alltägliche, fast selbstverständlich gewordene 'Mobilität' des Einzelnen miteinander verbunden sind, ihren milieuhaften Eigen-Interessen nach aber kaum Gemeinsamkeiten aufweisen - wenn sie sich nicht gerade auf demselben 'Marktsektor' in einer Konkurrenzsituation befinden.

Kleine soziale Lebens-Welten, die Partizipationen an Ausschnitten aus der sozial konstruierten und produzierten Welt des (Er-)Lebens einer Gesellschaft bezeichnen, heben sich im System individueller lebensweltlicher Relevanzen thematisch, interpretativ und motivational ab als Korrelate spezifischer Interessen und Interessenbündel. Diesen Korrelaten eignen jeweils spezifische, sozial vordefinierte Zwecksetzungen, die der einzelne Mensch, seinen Relevanzen und Interessen entsprechend, mehr oder minder nachdrücklich internalisiert. D.h., die Gültigkeit dieser sozialen Zwecksetzungen *für ihn* korreliert mit dem Ausmaß seiner Identifikation mit dem jeweils vorfindlichen Sinnsystem. Anders ausgedrückt: Im Rahmen seiner subjektiven Relevanzen konstituieren sich für den Einzelmenschen kleine soziale Lebens-Welten, wobei ihm seine Interessen wiederum als Teile der hierbei jeweils sozial gültigen Bedeutungs- und Relevanzschemata erscheinen. Teile seines subjektiven Wissensvorrates erscheinen ihm als Entsprechungen von Teilen kollektiv geteilter Vorräte von Sonderwissen. Andere Subjekte erscheinen ihm 'wie er selbst' in bezug auf definierbare Zwecksetzungen. Seine Teilhabe an den Sozialitäten, die seine verschiedenen lebensweltlichen Enklaven prägen, erscheint ihm als je spezifisch prinzipien- und regelgeleitet. Der *subjektive* Sinn einer kleinen sozialen Lebens-Welt konstituiert sich im Rekurs auf gehabte individuelle Erfahrungen. Die *intersubjektive* Bedeutung einer kleinen sozialen Lebens-Welt erscheint dem Einzelnen als interaktives und kommunikatives Konstrukt.

Handeln in einer zwar subjektzentrierten aber eben auch grundsätzlich intersubjektiv bedeutsamen kleinen Lebens-Welt erfolgt dementsprechend

typischerweise unter Verwendung sozial vorgegebener und (nur) hier gültiger
Muster und Schemata. Die Möglichkeiten subjektiv 'willkürlicher' Sinn-
setzungen sind auf das Maß des mit den vom Handelnden internalisierten
Zwecken Verträglichen eingeschränkt. Das in dieser Teil-Welt sozial
approbierte Wissen erscheint ihm mit den "Konturen des Selbstverständlichen" (Schütz/Luckmann 1979, S. 219-223): Die Gemeinsamkeit von
Interessen vermittelt den Teilnehmern mehr oder minder stabile Gewißheiten
von 'Normalität' und 'Nicht-Normalität', wobei sich aber zugleich ständig
allgemeinere und individuelle Relevanzen wechselseitig verschränken.

In der kleinen sozialen Lebens-Welt darf man also gerade das erwarten,
was aufgrund der Pluralität der Perspektiven für die alltägliche Lebenswelt
des modernen Menschen insgesamt problematisch geworden ist, nämlich: daß
zumindest dieser Ausschnitt aus der Welt von den Teilnehmern typischerweise ähnlich erfahren wird, daß ihre Standpunkte vertauschbar, daß ihre
Relevanzsysteme kongruent, daß mithin ihre Perspektiven reziprok sind, denn
trotz aller biographisch bedingten Differenzen lassen sich hier für pragmatische Zwecke anscheinend immer wieder hinlängliche Gemeinsamkeiten
finden. In der kleinen sozialen Lebens-Welt gilt auch, was ebenfalls für den
alltäglichen Lebensvollzug in der Moderne problematisch geworden ist,
nämlich: daß bewährte Deutungs- und Handlungsmuster relativ fraglos auch
aktuell und zukünftig erfolgreich angewandt werden können - und zwar
sowohl dann, wenn sie aus eigenen Erfahrungen resultieren, als auch dann,
wenn sie sozial vermittelt sind. Dadurch werden in der kleinen sozialen
Lebens-Welt reziproke Verhaltenserwartungen typisch standardisiert. Der
Andere wird als Mitglied bzw. als Teilhaber 'wie man selber' verläßlich, und
'man selber' ist es ebenso für ihn.

Der Grund für diese relativ unproblematischen Routinisierungsmög-
lichkeiten innerhalb einer jeden einmal internalisierten Teilperspektive, die
damit der zunehmenden Problematisierung des individuellen Lebensvollzugs
in der Moderne insgesamt gleichsam konträr entgegensteht, liegt wiederum
einfach in der thematisch begrenzten Reichweite der je approbierten
Deutungsschemata: Normalität heißt hier Normalität einer *besonderen*
Perspektive; Geltung heißt hier Geltung für einen *bestimmten* Kontext; Typik
heißt hier Typik einer *begrenzten* Erfahrung. Die subjektiv wie intersubjektiv
befriedigende Sinnhaftigkeit einer kleinen sozialen Lebens-Welt korrespondiert hochgradig damit, daß die in ihr gültigen Problemlösungsmuster eben
nicht, zumindest nicht fraglos, auf andere Lebensbereiche übertragbar sind,
daß sie eben *keinen* Generalplan für die Bewältigung der Gesamtbiographie
in der Moderne bereitstellen, auch wenn die ideologischen Experten vieler

Zweckformationen und Interessengruppierungen einen solchen Anspruch artikulieren. Die intersubjektiv gewußten 'Zwecke' kleiner sozialer Lebens-Welten konstituieren sich im individuellen Bewußtsein als temporäre thematische Kerne, die - unter anderem - den individuellen Lebensvollzug strukturieren. Der Sinn der je aktuellen Partizipation konstituiert sich in der vergleichenden Erinnerung an frühere - gleiche, ähnliche, andere und ganz andere - Partizipationen bzw. Partizipations-'Typen'. Aktuelle Erfahrungen gewinnen Sinn durch den Rückgriff auf den biographisch erhandelten subjektiven Wissensvorrat, der natürlich vor allem einen individuellen Ausschnitt aus dem jeweils verfügbaren sozialen Wissensvorrat darstellt. Die Komplexität aktuellen Erlebens wird so situativ reduziert auf Modifikationen typischer Erfahrungsschemata und auf mehr oder minder 'selbstverständliche' Anwendungen dieser Erfahrungsschemata.

Mit kleinen sozialen Lebens-Welten ist ein sozial vordefinierter, intersubjektiv gültiger, zweckbezogener Ausschnitt aus der alltäglichen Lebenswelt gemeint, der subjektiv als Zeit-Raum der Teilhabe an einem besonderen Handlungs-, Wissens- und Sinnsystem erfahren und im Tages- und Lebenslauf aufgesucht, durchschritten oder auch nur gestreift wird. Kleine soziale Lebens-Welten lassen sich auch verstehen als durch Interpretation eigener Lebensplanung motivierte, thematisch begrenzte Relevanzsysteme sozialen Handelns. Kleine soziale Lebens-Welten reihen sich im Bewußtseinsstrom aneinander. Jede kleine Lebens-Welt *dauert* im Zeit-Erleben und synchronisiert zugleich unseren Bewußtseinsstrom mit den Bewußtseinsströmen anderer Subjekte. Kleine Lebens-Welten strukturieren die erlebte Zeit und koordinieren sie - unter Rückgriff auf physikalische Zeiteinteilungen - mit der kommunikativ konstruierten sozialen Zeit (vgl. Luckmann 1986a). Kleine Lebens-Welten stellen mithin so etwas wie typisch wiederkehrende Zeit-Einheiten dar. Anders ausgedrückt: Sie sind Teilzeit-Perspektiven im Insgesamt subjektiver Welterfahrung in der Moderne (vgl. dazu Hitzler 1985).

Die kleine soziale Lebens-Welt eines wie auch immer identifizierbaren sozialen Typus ist also einfach die Welt, wie *er* sie typischerweise erfährt bzw. die Welt, wenn wir sie aus der Perspektive dieses Typs unter Zugrundelegung *seines* Relevanzsystems betrachten. Dahinter steckt natürlich die Auffassung, daß man, wenn man sich als 'was auch immer', versteht, nicht nur und nicht ständig die Welt *als* ein solcher 'was auch immer' erfährt, erleidet, erhandelt, weil es in der modernen Gesellschaft niemandem gelingt, ständig nach dem *gleichen* Prinzip zu leben. Trotzdem bindet sich jeder Mensch immer wieder freiwillig und unfreiwillig ein in sozial vorgefertigte

Handlungs- und Beziehungsmuster und internalisiert dabei die dort jeweils vorformulierten, begrenzten Weltdeutungsschemata. Er hat teil an unterschiedlichen, sozialen Kollektiven jeweils gemeinsamen, Perspektiven der Welterfahrung. Solche Kollektive können, müssen aber nicht, räumlich, zeitlich und sozial eindeutig verortbar sein. Wesentlich hingegen ist, daß sie ausgrenzbare Interaktions- und Kommunikationsstrukturen aufweisen, daß sie Wissens- und Relevanzsysteme ausbilden (vgl. dazu Shibutani 1955, v.a. S. 566), denn 'zufällige' gemeinsame Perspektiven verschiedener Menschen werden interaktiv und kommunikativ vor allem dadurch stabilisiert, daß sie betreut und umsorgt werden von allerlei expliziten und impliziten Sinnlieferanten mit begrenzter Reichweite und Haftung, die in unterschiedlichster Weise die Transformation des vereinzelten Einzelnen in irgend eine Form von 'Gruppenseligkeit' propagieren.

Sinn steht also sehr wohl bereit, aber die in vormodernen Gesellschaften 'normale', umgreifende kulturelle Dauerorientierung ist zerbrochen, und das Individuum muß sich notgedrungen in einem Spektrum von Sinn-Provinzen bewegen. In jeder dieser Sinnprovinzen herrschen eigene Relevanzen, Regeln und Routinen, mit prinzipiell auf die jeweiligen Belange beschränkter Geltung. Trotzdem kann natürlich *eine* Lebensform zum Zentrum des Selbstverständnisses, zum Kern der persönlichen Identität, zum 'Heimathafen' eines modernen Menschen werden - und wird es in der Regel auch: "Der Mensch versucht, eine 'Heimatwelt' zu konstruieren und zu bewahren, die ihm als sinnvoller Mittelpunkt seines Lebens in der Gesellschaft dient" (Berger/Berger/Kellner 1975, S. 61; vgl. auch Luckmann 1978, S. 285) - z.B. Katholik sein, Intellektueller sein, Kritisch-Alternativer sein, Lesbe sein, Vater sein, oder eben, wie ich im Verlaufe dieser Arbeit noch zu zeigen versuchen werde: *Heimwerker* sein. Und wenn wir uns nun für eine dieser kleinen sozialen Lebens-Welten interessieren, dann, um es nochmals zu sagen, interessieren wir uns dafür, wie man, wenn man sich als 'was auch immer' versteht, die Welt erfährt. Der wesentliche Unterschied zwischen dem lebensweltlichen Ansatz und anderen, korrespondierenden soziologischen Ansätzen (wie etwa Lebensstil-, Milieu-, Mentalitäts-, Subkultur-Ansätzen u.ä.) besteht also darin, daß mit dem lebensweltlichen Ansatz *essentiell* (und eben nicht nur sozusagen 'illustrativ') ein radikaler *Perspektivenwechsel* verbunden ist - vom Relevanzsystem des Normalsoziologen weg und hin zum Relevanzsystem dessen, dessen Lebenswelt beschrieben, rekonstruiert und, wenn möglich, verstanden werden soll.

Der lebensweltliche Ansatz ist also keine Abart der - sozusagen nochmals kleingearbeiteten - Milieuforschung. Aber viele der Studien, die seit ein paar

Jahren unter dem Mode-Etikett 'Lebenswelt' firmieren, sind nichts anderes als Milieu-Studien. Denn die meisten dieser Studien vernachlässigen völlig die erkenntnistheoretischen Implikationen des phänomenologischen Begriffs der 'Lebenswelt' - und damit natürlich auch die daraus folgenden Konsequenzen. Dagegen ist eben m.E. immer wieder darauf hinzuweisen, daß die Lebenswelt nichts anderes ist als 'die Welt, wie sie sich in der vortheoretischen Erfahrung konstituiert', und daß eine kleine soziale Lebens-Welt ein nach bestimmten transsubjektiven Relevanzen vororganisierter, teilzeitlicher *Ausschnitt* aus der Lebenswelt ist. 'Klein' ist eine solche Lebens-Welt also nicht etwa deshalb, weil sie grundsätzlich nur kleine Räume beträfe oder nur aus wenigen Mitgliedern bestünde. (Das 'klein' betrifft *nicht* diese Dimensionen.) 'Klein' nennen wir eine kleine soziale Lebens-Welt deshalb, weil in ihr die Komplexität *möglicher* Relevanzen reduziert ist auf ein *bestimmtes* Relevanzsystem. 'Sozial' nennen wir eine kleine soziale Lebens-Welt deshalb, weil dieses Relevanzsystem intersubjektiv verbindlich ist für gelingende Partizipationen.

2.2 Das Programm, Welten zu beschreiben

In dem Maße, in dem die Lebenswelt eines anderen Menschen zum Gegenstand des wissenschaftlichen Interesses wird, wird das Problem methodologisch virulent, inwieweit und wie es gelingen kann, die Welt mit den Augen dieses anderen Menschen zu sehen[18], *seinen* subjektiv gemeinten

---

18 Bei Helmuth Plessner (1983) habe ich das darin liegende *philosophische* Problem entwickelt gefunden. Den *praktischen* Nutzen aber, der darin bestehen kann, sich in die Sichtweise eines anderen hineinzuversetzen, zeigt ganz exemplarisch die *Lösung* des folgenden Rätsels: "Beim Stamm der Maui-Indianer sucht ein Medizinmann einen geeigneten Nachfolger. Drei Kandidaten kommen in die engere Wahl. Um ihre Gewitztheit zu prüfen, hat sich der Medizinmann einen Test ausgedacht. Mit verbundenen Augen müssen die Bewerber von fünf Masken eine auswählen und aufsetzen. Die zwei übriggebliebenen Masken werden versteckt. - Jetzt erklärt er den verdutzten Bewerbern, was zu tun ist: 'Die Masken haben verschiedene Farben. Ihr selbst könnt die Farbe Eurer eigenen Maske nicht erkennen, wohl aber die Farben der beiden anderen Masken. Eine kleine Hilfe gebe ich Euch: Von den fünf Masken, aus denen Ihr Euch eine ausgesucht habt, sind zwei gelb und drei blau. Ratet nun die Farbe Eurer eigenen Maske. Allerdings dürft Ihr nur einmal raten.' - Jeder der drei sah nun den anderen an, aber niemand hatte den Mut, eine Farbe zu nennen. Einer der Bewerber, ein gewisser Logo, hatte plötzlich den entscheidenden Einfall. Er sah sich die Masken der beiden anderen an: Die eine war gelb, die andere blau. Dann rief er: 'Ich werde neuer Medizinmann' und nannte die richtige Lösung. Welche Farbe hatte seine Maske und wie

Sinn *seiner* Erfahrungen zu rekonstruieren. Alfred Schütz (1971, S. 160) vertraute ja darauf, daß der Wissenschaftler "in offensichtlicher Übereinstimmung mit ganz bestimmten Strukturgesetzen die jeweils gemäßen, idealen personalen Typen, mit denen er den zum Gegenstand seiner wissenschaftlichen Untersuchung ausgewählten Sektor der Sozialwelt bevölkert" konstruieren kann. Dies betrifft jedoch erst die theoretische *Reflexion* bereits analysierter Daten, keineswegs aber die *Gewinnung* von Daten. Die Datengewinnung erfordert vielmehr zunächst einmal den Einsatz von Methoden, deren Qualitätskriterium darin besteht, ob bzw. in welchem Maße sie geeignet sind, die Relevanzen des *anderen* aufzuspüren und zu rekonstruieren. Und die *Analyse* der Daten erfordert dann wiederum sorgsame, hermeneutisch reflektierte Interpretationsarbeit, um jenseits der Idiosynkrasien des anderen wie des Forschers (ideale) *Typen* von Welterfahrungen zu verstehen (vgl. Soeffner 1986a): "Zunächst sind die für eine gegebene Kultur und Gesellschaft typischen Verständigungsformen, ihre Ethnohermeneutik, zu rekonstruieren. Die historisch objektivierten Sinnstrukturen einer Kultur und Gesellschaft sind dann in eine alle Teilkulturen, Gesamtkulturen und Epochen übergreifende 'universale' menschliche Hermeneutik zu übersetzen. Nur so sind Vergleiche, die Grundlage unseres wissenschaftlichen Unterfangens, über bloße Oberflächenerscheinungen hinaus möglich." (Luckmann 1989, S. 35). Das heißt also, es geht hier *idealerweise* um einen sozusagen 'ganzheitlichen', triangulativen Datenkonstitutionsprozeß (vgl. dazu auch Fielding/ Fielding 1986, bes. S. 18ff).

Dieser Forschungsansatz läßt sich als 'lebensweltliche Ethnographie' bezeichnen. Er dient der verstehenden Beschreibung und dem Verstehen durch Beschreibung von kleinen sozialen Lebens-Welten, von sozial (mit-)organisierten Ausschnitten individueller Welterfahrungen. Und die Auffassung, daß es sinnvoll und notwendig sei, sich soziologisch mit dem Phänomen der kleinen Lebens-Welten zu beschäftigen, korrespondiert mit einer Theorie des Verhältnisses von Individuum und Gesellschaft in der Moderne, wie ich sie oben skizziert habe, die also selber wiederum der phänomenologischen Konstitutionsanalyse und der phänomenologisch reflektierten neueren Wissenssoziologie verpflichtet ist. Ein derartiger Forschungsansatz läßt sich *abstrakt* und *allgemein* relativ einfach formulieren. Und er läßt sich auch abstrakt und allgemein relativ einfach in andere Forschungsprogramme

---

kam er auf die richtige Lösung?" - (Aus: Sandoz AG (Hrsg.): 'Wie man böse Geister vertreibt'. Nürnberg (Sandoz) 1989)

einbauen bzw. mit anderen Forschungsprogrammen verbinden - zumindest soweit sie auf den folgenden generellen Auffassungen basieren: "1....daß eine *soziale* Konstruktion der Wirklichkeit erfolgt; 2....daß ein verstehender Zugang zur Wirklichkeit unumgänglich ist; 3....daß eine fallbezogene Untersuchung mit einer sich daran anschließenden Möglichkeit der Typenbildung zentral ist, und 4....daß der Forscher sich unmittelbar auf die Praxis einlassen muß (die Idee des 'going native')" (Garz/Kraimer 1991, S. 13).

Und wenn man also akzeptiert, daß die Soziologie eine empirische Wissenschaft sei und auch zu sein habe, die darauf abzielt, gesellschaftliches Handeln zu verstehen, dann hat man eben drei methodologische Probleme zu bewältigen: 1. (gegenüber einem *alltäglichen* Verständnis vom Sozialen) muß man seinen Gegenstand logisch konsistent und systematisch erfassen, 2. (gegenüber einem *philosophischen* Verständnis vom Sozialen) muß man sein Erkenntnisinteresse auf intersubjektiv überprüf- und prinzipiell widerlegbare Daten beschränken, und 3. (gegenüber einem *szientistischen* Verständnis vom Sozialen) muß man Wirklichkeit als konstruiert und vorinterpretiert erkennen.[19] Forschungs*praktisch* aber ist dieser Ansatz (natürlich) mit einer Reihe von Grundsatz- und einer Vielzahl von Detailproblemen verbunden, denn "wenn der erste Schritt einer Erfahrungswissenschaft eine Transformation von Wirklichkeit in 'Daten' ist, und wenn 'Sinn' menschliche Wirklichkeit konstituiert, ist es die vornehmliche Aufgabe der sozialwissenschaftlichen Methodologie, 'Sinn' systematisch zu rekonstruieren. 'The operation called 'Verstehen'' gehört nicht zum erklärend-kosmologischen Unterfangen der Sozialwissenschaften, sondern zu ihrer Beschreibungspraxis, zur Datenproduktion." (Luckmann 1989, S. 34). Einige dieser Probleme sollen nun im weiteren angeschnitten werden.

2.2.1 Ethnographie als 'hemdsärmlige' Praxis

Natürlich kennen wir Ethnographie 'irgendwie' (wenigstens) seit Herodot (ca. 490-420 v.Chr.) (vgl. dazu auch Mühlmann 1984, sowie Kroeber/Waterman 1931). Aber (zumindest) bis hin zu Franz Boas war den Ethnographen ihr Ethnozentrismus kaum ein bedenkenswertes Thema. Viele frühe ethnographi-

---

19 Das Soziale ist also seinem typisch erfahrbaren Eigensinn adäquat methodisch kontrolliert zu erschließen. - Vgl. zu den Ansatz-übergreifenden Verfahrens-Standards in der empirischen Sozialforschung auch Soeffner 1985.

sche Studien (die z.B. oft auch von Missionaren, Händlern und Kolonialbeamten verfasst wurden - vgl. für unübersehbar viele z.B. Staden 1557 und Lafitau 1752, aber auch noch Bohner 1905) sind auch garkeine ethnologischen Arbeiten in einem wissenschaftlichen Sinne, denn zumeist haben diese 'Ethnographen' weder ein Konzept von Kultur formuliert noch ihr Material im Rahmen einer wissenschaftlichen Kulturtheorie reflektiert (vgl. auch Henn 1988). Charles Darwin, Edward Tylor und James Frazer haben dann im wesentlichen die wissenschaftliche Fundierung der Ethnologie besorgt (vgl. dazu auch Kardiner/Preble 1974). Und Lewis H. Morgan gilt als erster 'seriöser', professioneller Feldforscher (vgl. Harris 1968, S. 158). Aber erst Franz Boas (vgl. z.B. 1938) war es, der die *ethnologischen* Ethnographen darauf verpflichtet hat, sich intensiv mit den Denkweisen der Eingeborenen auseinanderzusetzen und zu versuchen, die Welt *aus der Sicht der Eingeborenen* zu verstehen.

Als paradigmatisch für die heutige Ethnographie gilt das Bild von Franz Boas, wie er mit dem Koffer in der Hand ein Boot verläßt, um sich in einem Eskimo-Dorf auf einen längeren Aufenthalt einzurichten - weil sich dieses Bild radikal gegen die ethnologische Tradition gerade des neunzehnten Jahrhunderts (vgl. dazu Kramer 1977 und nochmals Henn 1988) wendet, gegen die Tradition des Bücherwissens und des unkritischen Gebrauchs der komparativen Methode zur Modellkonstruktion kultureller Evolution. Selbstreflexiv in einem methodologischen Sinne wurde die Ethnographie also eigentlich erst im zwanzigsten Jahrhundert. Zwischenzeitlich sind ethnologische Theorien entstanden und vergangen, und auch die ethnographischen Methoden haben sich verändert und verfeinert. Aber Boas' Postulat der Perspektivenübernahme hat, so Peggy Reeves Sanday (1979), noch immer Bestand. Auf dieses Postulat nehme ich Bezug, wenn ich hier für eine quasi-ethnologische Form der soziologischen Forschung plädiere.

Ruth Benedict (vgl. z.B. 1961) hat als Schülerin von Franz Boas zunächst dessen Programm des sogenannten 'historischen Partikularismus', wonach Kulturen sich über die Zeiten hinweg aus unzusammenhängenden 'Fetzen und Flicken' bilden, aufgegriffen und weitergeführt: Jede Kultur 'wählt' oder 'sondert' das aus, was aus der unendlichen Vielzahl an Verhaltensmöglichkeiten ein begrenztes Segment, gelegentlich eine 'Konfiguration' ergibt. Für solche, ihrer Meinung nach jeweils dominanten Konfigurationen hat sich Ruth Benedict insbesondere interessiert. Margaret Mead, die bei Benedict und Boas studiert hat, hat sich dann wesentlich stärker auf die Frage konzentriert, inwiefern jede Kultur auch der Ausdruck von Entscheidungen derjenigen ist, die in ihr leben. Mead, die wesentlich partikularistischer orientiert war als

Benedict, vermied nachhaltig deren universalistische Terminologie. Insofern steht sie der deskriptiven Programmatik einer aktuellen 'Ethnographie in modernen Gesellschaften' entschieden näher als jene (vgl. z.B. Mead 1970).

Bronislaw Malinowski[20] und Alfred C. Radcliffe-Brown haben gegenüber der Boas-Schule bekanntlich stärker die funktionalen Zusammenhänge und Verweisungen innerhalb von Kulturen betont. Beide benutzten organizistische Analogien als analytisches Modell und widersprachen dem Nutzen spekulativer historischer Rekonstruktionen. Beide verstanden Kulturen als Ganzheiten und verwendeten den Begriff Funktion, um die sozialen Effekte von Gebräuchen und Institutionen zu betrachten (vgl. dazu auch Girtler 1979, S. 107ff). Die entscheidende Anregung für die Verortung meines eigenen ethnographischen Interesses auch in der ethnologischen Tradition aber ging sicherlich von Clifford Geertz aus, der ja ganz nachhaltig dafür plädiert, "the native's point of view" (1984) zu rekonstruieren - sozusagen mit allen verfügbaren Mitteln: "Wir reden mit dem Bauern auf dem Reisfeld oder mit der Frau auf dem Markt, weitgehend ohne strukturierten Fragenkatalog und nach einer Methode, bei der eins zum anderen und alles zu allem führt; wir tun dies in der Sprache der Einheimischen, über eine längere Zeitspanne hinweg, und beobachten dabei fortwährend aus nächster Nähe ihr Verhalten." (Geertz 1985, S. 38, vgl. auch Geertz 1983). Dabei sehe ich das Programm von Geertz *in diesem Punkt* aber als aktuelle Wiederaufnahme der Forderung von Boas an, sich vor allem der Erfassung der Denkweise seiner jeweiligen Informanten zu widmen.

Wenn man sich nun auch in der aktuellen soziologischen Ethnographie gebräuchliche Untersuchungen anschaut, dann erkennt man, vor allem eben, wenn man über die Brücke der 'vitalen Ethnographie' geht, wie sie insbesondere von Clifford Geertz (1990) propagiert wird, durchaus noch (allerdings kaum je thematisierte) Bezüge zum Boasschen Programm. Wesentlich expliziter jedoch ist vielfach die Anknüpfung an die journalistische Tradition, die exemplarisch in Robert E. Parks Methode des 'nosing around' (vgl. Lindner 1990) ihren 'klassischen' Ausdruck findet. Ich halte dergleichen reportageartige Studien (vgl. dazu auch Hartmann 1988) in ihrer großen Mehrzahl nicht nur für höchst unterhaltsam und lehrreich, sondern auch für soziologisch außerordentlich fruchtbar.

---

20 Malinowski gilt vielfach als 'Vater' der *modernen* wissenschaftlichen Feldforschung, weil er sich mehr als Boas für die *alltäglichen* Lebensvollzüge der von ihm erkundeten Ethnien interessiert hat (vgl. zu seinen methodologischen Prinzipien v.a. seine 'Einführung' in Malinowski 1979, S. 23-50).

Gleichwohl erscheint mir klärungsbedürftig, was die solche Reportagen gemeinhin 'garnierende' Behauptung, man rekonstruiere dabei Ausschnitte sozusagen des Lebens, 'wie es gelebt wird', des gelebten Lebens (und damit der Lebenswelt, wie sie Schütz und Luckmann (1979 und 1984) beschreiben), eigentlich forschungstechnisch für Konsequenzen zeitigt bzw. zeitigen soll. Denn wenn dieser Anspruch, den man als Soziologe ja durchaus *nicht* erheben muß, warum auch immer aufrecht erhalten werden soll, sozusagen als unerreichbares, gleichwohl beständig anzustrebendes 'Forschungsideal', dann, so meine ich, stellt sich durchaus die Frage, als was eine Ethnographie eigentlich zu erachten ist: als wissenschaftlicher, künstlerischer, journalistischer oder gar als fiktionaler Text? Für Peggy Reeves Sanday (1979) sind die Antworten hierauf zwar letztlich einfach eine Sache des persönlichen Geschmacks. Klaus-Peter Koepping (1984) aber z.B. sieht die Aufgabe der Feldforschung in der Vermittlung von 'Innen- und Außensicht'. Und Charles Frake (1973) plädiert ja bekanntlich dafür, die Adäquanz der Beschreibung danach zu beurteilen, ob und inwiefern ein Fremder dadurch in die Lage versetzt wird, sich gegebenenfalls in der in Frage stehenden Kultur angemessen zu verhalten.

Im Unterschied aber zur 'klassischen' Ethnographie fremder Völker muß der Ethnograph in der 'eigenen' Gesellschaft sich der Fremdheit des Bekannten und Vertrauten durch eine artifizielle Einstellungsänderung erst wieder bewußt werden. Durch den 'fremden Blick' auf das je interessierende Phänomen erst versetzt man sich in die Lage, sein eigenes, fragloses (Hintergrund-) Wissen darüber zu explizieren und gegebenenfalls zu klären, woher dieses Wissen stammt, in welchen typischen Situationen es erworben wurde, um es dann aus methodischen Gründen zu modifizieren oder zu suspendieren. Es geht also nicht darum, sein eigenes Wissen zu vergessen, sondern darum, dessen Relativität zu erkennen und interpretativ zu berücksichtigen. Meines Erachtens muß das Betreiben von Ethnographie heutzutage also vor allem einiger methodologisch-methodischer Naivitäten entkleidet werden, wie sie manche aktuelle einschlägige Untersuchungen unübersehbar prägen - und zwar, bei aller ehrfurchtsvollen Wertschätzung der Arbeit jener Pioniere, seit den 'archaischen' Zeiten der sogenannten Chicagoer Schule. Das war damals, als die Ethnographie sich gerade aus dem Geist der journalistischen Sozialreportage zu entwickeln begann[21], auch durchaus in Ordnung.

Es gab zu jener Zeit einfach zu Vieles (neu) zu entdecken in Chicago, als daß es angebracht gewesen wäre, wertvolle Zeit an ja prinzipiell ein wenig 'beckmesserische' Methodologie- und Methodenfragen zu verschwenden: Die 'Gold Coasts' und die 'Slums', 'Gangs' und 'Hobos', die 'Immigrants' und die 'Jack-Rollers', die Bewohner der 'Skyscrapers', die Leute in den 'Taxi-Dance Halls' und nicht zuletzt die oft korrupten Beamten in ihren Ämtern, all das ist nur ein winziger Ausschnitt aus dem, was von den jungen Forschern um Robert E. Park, Ernest W. Burgess und William I. Thomas zutage gefördert wurde. 'The City as a Laboratory' war gleichsam das Paradigma, 'Urbanität' das Thema der Chicagoer Forscher, die sich damit grundsätzlich für alles interessierten, was die Menschen um sie herum existenziell bewegte. Und mit der sogenannten 'life history technique', die vor allem William Isaac Thomas und Florian Znaniecki in 'The Polish Peasant in Europe and America' exemplarisch appliziert hatten[22], gab es auch schon eine frühe Form der biographischen Datenanalyse. Dieses Verfahren wurde von anderen dann aufgenommen und weitergeführt[23], ohne daß dabei grundlagenprogrammatische Ansprüche expliziert worden wären.

Daß abstrahierende Basistheorien in diesem experimentierfreudigen Milieu kaum gediehen, heißt aber, so Martin Bulmer (1984), keineswegs, daß es kein Interesse an Theorie gegeben hätte. Emile Durkheim und Georg Simmel, John Dewey, William James und George Herbert Mead waren für die

---

21 Vgl. nochmals Lindner (1990). Dieses Buch ist m.E. ein bedeutsamer Beitrag zur Selbstaufklärung der Soziologie - vor allem auch für eine der historischen Wurzeln einer 'verstehenden' Soziologie. Wenn ich hier dem methodischen Zugriff der Chicagoer Stadtforschung Naivität und 'Hemdsärmligkeit' attestiere, so nur im Hinblick auf die aktuelle methodologische Diskussion und damit unter Ausblendung der ideengeschichtlichen Zusammenhänge.

22 Vgl. Thomas/Znaniecki 1926. - In diesem Werk, das ursprünglich fünfbändig und in der bekannt gewordenen Ausgabe von 1926 immerhin noch zweibändig mit über zweitausend Seiten Umfang erschienen war, wurde unter anderem anhand von Briefen und autobiographischem Material polnischer Einwanderer in die USA Wandel und Persistenz von Einstellungs- und Orientierungsmustern im Zusammenhang mit der 'existenziellen' Umstellung von einer ruralen auf eine urbane Lebensweise (social change) rekonstruiert. - Vgl. dazu auch Fischer-Rosenthal (1991).

23 Z.B. von Edwin Sutherland (1937), der sich dann von einem Dieb eine Autobiographie niederschreiben ließ, während Thomas/Znaniecki vor allem persönliche Briefe ausgewertet hatten.

Chicagoer Schule wichtige Adressen. Aber die eigene Arbeit konzentrierte sich eben vor allem auf (manchmal mehr, meist aber doch weniger gelungene) Versuche, derlei Theorien mit empirischer Forschung zu *verbinden*. So gesehen - und im Hinblick auf die für die heutige Ethnographie relevanten Fragen - war die Chicagoer Schule, entgegen der Einschätzung Bulmers, doch so etwas wie ein 'primitiver' Vorläufer des interpretativen Paradigmas: Die empirische Forschung wurde im Großen und Ganzen methodisch und theoretisch eben recht 'hemdsärmlig' betrieben. Und wenn man nun nach einem kongenialen *zeitgenössischen* Nachfolger dieser Forschungs-Mentalität sucht, dann braucht man durchaus nicht weit zu gehen bzw. lange zu suchen. Man findet ihn - sozusagen 'nebenan' und mit allen damit verbundenen Vor- und Nachteilen - in Roland Girtler.

Girtlers Berichte von Polizisten (1980a) und Wilderern (1988), von Huren (1985) und Bergbauern (1987), von Sandlern (1980b) und feinen Leuten (1989) sind üppige, lebendige, spannende Geschichten, die er in der Regel erzählt bekommen, geordnet und aufgeschrieben hat. Wo und wenn aber die eigentliche soziologische Schreibtischtäterschaft beginnt (und m.E. beginnen muß), nämlich bei der nicht mehr nur 'impressionistischen' Adhäsion sondern bei der systematischen Reflexion des je aktuellen methodologisch-theoretischen Wissensstandards der Profession, da macht sich Girtler, in der Regel unter Hinterlassung eines neuen Buches, eben lieber wieder auf zu neuen 'Abenteuern, gleich um die Ecke' (Bruckner/Finkielkraut 1981). Daß Girtler also meistens 'unterwegs' ist in unserem Alltag und vor allem auch an den Rändern unseres Alltags, scheint mir höchst sinnvoll, denn seine Stärke, auch seine *soziologische* Stärke ist natürlich die Reportage.[24] Problematisch wird das 'Girtlern' hingegen immer dann, wenn er meint, sich 'auf die Schnelle' dann doch auf eine Methodendebatte einlassen (exemplarisch hierfür: Girtler 1984), und vor allem, wenn er meint, 'skrupulösere' Ethnographen 'missionieren' zu müssen.

2.2.2 *Die Bedeutung existenziellen Engagements*

Aufbauend auf dieser und zugleich in Abgrenzung gegen diese, in Roland Girtler sozusagen prototypisch personifizierte Rustikal-Ethnographie,

---

24 Zum Verhältnis von Reportage und soziologischer Arbeit vgl. auch - ohne Rekurs auf Girtler -Hartmann (1988).

behaupte ich also: Qualitative, interpretative, verstehende Sozialforschung *heute* muß, will sie dem Stand der einschlägigen Grundlagenforschung entsprechen, nachhaltig geprägt sein von einer grundsätzlichen Skepsis gegenüber der Qualität von Daten, die von anderen übermittelt werden. Zumindest scheint es fragwürdig, ob Mitteilungen anderer über soziale Phänomene als Daten der Phänomene selber gelten dürfen. Zunächst und zweifelsfrei jedenfalls sind sie einfach Daten der Mitteilung, Daten darüber, wie ein Sachverhalt (von wem auch immer) situativ *dargestellt* wird (vgl. Bergmann 1985, Reichertz 1988a). Dieses prinzipielle, auf der Unüberschreitbarkeit 'mittlerer Transzendenzen' (vgl. Schütz/Luckmann 1984) beruhende Dilemma, daß das subjektive Wissen des anderen Menschen nicht 'wirklich' direkt zugänglich ist, daß es aber trotzdem die wichtigste Datenbasis sozialwissenschaftlicher Untersuchungen darstellt, läßt sich zwar nicht lösen, aber es läßt sich meiner Meinung nach idealerweise 'kompensieren' dadurch, daß der Feldforscher versucht, mit der zu erforschenden Welt hochgradig *vertraut* zu werden: Idealerweise, indem er an dem infrage stehenden sozialen Geschehen praktisch teilnimmt, indem er so etwas wie eine temporäre Mitgliedschaft erwirbt, unter weniger idealen Bedingungen über die sehr flexible und sensitive Anwendung explorativ-interpretativer Verfahrenstechniken.

Außerdem meine ich, daß man als Ethnograph kleiner Lebens-Welten generell über eine gewisse *Amoralität* verfügen - oder zumindest fähig sein sollte, eine solche zu entwickeln. Dabei meint 'Amoralität' hier aber nichts anderes als die Bereitschaft, seine eigenen Moralen wenigstens zeitweilig auszuklammern, und radikalisiert damit lediglich forschungspragmatisch das, was wir alle als das Postulat der Werturteilsfreiheit kennen (vgl. Weber 1973a): Wer Tabus nicht nur *hat* (denn wir alle haben wohl unsere Tabus), sondern wer diese Tabus auch dann nicht, wenn es der 'Logik' des Feldes entspricht, verletzen will, der muß gegebenenfalls zum einen mit praktischen Problemen rechnen, und der läuft zum anderen und *vor allem* Gefahr, manche interessanten Phänomene garnicht zur Kenntnis nehmen zu können. Die ideale Einstellung, um ins Feld zu gehen, ist demnach die, anzunehmen, daß *alles* beachtenswert ist bzw. daß man einfach nicht vorher wissen kann, was sich als *nicht* beachtenswert erweisen könnte.[25]

---

25 Erving Goffman hat offenbar eine ähnliche Grund-Einstellung zum Prozeß der Daten-Gewinnung vertreten. - Vgl. dazu Hitzler 1991a.

Ganz allgemein gesprochen meint 'lebensweltliche Ethnographie' also einfach den Versuch, die Welt gleichsam durch die Augen eines idealen Typs (irgend-)einer Normalität hindurchsehend zu rekonstruieren. Denn: "Nur dieses methodologische Prinzip gibt uns die notwendige Garantie, daß wir es in der Tat mit der wirklichen sozialen Lebenswelt von uns allen zu tun haben, welche, sogar als Objekt der theoretischen Forschung, ein System reziproker sozialer Beziehungen bleibt, die alle auf der wechselseitigen subjektiven Auslegung der in ihm Handelnden aufgebaut sind." (Schütz 1972, S. 18; vgl. auch Schütz/Parsons 1977, S. 72). Eine solche ideale Normalität läßt sich aber in modernen Gesellschaften wenn überhaupt so nur noch ganz abstrakt erkennen: vielleicht in Phänomenen wie dem der individualisierten Existenz (vgl. Beck 1983, 1986, S. 121ff; Beck/Beck-Gernsheim 1990) und einer damit korrespondierenden grundsätzlichen Teilzeit-Orientierung (vgl. Hitzler 1985) bzw. dem der "Multioptionalität" (vgl. Gross 1993) und der damit einhergehenden, generellen Sinn-Bastelmentalität (vgl. Gross 1985; Hitzler 1991b und 1991c). *Empirisch* faßbar jedenfalls scheinen in aller Regel nur noch thematisch begrenzte, zweckgerichtete, subkultur-, milieu- und gruppenspezifische, also sozusagen *relative* Normalitäten. Anders ausgedrückt: Was wir heutzutage *beschreibend* erschließen können, das ist nicht *die* gesellschaftliche Wirklichkeit, sondern das sind nur Ausschnitte, das sind Wirklichkeits-*Bereiche*, die sich um Themenfoki herum kristallisieren und an den Rändern diffus verschwimmen.

Wenn wir uns - vor diesem gesellschaftstheoretischen Hintergrund - also einem sozialen Typus mit lebensweltlichem Interesse nähern, dann müssen wir zunächst einmal die üblicherweise vom Normalsoziologen als bedeutsam erachteten Fragen ausklammern und statt dessen fragen, was denn *dem Handelnden* - als einem Typus - wichtig ist, was *er* als 'seine Welt' erfährt.[26] Und erst von *seinen* Wichtigkeiten aus fragen wir dann nach möglichst

---

26 Welche Irritationen sich aber auch ergeben könnten, wenn es einem tatsächlich gelänge, *wirklich* einmal (im wörtlichen Sinne) 'mit anderen Augen' zu sehen, das zeigt der Science-Fiction-Autor R.A. Lafferty anhand der Erfahrungen, die einige Leute machen, als sie den 'Cerebral-Okular-Inspektator (COI)' ausprobieren: "'Ich habe die Welt so gesehen, wie Sie sie sehen. Ich habe sie mit Totenaugen gesehen. Sie wissen ja nicht einmal, daß Gras lebendig ist. Sie denken, es ist nur Gras.' - 'Ich habe auch die Welt mit Ihren Augen gesehen, Valerie.' - 'Ach, das war es, was Sie so durcheinandergebracht hat? Na, ich hoffe, Sie sind dadurch wenigstens ein bißchen munterer geworden. Es ist eine lebendigere Welt als Ihre.' - 'Zum mindesten etwas pikanter im Aroma.' - 'Mein Gott, das will ich hoffen.'" (R.A. Lafferty: Mit anderen Augen. In ders.: 900 Großmütter, Band 2. Frankfurt a.M. (Fischer) 1974, S. 118-132, S. 131).

genauen Informationen *über* das, was ihm wichtig ist - und wir fragen eventuell, wie es kommt, daß ihm anderes unwichtig ist: "Bevor man Phänomene aus Faktoren erklärt oder nach Zwecken deutet, ist in jedem Fall der Versuch angezeigt, sie in ihrem ursprünglichen Erfahrungsbereich zu verstehen." (Plessner 1982, S. 229). So gewinnen wir mit dem lebensweltlichen Ansatz die Welt, wie die (uns warum auch immer interessierenden) *Menschen* sie erfahren, statt der Welt, wie sie nach Meinung des *Soziologen* aussieht. (Die Welt des Soziologen kann selbstverständlich ebenfalls von Interesse sein, aber dann eben als Welt des *Soziologen* - und nicht als scheinbar 'objektive' Welt.)

Für Alfred Schütz heißt Wissenschaft treiben ja: kognitiv herauszuspringen aus der existenziellen Sorge und pragmatisch völlig desinteressiert in rein theoretischer Anschauung einsam zu reflektieren. Aber gerade dieses Postulat wird oft fehlinterpretiert dahingehend, daß nicht nur die Daten-*Analyse*, sondern auch die Daten-*Gewinnung* im Feld selber gleichsam aus einer 'weltlosen' Position heraus erfolgen könne oder gar erfolgen solle. Einer solchen Auffassung steht jedoch eindeutig das Schützsche Diktum entgegen, daß der Wissenschaftler sich niemals in einer sozialen *Umwelt* befindet, daß er es niemals mit konkreten lebenden anderen Menschen zu tun hat, sondern mit Homunculi in einer Modellwelt, die er aus den vorinterpretierten Daten von Vor- und Mitwelten sekundär konstruiert (vgl. Schütz 1971, S. 3-54). Solange der Sozialwissenschaftler also *empirisch* arbeitet, solange er Daten selber sammelt, kann er keineswegs eine übergeordnete, eine wie auch immer 'objektive' Perspektive beanspruchen; so lange handelt er vielmehr selber *praktisch* in einer sozialen Umwelt, muß er seinen konkreten Standpunkt als *Teilnehmer* am sozialen Geschehen mitreflektieren und Rechenschaft darüber ablegen, wie und wo er selber als 'Beobachter' im Geflecht sozialer Beziehungen zu verorten ist.

Meiner Meinung nach muß man deshalb Bourdieus Auffassung ernst nehmen, daß es notwendig sei, eine "Theorie der Bedeutung des Eingeborenseins" zu entwickeln, weil das Verhältnis zwischen dem Sozialwissenschaftler und seinem Gegen-Stand tatsächlich einen "Sonderfall der Beziehung zwischen Erkennen und Handeln, zwischen symbolischer Beherrschung und praktischer Handhabung, zwischen der logischen, d.h. mit allen akkumulierten Objektivierungsinstrumenten ausgerüsteten Logik und der *universell vorlogischen Logik der Praxis*" darstellt (Bourdieu 1982, S. 40f). Erklärungswissen hat in der Tat eine andere Qualität als Handlungswissen. Das hat nun aber in Bezug auf ethnographisches Arbeiten eben zweierlei Konsequenzen: Zum einen muß man in der Forschungspraxis klar unterscheiden zwischen dem Prozeß der Daten-Erhebung im Feld alltäglichen Handelns und dem Prozeß der Daten-Interpretation in der (einsamen) theoretischen Einstellung. Und zum anderen muß man bei den alltagspraktisch konstituierten Daten klar unterscheiden zwischen (durch aktive Teilnahme und Beobachtung gewonnenen) Handlungs-Daten und (durch Gespräche bzw. Interviews) gewonnene Performanz- bzw. Selbst-Darstellungs-Daten, die *idealerweise* handlungsleitendes *Wissen* repräsentieren.

Ich stimme Bourdieu also dahingehend völlig zu, daß ein Sozialforscher um so bessere Aussichten hat, die Perspektive seines Gegen-Standes zu verstehen, je mehr er selbst nicht nur die symbolische Logik der wissenschaftlichen Theorie, sondern auch die praktische Logik der alltäglichen Praxis (seines jeweiligen Untersuchungsfeldes) praktisch beherrscht. Wer sich einen praktischen Habitus angeeignet hat und sich dann doch auch wieder - mittels der 'Objektivierungsinstrumente der Wissenschaft', m.E. mittels kontrollierter theoretischer Reflexion - von ihm distanzieren kann, verfügt m.E. in der Tat über eine besondere, nur schwerlich anderweitig zu kompensierende *Qualität* von Daten. Und darin eben liegt der *phänomenologische* Beitrag zur Erschließung und Rekonstruktion des Forschungs-Gegen-Standes. Denn was unterscheidet denn das Betreiben von Phänomenologie so nachhaltig vom Betreiben anderer wissenschaftlicher Unternehmen? Nun, doch wohl dies, daß der Phänomenologe ansetzt - und zwar erkenntnistheoretisch begründet *exklusiv* ansetzt - bei seinen eigenen, subjektiven Erfahrungen. Was immer dann an phänomenologischen 'Operationen' auf welches Erkenntnisinteresse hin auch vollzogen wird, die alleinige, weil allein *evidente* Datenbasis des Phänomenologen sind (und bleiben) seine eigenen, subjektiven Erfahrungen. Andere wissenschaftliche Unternehmen, unter anderem auch die Soziologie, sind hingegen, so Luckmann (1974, 1980, S. 9-55, und 1983), *kosmologisch* orientiert, was in diesem Falle heißen soll, daß sie sich, sozusagen epistemologisch naiv aber erfolgreich, auf Daten vom 'Hören-Sagen' stützen, daß sie das, was die Forscher lesen, beobachten und – in der Soziologie vor allem – gesagt bekommen, als Basis ihrer Sekundärkonstruktionen von Wirklichkeit (vgl. Schütz 1971, S. 3-53) verwenden.

Nun meine ich *nicht* etwa, man sollte den Kanon feldadäquater Erhebungsverfahren, wie er insbesondere im Rahmen des sogenannten 'interpretativen Paradigma' bereitsteht, durch die phänomenologische Methode *ersetzen*. Ich meine auch *keineswegs*, daß man *statt* praktischer Feldforschung - also den Leuten zuschauen, über die Schulter sehen, mit den Leuten reden und ihre 'Dokumentationen' studieren - nunmehr 'Introspektion' betreiben sollte. Ich meine lediglich, daß man das, was der Phänomenologe, m.E. mit

Erfolg, tut, nämlich seine *eigenen* Erfahrungen reflektieren, stärker in die empirische Sozialforschung integrieren sollte, ja daß man, wenn man sich für die *Konstruktion* von Wirklichkeit interessiert, dieses Prinzip sogar integrieren *muß*.

Wenn ich also von 'lebensweltlicher Ethnographie' spreche, dann meine ich ein Forschungsverfahren, das verschiedene Möglichkeiten der Datenerhebung zu integrieren und eine Reihe von je spezifisch sich eignenden Methoden zu applizieren sucht. Lebensweltliche Ethnographie ist, wie Ethnographie schlechthin, explorative (erkundende) und investigative (nachspürende) Forschung - und zwar prinzipiell. *Ideal* dafür, daß wir von einer lebensweltlichen Ethnographie sprechen können, erscheint dabei der Erwerb der praktischen Mitgliedschaft an dem Geschehen, das erforscht werden soll, also der Gewinn einer existenziellen Innensicht.[27] *Unverzichtbar* dafür, daß wir von einer lebensweltlichen Ethnographie sprechen können, erscheint mir, daß wir das Geschehen aus der Perspektive des (typischen) Teilnehmers beschreiben, unsere Kommentare daraufhin überpüfen, auf welche Relevanzsysteme sie sich jeweils beziehen, und unsere Analysen als Produkte einer theoretischen Einstellung reflektieren. Da man aber, der phänomenologischen Auffassung zufolge, nur über Erfahrungen reflektieren kann, die man (gemacht) hat, muß man als Ethnograph demnach stets systematisch mitbedenken, welche (Art von) Erfahrungen man - bezogen auf eine bestimmte Thematik - nun jeweils tatsächlich *selber* (gemacht) hat. Denn man ist immer wieder mit der Schwierigkeit konfrontiert, daß die Übernahme *bestimmter* Perspektiven empirisch – aus unterschiedlichen, die Felderschließung beschränkenden Gründen – *nicht* möglich ist (vgl. z.B. Honer 1987, Gross/Honer 1991).

Diese *praktischen* Probleme betreffen einerseits die grundsätzliche Begrenztheit eines jeglichen Forschungsbudgets (d.h., vorab ausgeklügelte und aufeinander abgestimmte Datenerhebungsverfahren lassen sich, aufgrund von Zeit-, Geld- und Personalmangel, zum Teil nicht, zum Teil nur völlig verkürzt durchführen), und sie betreffen andererseits die 'Verschlossenheit' des Feldes (d.h., an manchen gesellschaftlich-kulturellen Veranstaltungen kann man überhaupt nicht partizipieren, an manchen kann man aufgrund

---

27 Vgl. dazu den Vorschlag von Douglas 1976, S. 107ff, zur 'direct experience'. Vgl. außerdem Schütz 1972, S. 17 bzw. Schütz/Parsons 1977, S. 71. Diese Forderung wird plausibel, wenn wir uns nochmals erinnern, was in der Tradition von Schütz 'Lebenswelt' heißt: Die Welt, wie sie unserer Erfahrung gegeben ist, die Welt, wie wir sie erhandeln und erleiden (vgl. Schütz/Luckmann 1984, S. 11; vgl. dazu auch Hitzler/Honer 1984).

persönlicher Voraussetzungen – wie Alter, Geschlecht, Ausbildung usw. – nicht partizipieren, und an manchen kann man aufgrund besonderer Umstände oder zu bestimmten Zeiten nicht partizipieren usw.). Kurz: Bei manchen Themen ist es eben nur in einem sehr eingeschränkten Sinne möglich, die 'Innensicht' eines Teilnehmers selber existenziell zu erlangen, und bei den meisten Themen muß man auch seine Forschungsinteressen pragmatisch beschneiden.

Was aber heißt es für einen sich als 'lebensweltlich' verstehenden Forschungsansatz, für einen Ansatz also, der Wirklichkeiten möglichst so zu erfassen sucht, wie sie von Mitgliedern typischerweise erfahren, erlitten und erhandelt werden, wenn man eben *keine* Mitgliedschaft erwerben kann? Nun, es bedeutet, daß man die in Frage stehende *Welt* wirklich nur *von außen*, eben aus einer *anderen* Perspektive, und das heißt vor allem: nur *vermittelt* über die *Darstellungen*, über die (zeichenhaften und anzeichenhaften) Objektivationen und Repräsentationen der dort tatsächlich gemachten Erfahrungen, kennenlernen kann (vgl. dazu auch Hitzler 1991b). Dies ist natürlich eine triviale Einsicht, und sie wäre auch kaum erwähnenswert, würde sie nicht in aller Regel allenfalls proklamiert, fände jedoch gleichwohl kaum Berücksichtigung in der hermeneutischen *Praxis* der Dateninterpretation: Üblicherweise neigen auch sogenannte 'qualitative' Forscher dazu, Darstellungen von Erfahrungen nicht zunächst einmal als *Darstellungen* von Erfahrungen, sondern sogleich und vor allem als Darstellungen von *Erfahrungen* zu deuten - und sie selber dann wieder wie Erfahrungen (statt wie Darstellungen) darzustellen.[28] Wenn man aber z.B. über eine Thematik (wieviel auch immer) gelesen hat, dann hat man eben eine Lese-Erfahrung; wenn man mit einschlägig befassten bzw. mit einschlägig involvierten Leuten (wie auch immer) geredet hat, dann hat man eine Kommunikations-Erfahrung; und wenn man solchen Leuten zugeschaut hat, dann hat man eben eine Beobachtungs-Erfahrung (gemacht). Wenn man diese Verfahren der Datenerhebung kombiniert, dann hat man das, was man gemeinhin einen 'methodenpluralen', einen ethnographischen Zugang zu einer Thematik nennt. Gleichwohl hat man, im strengen phänomenologischen Sinne, aber z.B. *keine* Erfahrung der infrage stehenden Thematik *von innen*. Eine solche läßt sich in der Tat nur

---

28 Solche Kurz-Schlüsse tragen nicht unwesentlich dazu bei, jene Pseudo-Objektivität zu perpetuieren, mit der Sozialwissenschaftler so gerne, vermeintlich 'positionslos' alles gesellschaftliche Geschehen beobachtend, menschliche Wirklichkeit beschreiben, gar 'erklären' zu können glauben.

gewinnen, wenn man sich auf ein Thema (auch) *existenziell* einläßt, wenn man das Thema wenigstens für eine gewisse Zeit selber (alltags-) praktisch 'bearbeitet'. Das bedeutet forschungspraktisch, daß man am besten versucht, im Feld 'einer zu werden, wie...'.

Im Rahmen eines solchen existenziellen Engagements, einer solchen Mitgliedschaft, die vor allem eben eine grundlegend andere, zusätzliche *Qualität* von Daten konstituiert - welche m.E. für das *Verstehen* menschlichen (Sozial-) Handelns von nicht zu überschätzender Bedeutung ist -, lassen sich im übrigen nicht nur mannigfaltige 'natürliche' Beobachtungen anstellen. Es lassen sich auch aufgrund der intimen Feldkenntnis Mitteilungen Anderer besser evozieren und organisieren, und mitgeteilte Daten lassen sich zuverlässiger evaluieren. Anders ausgedrückt: Sozialwissenschaftliches Verstehen als Rekonstruktion des typisch gemeinten Sinnes, den ein Anderer mit seinen Erfahrungen verbindet, setzt eo ipso eine Forschungspraxis voraus, die sich nicht 'naiv' darauf beschränkt, zu erfassen, was das Tun des Einen für den Anderen oder für einen Dritten, einen neutralen Beobachter, bedeutet. Der Anspruch, zu verstehen, erfordert vom Sozialforscher vielmehr, sich die Perspektive dessen, den er zu verstehen trachtet, anzueignen - was jedoch aufgrund der prinzipiellen Unzugänglichkeit des fremden Bewußtseins eben, wie gesagt, bestenfalls 'typisch' gelingen kann (vgl. Schütz 1971, S. 55-76).

2.2.3 Zum 'Doppelgängertum' des Ethnographen

Wenn nun aber einerseits die Ethnographie als traditionelles Verfahren der Kulturanthropologie, nämlich als (tendenziell 'ganzheitliche') Beschreibung ausgrenzbarer Gesellschaften bzw. gesellschaftlicher Kulturzusammenhänge (vgl. Wax 1975), sich als das adäquate Mittel auch zur Erfassung moderner, in heterogene Teilkulturen zerfallender Gesellschaften applizieren läßt (vgl. Payne et al. 1981), und wenn andererseits die subjektive Erfahrung und die Konstruktion der Wirklichkeit als sicheres Fundament sozialwissenschaftlichen Bemühens nicht nur programmatisch postuliert sondern auch und vor allem empirisch operationalisiert werden soll, dann resultiert hieraus eine doppelte praktische Forderung gegenüber der Verbindung von Ethnographie und Phänomenologie. Diese besteht erstens darin, daß möglichst viele und vielfältige aktuelle und sedimentierte Äußerungs- und Vollzugsformen einer zu rekonstruierenden (Teil-)Wirklichkeit erfaßt und interpretativ verfügbar gemacht werden sollen, und zweitens darin, daß die 'Innensicht' des

46

normalen Teilnehmers an einem gesellschaftlich-kulturellen Geschehen wenigstens näherungsweise verstanden und nachvollzogen werden soll (vgl. hierzu auch Geertz 1984), denn: "Das Festhalten an der subjektiven Perspektive ist die einzige, freilich auch hinreichende Garantie dafür, daß die soziale Wirklichkeit nicht durch eine fiktive, nicht existierende Welt ersetzt wird, die irgendein wissenschaftlicher Beobachter konstruiert hat." (Schütz in Schütz/Parsons 1977, S. 65f; vgl. auch Schütz 1972, S. 9).

Die Lebenswelt als Basis soziologischer Rekonstruktionen der sozialen Konstruktion von Wirklichkeiten (wieder-)zugewinnen bedeutet m.E. nämlich *nicht*, sich in einer 'Bukolik' milieuhafter, quasi-natürlicher Idyllen jenseits systemischer Zwänge zu erschöpfen, wie dies einerseits die Begriffsverwendung von Jürgen Habermas (1981) nahezulegen und andererseits Justin Stagl (1986, S. 88) mit seinem Verdikt gegen die von ihm so genannte 'Subkulturanthropologie' zu unterstellen scheint. Weder geht es um die Vermengung soziologischer Auf- mit folkloristischer Verklärung, noch um die Verquickung von Forschungs- mit praktischen (als 'emanzipatorisch' deklarierten) 'Aktions'-Interessen. In das 'Dickicht der Lebenswelt' (vgl. Matthiesen 1983) einzudringen bedeutet vielmehr nicht mehr und nicht weniger als das Korrelat unseres Handelns, unseres Erlebens und Erleidens zu beschreiben und den von Alfred Schütz (1971, S. 49ff) formulierten Postulaten logischer Konsistenz, Adäquanz und subjektiver Interpretierbarkeit entsprechend in theoretische Konstrukte zweiten Grades zu übersetzen.

Gerade aus dieser beabsichtigten und absichtsvollen 'professionellen Schizophrenie', aus diesem pointierten 'Springen' zwischen den Sub-Sinnwelten nämlich resultiert jene analytisch so fruchtbare Position des 'marginal man', wie ihn v.a. Everett V. Stonequist (1961) eindringlich und eindrucksvoll protegiert hat: "Die Objektivität des Randseiters, die sich in multiplen Sichtweisen niederschlägt, ist weder Resultat aus Gleichgültigkeit (im Sinne einer Position über den Parteien) noch aus einer kritischen Haltung an sich geboren, die ihn das scheinbar Selbstverständliche in Zweifel ziehen läßt. Der tiefere Grund für die Objektivität des Randseiters liegt vielmehr (und darin zeigt sich die Nähe von Parks marginal man zum 'Fremden' von Schütz ...) in der Erkenntnis der Grenzen des 'thinking as usual'. Er ist ein Fremdgewordener, der gerade aufgrund soziokultureller Entfremdung die Chance zur Klarsicht hat." (Lindner 1990, S. 206; vgl. dazu auch Plessner 1983, S. 92).

Diesem 'Randgänger' sind also Einsichten möglich, die dem 'Eingeborenen', der keine Alternativen kennt oder wahrnimmt oder zur Kenntnis zu nehmen bereit ist, verschlossen sind (vgl. hierzu auch Park 1950, und

Schütz 1972, S. 53-69). Wichtig erscheint mir dabei allerdings, zu betonen, daß der Randseiter *die Chance* zur Klarsicht hat, und nicht etwa dazu *gezwungen* ist, "über kulturelle Unterschiede und kulturellen Wandel nachzudenken" (Stagl, zit. nach Lindner 1990, S. 203). Die 'Perspektive des Fremden' ist ein diffiziler, 'heuristischer Kunstgriff' bei Forschungen in der eigenen Kultur (vgl. dazu auch Guttandin 1993). "Der Forscher im Feld ist folglich ein *experimenteller* marginal man". (Lindner 1990, S. 210). Aber für die soziologische Ethnographie, für den quasi-ethnologischen Blick auf die mannigfaltigen Kulturen 'next door', der darauf abzielt, das kulturell und gesellschaftlich Selbstverständliche seiner fraglosen Gültigkeit zu entkleiden, ist die 'künstliche Dummheit' (vgl. Hitzler 1991c) als erkenntnisgenerierende Attitüde in der theoretischen Einstellung eben unverzichtbar. Ambitionierter ausgedrückt: Im reflektierten Wechsel der Bezugsrahmen, der Relevanzsysteme, der Weltsichten kommt *das grundstrukturelle 'Doppelgängertum' des Menschen* (im Sinne von Plessner z.B. 1985) methodologisch zum Tragen: Das (möglichst uneingeschränkte) *Erheben* von Daten erfordert eine andere Art der Zuwendung zur Wirklichkeit als das (möglichst systematische) *Auswerten* einmal konstituierter (und konservierter) Daten.

Ich gehe also beim methodologisch-methodischen Design meiner Arbeit ganz dezidiert von einer sinnweltlichen *Zweiteilung* des Forschungsprozesses aus: Vom existenziell involvierten bzw. sich seiner existenziellen Involviertheit bewußten und diese perspektivisch nutzenden Forscher im Feld einerseits (wobei ich mich insbesondere auf die von Kurt H. Wolff herkommende Tradition der 'existential sociology' berufe - vgl. Wolff 1976, Douglas 1976, Douglas/Johnson 1977, Kotarba/Fontana 1984), und vom pragmatisch distanzierten, rein kognitiv interessierten, werturteilsenthaltsamen Wissenschaftler in der (einsamen) theoretischen Einstellung andererseits.[29] Daß damit eher ein rhythmisches Wechselspiel als eine klare zeitliche Aufeinanderfolge, eher ein mehr oder weniger häufiges, mehr oder weniger kurzzeitiges 'Springen' zwischen den Subsinnwelten des Alltags und der Theorie (vgl. Schütz 1971, S. 237-298), daß also eher ein 'zirkulärer' als ein 'linearer' Erkenntnisprozeß (vgl. hierzu Spradley 1979 und 1980) gemeint ist, liegt m.E. ebenso auf der Hand wie die Einsicht, daß aus dieser Perspektive das

---

29 Dabei berufe ich mich auf die Tradition der 'verstehenden Soziologie', wie sie von Alfred Schütz unter Bezugnahme auf Max Weber programmatisch ausgearbeitet worden ist und neuerdings insbesondere von Hans-Georg Soeffner vertreten wird (vgl. Weber 1973a, Schütz 1974, Luckmann 1981, Soeffner 1989 und 1992, Hitzler 1993b).

Ziel sozialwissenschaftlicher Arbeit eben *nicht* vor allem darin besteht, Sachverhalte zu *erklären*, sondern vielmehr darin, unter Reflexion des vorgängigen eigenen alltäglichen Verstehens natürliche 'settings' zu beschreiben, um Alltags-'Erklärungen' und Alltags-Handeln *verstehen* zu können (vgl. Filstead 1970; vgl. auch Lofland/Lofland 1984).

Man muß sich einlassen auf Erfahrungen, man muß bereit sein, sich verwirren zu lassen, Schocks zu erleben, eigene Moralvorstellungen (vorübergehend) auszuklammern, Vor-Urteile zu erkennen und aufzugeben, kurz: den anderen Sinn *so* zu verstehen, wie er gemeint ist.[30] Und das Problem dabei besteht darin, daß man mit dieser Attitüde auch selber, sozusagen 'privat', aus *keinem* Feld so herauskommt, wie man hineingegangen ist.[31] Kurz: Das Erkenntnisinteresse lebensweltlicher Ethnographie ist, wenn man so will, 'existentialistischer' als das von Milieustudien, v.a. im Sinne Hildenbrands (1983 und 1985; zur Milieu-Konzeption vgl. auch Grathoff 1989, v.a. S. 344 ff), aber es ist durchaus *nicht* 'postmodern', wenn 'postmoderne Ethnographie' tatsächlich bedeutet: "Such writing goes against the grain of induction, deduction, hypothesis-testing, analytic schemes, generic principles, grounded theory, coding schemes, and well-kept fieldnotes. (...) Gone are terms like data, reliability, and validity. (...) *Interpretations are eschewed.*" (Denzin 1989, S. 91; Unterstreichung von mir). Das ist, nochmals, eine nützliche Einstellung in den *explorativen* Phasen des Forschungsprozesses, aber die genuin soziologische Qualität im Umgang mit dem Feldmaterial liegt m.E. eben durchaus *nicht* darin, es so zu lassen, wie es 'gewachsen' ist, und auch nicht darin, die Idiosynkrasien des Forschers dazu auszubreiten, sondern darin, sich diesem Material in den *interpretativen* Phasen mit theoretischem Interesse zuzuwenden und seine erkenntnisrelevanten Implikationen 'zur Sprache zu bringen'.

---

30 "I suppose there may be people who are so completely committed to being professional sociologists that they can never escape the thought that they are Sociologists. If so, they shouldn't be field researchers" (Douglas 1976, S. 120).

31 Dem soziologischen Ethnographen kann unter Umständen sogar das Gleiche passieren wie das, was Claude Lévi-Strauss (1978, S. 400) für die Initiation des ethnologischen Feldforschers veranschlagt hat, nämlich daß er "jene innere Umwälzung (vollzieht), die aus ihm wahrhaftig einen neuen Menschen macht."

2.2.4 Die empirisch begründete Theoriebildung

Lebensweltliche Ethnographie *beginnt* also grundsätzlich mit der flexiblen und offenen Begegnung mit dem forschungsrelevanten Gegen-Stand. Das Interesse des Forschers ist nicht hypothesengeleitet sondern konzentriert sich auf die vorfindlichen Situationsdefinitionen und -interpretationen. Dies geschieht im wesentlichen dadurch, daß die 'Sprache des Feldes' erlernt wird (vgl. auch Agar 1986). Für die lebensweltliche Ethnographie von Teilzeitkulturen der eigenen Gesellschaft bedeutet das, daß der Forscher nicht *eine* alltagsumspannende Bedeutung der verwendeten Begriffe voraussetzen darf sondern deren kontext-, ja situationsspezifischen Sinn zu eruieren und zu explizieren hat. Diese ersten Beschreibungen werden auf essentielle Elemente hin untersucht, bzw. daraufhin, welche Aspekte sich vernachlässigen lassen, ohne eine essentielle Veränderung zu bewirken. Dabei geht es nicht um analytische Zergliederung in Ursachen und Wirkungen, sondern um das Erfassen zusammenhängender, sinnhafter Muster und Prozesse.

Dies legt auch nahe, eine Vorabfestlegung des Samples zu vermeiden und eben die Technik des 'theoretischen Sampling', wie sie insbesondere Glaser (1978) entwickelt hat, anzuwenden. Danach ist die Auswahl der zu untersuchenden Fälle im Verlauf der Untersuchung selber – eben auf der Grundlage des sich entwickelnden *theoretischen* Interesses – zu treffen. D.h., das Sampling hat sich an theoretischen Fragen zu *orientieren*, und zugleich hat die zu entwickelnde Theorie die Datenerhebung zu *kontrollieren* (vgl. auch Bulmer 1979). Da sich die beschriebenen Phänomene in konkreten Situationen nur in Teilaspekten zeigen, ist ihr situationsübergreifender Zusammenhang zu *rekonstruieren*. Zudem muß berücksichtigt werden, daß Beobachtung notwendig selektiv ist, so daß einzelne Aspekte präzise wahrgenommen werden, während andere diffus bleiben (vgl. hierzu auch Bogdan/ Taylor 1975). All diese vielfältigen, mit unterschiedlicher Prägnanz wahrgenommenen Erscheinungsweisen setzen sich kumulativ zu einem Gesamtbild des infragestehenden Phänomens zusammen: Da wir ein Phänomen nicht entweder ganz oder garnicht erfassen, sondern schrittweise rekonstruieren, müssen Interpretationen immer wieder theoretisch hinterfragt werden, um so zu zunehmend differenzierteren Deutungen zu gelangen.

Der damit implizierte ethnographische Forschungsprozeß zeigt also gewisse Korrespondenzen mit der von Glaser und Strauss (1967) entwickelten Konzeption der 'Grounded Theory' (vgl. dazu z.B. auch Brown 1973, Charmaz 1983), zu der Glaser (1978) eine terminologisch-methodologische und Strauss (1987 bzw. 1991) eine methodisch-technische Ergänzung bzw.

Präzisierung vorgelegt hat: Das erste Stadium der Forschungsarbeit, das Spiegelberg (1982) als 'intuiting' charakterisiert, ist geprägt von dem, was Spradley (1980, Teil II) *deskriptive* Beobachtung genannt hat. D.h., die im Feld gemachten Erfahrungen werden auf den Kontext, in dem sie statthatten, und nicht auf ein externes Zeichensystem bezogen. Praktisch heißt dies, daß im ersten Stadium der Feldarbeit zunächst einmal *alle* Informationen, welcher Art und auf welche Art auch immer, aufgesammelt werden. Die Daten, die aus der Arbeit in diesem Stadium resultieren, haben folglich einen im wesentlichen 'impressionistischen' Charakter. Sie werden aber auch schon methodisch und - im Rekurs auf einschlägige Literatur - theoretisch reflektiert, so daß hier bereits erste *Kategorien* (vgl. auch Reichertz 1990) entstehen. Anhand dieser Kategorien werden die vorliegenden Daten dann geordnet und in einem sogenannten 'Memo' neu vertextet. Auf der Grundlage des 'Memos' werden Arbeitshypothesen für das jeweils nächste Untersuchungsstadium gewonnen, das wiederum in einem weiteren, theoretisch stringenteren 'Memo' verarbeitet wird usw., bis sich *typische Fallstrukturen* (vgl. nochmals Reichertz 1990) zeigen. Die Datengenerierung nimmt also, von 'Ausreißern' abgesehen, zunehmend 'Trichterform' an. Das bedeutet, wie vorhin ausgeführt, natürlich konsequenterweise auch, daß das *Sample* nicht etwa - nach irgendwelchen externen Kriterien - vorab festgelegt sondern im Verlaufe der Untersuchung selbst *theoretisch* definiert wird. Dadurch läßt sich (und darin liegt sozusagen der forschungs*ökonomische* Gewinn dieses qualitativen Designs) die Feldarbeit zunehmend *fokussieren und stukturieren*, bleibt aber zugleich auch offen für Explorationen neuer, unerwarteter Ereignisse, Handlungsabläufe und Interaktionskonstellationen.

Wesentlich ist dabei allerdings, festzuhalten, daß Glaser und Strauss weniger auf eine umfassende Erschließung eines Untersuchungsfeldes abzielen, um die es in der *Ethnographie* insbesondere geht, als auf eine 'nomologische' Arbeit, auf das Herausarbeiten genereller Gesetzmäßigkeiten gesellschaftlicher Wirklichkeitskonstruktionen. Denn qualitative Sozialforschung soll nach Glaser und Strauss eben vor allem der soziologischen *Theoriebildung* dienen. Diese Theoriebildung erfolgt im wesentlichen in zwei Stufen: Aus dem Umgang mit je konkretem Material heraus werden *gegenstandsbezogene Theorien* gebildet, also Theorien, die sich auf den untersuchten Gegenstandsbereich beziehen. Die zweite Stufe besteht dann darin, daß *formale Theorien* gebildet werden (die sich aber von herkömmlichen formalen Theorien dadurch unterscheiden, daß sie nicht auf logischen Spekulationen beruhen sondern auf der *Komparation* gegenstandsbezogener Theorien). Diese Technik der 'konstanten Komparation' von Daten und

Theorie ordnet einerseits das aus dem offenen Zugang resultierende und zur Sensibilisierung für das Feld ja zunächst erwünschte 'Chaos des Erlebens' des Forschers, und sie verhindert andererseits ungesicherte theoretische Spekulationen 'im leeren Raum', bindet die Theorie zurück ans empirische Material. Diese Technik der 'konstanten Komparation', bei der eben *theoretische* Gesichtspunkte den Vergleich des – vielfältigen (vgl. Strauss 1987, S. 16) – Datenmaterials anleiten, vor allem verdeutlicht, wie eng Wahrnehmung und Interpretation von Phänomenen zusammenhängen, und wie notwendig gerade auch für eine lebensweltliche Ethnographie die *sukzessive* Auswertung bereits konstituierter Daten ist.

Wenn sich ein thematisches Gesamtbild in der *theoretischen* Deskription abzeichnet, tut man m.E. aber gut daran, sich zu vergegenwärtigen, daß man damit seinen Gegen-Stand verfremdet und abstrahiert, daß man sich und sein Phänomen zwangsläufig von der alltäglichen Erfahrung entfernt. Anders ausgedrückt: Bei dieser 'Transformation' von einer Typisierungsebene in eine andere sind die inhärenten interpretativen Operationen zu explizieren - etwa im Sinne einer *pragmatischen sozialwissenschaftlichen Hermeneutik* (vgl. Soeffner 1980). Bei der hermeneutischen Gesamtauswertung der aufbereiteten Daten und Teilinterpretationen wird es deshalb notwendig, das Verhältnis von sozial konstruierter Wirklichkeit und sozialwissenschaftlich *rekonstruierter* Wirklichkeit zu reflektieren (vgl. hierzu Soeffner 1983a, Luckmann 1981, Gross 1979a). Denn alle in die Theoriebildung eingehenden Daten und Texte sind rekonstruktive Beschreibungen, sekundäre Sinnzusammenhänge, Thematisierungen 'ex post'. Die theoretische Endanstrengung lebensweltlicher Ethnographie besteht, summarisch ausgedrückt, darin, die möglichst 'dicht' beschriebenen (vgl. Geertz 1983a) Ethnomethoden und ihre beabsichtigten wie unbeabsichtigten Sedimente und Konsequenzen zu erfassen, um so die Sinnhaftigkeit konkreter Phänomene, Prozesse und Ereignisse *typisch* zu verstehen.[32]

'Dichte Beschreibung' im Sinne von Geertz meint ja, die Wissensstrukturen, die Deutungsschemata untersuchter Kultur-Felder oder auch nur von Partikeln untersuchter Kultur-Felder, die so etwas wie ein 'Bedeutungsgewebe' mehr oder weniger hierarchisch in sich geordneter 'semantischer Felder' bilden, zu entdecken und herauszuarbeiten und somit einen Zugang

---

32 Was geschieht, ist - allen sozialwissenschaftlich-hermeneutischen Skrupeln zum Trotz - vielleicht also tatsächlich eine Art von 'Neuschöpfung' des anfänglich fragerelevanten und dann forschungsleitenden Phänomens (vgl. Cicourel 1970, S. 72).

zur Kultur, zum Wissensvorrat und zu den Habitualitäten der untersuchten Menschen zu gewinnen. 'Dichte Beschreibung' zielt Geertz zufolge darauf ab, 'Erklärungen' (in einem kulturellen Bereich) im Verhältnis zum Insgesamt dieses kulturellen Bereiches zu erklären.[33] Dabei, das haben wir bereits festgehalten, darf der soziologische Ethnograph aber eben "nicht voraussetzen, daß seine Auslegung der neuen Kultur- und Zivilisationsmuster mit derjenigen zusammenfällt, die unter den Mitgliedern der in-group gebräuchlich ist. Im Gegenteil, er muß mit fundamentalen Brüchen rechnen, wie man Dinge sieht und Situationen behandelt." (Schütz 1972, S. 63). Auch der Ethnograph in der eigenen, modernen Gesellschaft ist in der Begegnung mit dem Feld ein Fremder oder sollte aus forschungsstrategischen Überlegungen zumindest zunächst so tun, als ob er ein Fremder wäre: "inkompetent aber akzeptabel" (Lofland 1979, S. 75f).

Was den *soziologischen* Ethnographen vom ethnographisch arbeitenden *Ethnologen* bzw. Kulturanthropologen unterscheidet, das ist, daß er (der Soziologe) in der Regel erst wieder lernen muß, daß er die 'Sprache des Feldes' tatsächlich *nicht* ohnehin und selbstverständlich beherrscht. Anders ausgedrückt: Soziologische Ethnographie muß sozusagen in nächster Nähe jene 'Fremde' zuerst überhaupt *entdecken*, die der ethnologische Ethnograph gemeinhin fast zwangsläufig 'existenziell' erfährt, weil und indem seine alltäglichen Routinen 'im Feld' oft ziemlich brachial erschüttert werden. Soziologische Ethnographie muß 'die Fremde' aufsuchen, sozusagen *entgegen* der Gewißheit des 'Denkens-wie-üblich', des 'Und-so-weiter', der 'Vertauschbarkeit der Standpunkte', mit denen der gemeine Alltagsverstand (auch mancher Soziologen) alles zu okkupieren pflegt, was als einigermaßen vertraut oder auch nur bekannt in seinem Horizont erscheint. Soziologische Ethnographie muß, in voluntativer Abkehr von der fraglosen 'Reziprozität der Perspektiven', stets damit rechnen, daß, ganz im Sinne von Pascal Bruckner

---

33 Ich bin mir ob dieser Definition etwas unsicher und würde vorderhand dazu neigen, vom Versuch, 'Erklärungen' zu *verstehen*, zu sprechen, denn es geht darum, "uns mit anderen Antworten *vertraut* zu machen, die andere Menschen ... gefunden haben, und diese Antworten in das jedermann zugängliche Archiv menschlicher Äußerungen aufzunehmen." (Geertz 1983a, S. 43, Hervorhebung von mir). Denn nochmals vereinfacht gesagt: Der Ethnograph versucht typischerweise, soziokulturelle Wirklichkeit aus der Perspektive derer, die sie konstruieren und zugleich in ihr leben, zu beschreiben und so das sinnhafte Handeln der Menschen zu verstehen.

und Alain Finkielkraut (1981), 'das Abenteuer *gleich um die Ecke*' beginnt, und daß 'gleich um die Ecke' tatsächlich das *Abenteuer* beginnt.[34]

Also nur, wenn wir *nicht* davon ausgehen, daß alles, was uns nicht auf Anhieb außerordentlich befremdlich erscheint, damit auch schon unzweifelhaft zu unserer eigenen Kultur gehört, daß 'wir' ohnehin dieselbe Sprache sprechen und die nämlichen, womöglich massenmedial vorproduzierten, Gedanken denken, nur wenn wir davon *nicht* ausgehen, wird ethnographisches Arbeiten *in der Soziologie* sinnvoll. Nur wenn wir uns darauf verständigen können, daß der 'Vorteil' der soziologischen gegenüber der alltäglichen Weltsicht vor allem in ihrer 'künstlichen Dummheit' (vgl. Hitzler 1986) besteht, darin also, die Common-Sense-Gewißheiten eben *nicht* zu teilen und mithin vorsichtshalber immer erst einmal davon auszugehen, daß der andere Mensch, dem wir (wo auch immer) begegnen, in *seiner* eigenen kleinen Welt lebt, die eben *nicht* selbstverständlich auch die unsere und folglich prinzipiell erst einmal (vorsichtig, umsichtig, nachsichtig) zu explorieren ist, nur dann verstehen wir auch, was lebensweltliche Ethnographie in der Soziologie überhaupt wollen kann.[35] Die Frage, die man sich 'zwangsläufig' stellen muß, ist also, ob lebensweltliche Forschung überhaupt das 'bringt', was einen interessiert, wenn man sich mit irgend einem sozialen Phänomen beschäftigt. Ob man tatsächlich wissen will, wie es *von innen*, in der Welt des anderen Menschen also, erscheint, oder ob man sich nicht eigentlich viel mehr dafür interessiert, wie dieses Phänomen *von außen* aussieht, welche 'Erklärungen' es z.B. für sein Vorhandensein gibt, wie es sich auszählen, vermessen, herleiten, einordnen läßt; kurz: Wie es sozial-technologisch in den Griff zu bekommen ist (wenn es denn überhaupt der Mühe wert sein sollte, sich damit zu befassen).

---

34 Ein solches Verständnis ethnographischen Arbeitens in der Soziologie repräsentieren m.E. beispielhaft die Arbeiten von Karin Knorr Cetina (z.B. 1984 und 1988), Hubert Knoblauch (1985a und 1991), Jo Reichertz (1991b) und Rainer Winter (1991), aber in gewisser Weise natürlich auch die oben bereits erwähnten Reportagen von Roland Girtler (z.B. 1980a, 1985 und 1988).

35 Vgl. zu dieser Auffassung auch Soeffner 1985, S. 111, der ebenfalls dafür plädiert, "daß auch und gerade der Soziologe strukturell gegenüber der eigenen ... Gesellschaft die Haltung des Historikers und Ethnologen einnehmen muß". - Vgl. auch Adler/Adler 1987.

3. Methoden der Felderkundung

3.1 Die Übernahme der 'anderen' Perspektive

Wie gesagt: Mit 'lebensweltlicher Ethnographie' ist *prinzipiell* ein Forschungsverfahren gemeint, das verschiedene Möglichkeiten der Datenerhebung zu integrieren und eine Reihe von je spezifisch sich eignenden Methoden zu applizieren sucht. Unter den 'klassischen' Methoden zur Erschließung sozial konstruierter Wirklichkeit - der Befragung, der Beobachtung und der Dokumentenanalyse - gilt nun die Befragung schon seit langem, gleichsam korrelierend mit der Etablierung der Soziologie als *empirischer* Wissenschaft, als nahezu unbestrittener 'Königsweg' der Sozialforschung, als der eigentliche Beitrag der Soziologie zum wissenschaftlichen Methodenkanon überhaupt (vgl. König 1965; Scheuch 1973) und "als ein mehr oder minder privilegierter Zugang zur sozialen Wirklichkeit." (Luckmann 1988a, S. 3).

Die konventionelle Vorstellung, die viele Soziologen mit dem Instrument der Befragung verbinden, basiert auf der Annahme, daß, wer etwas über die Wirklichkeit der Menschen erfahren will, eben mit den Leuten reden muß. Und wer etwas über die soziale Wirklichkeit 'an sich' erfahren will, der muß die zwangsläufigen Subjektivismen im Gerede der einzelnen Leute eben möglichst ausschalten. Die aus diesem Problem sich entwickelnde Geschichte der Verfahrensregeln-Verfeinerungen ist, sehr vereinfachend gesprochen, die Geschichte der standardisierenden, quantifizierenden, 'normativen' Sozialforschung überhaupt (vgl. Kern 1982; Schnell et al. 1988, Teil 1). An ihrem vorläufigen Ende steht der anonymisierte, strukturierte und geschlossene, vollcodier- und maschinenlesbare Massenerhebungsfragebogen, der allen Reliabilitätskriterien zu genügen scheint (vgl. Porst 1985; Hofmann 1988, Holm 1991). Dieser Priorität der Sicherung von *Zuverlässigkeit* vor der Frage nach der *Gültigkeit* erhobener Daten folgte im großen und ganzen auch die Entwicklung der Beobachtungs- und der inhaltsanalytischen Verfahren (vgl. Grümer 1974, Faßnacht 1979, vgl. Merten 1983).

Ausgehend von dem theoretischen Bedürfnis, dezidierter und detaillierter den Aspekt der gesellschaftlichen *Konstruktion* von Wirklichkeit zu beleuchten, entwickelten sich demgegenüber - im wesentlichen seit den fünfziger Jahren und unter Bezugnahme auf vernachlässigte Traditionen der Chicago School, des Symbolischen Interaktionismus und der Verstehenden Soziologie in Deutschland - die Forschungsmethoden des sogenannten 'interpretativen Paradigmas' (vgl. Wilson 1982; zum Methodenüberblick vgl. Lamnek 1989, Flick/Kardoff/Keupp/Rosenstiel/Wolff 1991). Aktuell nun befinden wir uns vor allem in der Diskussion darüber, ob interpretative und normative Ansätze in einem sich ergänzenden oder in einem alternierenden Verhältnis zueinander stehen (vgl. z.B. Soeffner 1985; Esser 1983 und 1987; als Überblick: Diekmann 1983, sowie Garz/Kraimer 1991, S. 14ff).

Explorativ-interpretative Forschungsverständnisse, so divergent sie theoretisch und methodologisch begründet und reflektiert sein mögen, betonen gegenüber konventionellen Verfahren die Rekonstruktion (typischer) subjektiver Erfahrungen und die Frage nach diesen inhärenten (latenten) Erfahrungsstrukturen (vgl. für viele: Berg 1989). D.h.: In der explorativ-interpretativen Sozialforschung herrscht eine gewisse Skepsis gegenüber der Qualität von Daten, die von anderen übermittelt werden (vgl. bereits Blumer 1956). Denn es ist zumindest fragwürdig, ob Mitteilungen anderer über soziale Phänomene als Daten der Phänomene selber gelten dürfen. Zunächst und zweifelsfrei jedenfalls sind sie einfach Daten der Mitteilung, Daten darüber also, wie ein Phänomen von einer bestimmten Person in einer bestimmten Situation *dargestellt* wird. Wir können also weder fraglos davon ausgehen, daß der Informant unter anderen Umständen das gleiche mitteilen würde, noch daß er jetzt mitteilt, was seiner jetzigen Erfahrung bzw. Erinnerung entspricht, noch können wir gar fraglos davon ausgehen, daß das, was er mitteilt, dem mitgeteilten Geschehen 'objektiv' entspricht (vgl. auch Reichertz 1986). Der Versuch aber, das letztgenannte Problem dadurch zu lösen, daß möglichst viele Informanten zum selben Phänomen befragt werden, löst die davorliegenden Probleme keineswegs - er vervielfacht sie lediglich.

Deshalb problematisieren sich die Methoden der Datengewinnung der explorativ-interpretativen Sozialforschung in eine ganz andere (gleichsam 'entgegengesetzte') Richtung als in der quantifizierenden Sozialforschung: Der explorierende Forscher muß "an 'natürliche' Gruppen heran und in diesen mit Instrumenten arbeiten, die sich ihren Abläufen möglichst elastisch und 'geräuschlos' anpassen lassen" (Neidhardt 1983, S. 32). Dabei kann man im übrigen durchaus ebenfalls ansetzen bei der pragmatischen Einsicht, daß es vernünftig sei, (auch) mit den Leuten zu reden, wenn man etwas über ihre Wirklichkeit erfahren will. Immer aber stellt sich unter explorativ-interpretativen Absichten die Frage, wie es gelingen kann, die Wirklichkeit *der*

Menschen, also eben *ihre* (durch ihre soziale Praxis konstruierte) Wirklichkeitssicht zu rekonstruieren. Denn "das Problem (der Sozialwissenschaften – A.H.) besteht darin, daß die *objektiven* Eigenschaften historischer sozialer Wirklichkeiten auf den universalen Strukturen *subjektiver* Orientierung in der Welt beruhen. " (Luckmann 1979, S. 200).

Die Geschichte dieser Entwicklung ist im wesentlichen die Geschichte der Entwicklung offener, weicher, zirkulärer Verfahren einerseits[36] und gleichsam mikrochirurgisch operierender, strukturanalytischer Verfahren andererseits[37]. Sie kulminiert in Vorschlägen zur 'kreativen' Gesprächsführung zum einen (vgl. Douglas 1985) und in der Infragestellung von Interviewdaten überhaupt zum anderen (vgl. z.B. Bergmann 1985), in der Ablösung teilnehmender Beobachtung durch beobachtende Teilnahme zum einen (vgl. Adler et al. 1986) und in der Ablösung der rekonstruktiven Dokumentenanalyse durch eine registrierende Kommunikations- und Interaktionsanalyse zum anderen (vgl. Bergmann 1985; Luckmann/Bergmann 1983 und 1987). Es geht insgesamt, vereinfacht ausgedrückt, im interpretativen Paradigma um die Frage der Gewinnung *gültiger*, d.h. subjektiv interpretierbarer Daten, ehe die Sicherung der Reliabilität überhaupt relevant werden kann (vgl. dazu auch Lamnek 1988, S. 140ff).

Vereinfacht gesprochen bietet die interpretative Sozialforschung zwei Vorschläge zur Bewältigung dieses - eben zuerst zu lösenden - Validitätsproblems an. Der eine Vorschlag besteht im wesentlichen in der Herstellung von gegenseitigem *Vertrauen* zwischen dem Forscher und seinem Informanten durch langdauernden persönlichen Kontakt miteinander (vgl. Denzin 1978). Der andere Vorschlag besteht im wesentlichen in der Herstellung von *Vertrautheit* mit dem zu erforschenden Phänomen durch praktische Teilnahme am sozialen Geschehen, durch Erwerb der Mitgliedschaft, durch *existenzielle* Perspektivenübernahme (vgl. Wolff 1976). Diese Vorschläge schließen einander keineswegs aus, sondern lassen sich in verschiedenen Mischformen umsetzen und durchführen (vgl. z.B. Douglas 1976; Girtler 1984). Beide Strategien implizieren ein flexibles Sich-Einlassen auf 'gesellige' Situationen: "Das ... favorisiert Formen teilnehmender Beobachtung. (...) Nondirektive Techniken und Beobachtungen mit hoher Sensibilität für Subjektives werden

---

36 Vgl. Hoffmann-Riem 1980; Johnson 1975; Douglas 1976; für die Biographieforschung vgl.
z.B. Kohli/Robert 1984; Fuchs 1983; Zinnecker 1982; kritisch zu weichen Verfahren auch
Gerhardt 1985.

37 Vgl. Oevermann et al. 1979; Bude 1982; Reichertz 1986 und 1988b; Lüders/Reichertz 1986.

wichtig. Valide Interpretationen des auf diese Weise Wahrgenommenen setzen Vertrautsein und längeren Umgang mit der Gruppe ... voraus." (Neidhardt 1983, S. 32). Der Aktions-Schwerpunkt kann dabei sowohl auf der interaktiven und kommunikativen Partizipation als auch auf der nicht involvierten Observanz liegen. Die in der Methodenliteratur strittige Frage, ob hierbei nun *Beobachtung* oder *Interview* das grundlegendere Verfahren sei (vgl. Cicourel 1970; Becker/ Geer 1969; Schatzman/Strauss 1973; Agar 1986; Spradley 1979 und 1980), ist *grundsätzlich* sicherlich zugunsten der Beobachtung (in einem weiten Sinne) zu beantworten. Es hängt aber vor allem vom jeweiligen Forschungsinteresse ab; und wenn sich dieses (eher) auf 'kognitive' Phänomene richtet, dann sind wohl eher verbalisierende Erhebungstechniken basal.

3.2   Die praktisch involvierte Beobachtung

Einer der wesentlichen Gründe dafür, daß im Hinblick auf ethnographische Interessen *idealerweise* ein methodenpluraler Ansatz zu wählen ist, liegt darin, daß dadurch die einzelnen Verfahren sich wechselseitig ergänzen und 'kritisieren' können (vgl. z.B. Webb 1970, Noblit/Hare 1988), weil eben z.B. - trivialerweise - der *Vollzug* von Aktivitäten durchaus andere Qualitäten aufweisen kann als das *Reden* über diesen Vollzug, und weil das im Kontext des Vollzugs relevant erscheinende *Geschriebene* wiederum 'ein anderes Licht' auf die infragestehenden Aktivitäten zu werfen vermag. Um nun sozusagen eine 'Innensicht' des Feldes zu erlangen, ist es eben optimal, wenn es dem Forscher gelingt, sich auch in gewisse in der jeweiligen Teilkultur übliche Handlungsnotwendigkeiten zu involvieren. Jedenfalls meine ich, daß der Unterschied zwischen teilnehmender Beobachtung und beobachtender Teilnahme gerade im Schritt vom 'so tun als ob' zum 'mit-tun' besteht: Die "Methode der *indirekten* teilnehmenden Beobachtung, in der der Beobachter in der Tat ein Mitglied der Gruppe wird und eine Rolle in der Gruppe spielt, mit der ihn die anderen auch wirklich identifizieren, ermöglicht es dem beobachtenden Forscher, die Rolle sozusagen von innen heraus zu erfahren. Indem er seine Rolle nämlich *in dieser Welt* spielen muß, kann er gar nicht umhin, die Perspektive dieser Welt zu übernehmen und zu artikulieren." (Psathas 1972, S. 300). Wer sich hingegen nicht wirklich mit breitem methodischem Sensorium und möglichst eben auch existenziell einlassen kann auf die Ereignisse im Feld, der läuft immer Gefahr, grundsätzlich ja nicht

auszuschließenden "chronischen Mißverständnissen" (Schütz 1971, S. 59) auf-
zusitzen.

Eine immer wieder empfohlene Möglichkeit, der Gefahr des Mißverstehens, der Fehldeutung etwas gegenzusteuern, besteht auch in dem, was
'kommunikative Validierung' genannt wird (vgl. Heinze 1987, Kvale 1991),
also in der Rücksprache mit den Beobachteten darüber, wie man sie bzw.
ihre kleine Lebens-Welt versteht. Dieses aus dem Feld eingeholte 'Feedback'
auf die Forschungsartefakte scheint mir zwar ein probates *zusätzliches* Mittel
der *Sensibilisierung* zu sein, aber als Validierungsverfahren ist es m.E.
zweifelhaft, denn auch wissenschaftlich untersuchte Menschen neigen - wie
wir alle - in aller Regel und grundsätzlich dazu, sich in möglichst gutem
Lichte, wenn schon nicht selbst zu sehen dann doch wenigstens sich
darzustellen. D.h., der Untersuchte, der sozusagen über die Gültigkeit der
Interpretationen des Forschers befinden kann und soll, wird normalerweise
versuchen, diesen dazu zu bringen, ihn eben so zu sehen, wie er gesehen
werden möchte - unabhängig davon, ob *er* sich selber tatsächlich auch so
sieht. Folgt man den Revisions- und Modifikationsvorschlägen des Untersuchten, dann ist dies durchaus *kein* Beleg dafür, daß man ihn bzw. seine
Welt nun so sieht, wie *er* sich bzw. sie selber sieht. Folgt man ihnen nicht,
dann ärgert man ihn (unnötigerweise), da es einem dann in aller Regel auch
nicht gelingt, ihn von der Driftigkeit der Gründe zu überzeugen, die einen
dazu bewegen, an der eigenen Interpretation festzuhalten. Nochmals also
deshalb: Ich meine, daß man der Gefahr 'chronischen Mißverstehens' noch
am besten dadurch auf die Spur kommen kann, daß man mit der Perspektive
derer, für die man sich interessiert, möglichst vertraut wird. Und das
bedeutet m.E. eben, daß es am besten ist, wenn man als Forscher bestimmte
Erfahrungen auch selber *macht* - statt sie *nur* zu erfragen.

Was aber unterscheidet überhaupt *beobachtende* Teilnahme von nichtbeob-
achtender, von 'normaler' Teilnahme? Nun, der normale Teilnehmer an
einem Geschehen entwickelt in der Regel ein sehr begrenztes, an seinen
pragmatischen Zielen und Zwecken orientiertes Interesse an einer Situation
bzw. an einem teilkulturellen Kontext. Der *beobachtende* Teilnehmer
hingegen ist sozusagen die schiere Neugier selber: Er versucht, immer mehr
zu erleben und mehr zu erfahren, als er, *als Teilnehmer*, eigentlich braucht.
Er versucht, an möglichst Vielem teilzunehmen, was geschieht, und er
versucht, auch über das, woran er *nicht* teilnehmen kann, etwas zu erfahren.
Er versucht, *verschiedene* Meinungen zu Ereignissen und Sachverhalten zu
eruieren; er versucht, in verschiedene Rollen zu schlüpfen oder zumindest mit
möglichst verschiedenen Perspektiven direkt oder indirekt bekannt und

möglichst vertraut zu werden. Während der 'normale' Teilnehmer also selektiv, auf *sein* pragmatisches Relevanzsystem bezogen, zur Kenntnis nimmt, was um ihn her vorgeht, und während er eben oft nicht *mehr* wissen *will*, als er unbedingt wissen *muß*, um einigermaßen erfolgreich handeln zu können, versucht sich der beobachtende Teilnehmer sozusagen einen 'Überblick' zu verschaffen, von dem aus er dann methodisch kontrolliert Detailbeobachtungen anstellen kann.

Die Frage, ob man dabei 'verdeckt' oder 'nicht-verdeckt' arbeiten sollte, läßt sich übrigens m.E. *nicht generell* beantworten (vgl. dazu Unruh 1979, Bulmer 1982, Punch 1986). Sie hängt von den Feldbedingungen und von der eigenen Interessenlage ab: Arbeitet man verdeckt, dann bewegt man sich als normaler (oder eben auch nicht so normaler) Mensch unter Menschen und hat all jene Interaktionsprobleme, die man sonst auch hat - und oft noch einige andere dazu. Arbeitet man unverdeckt, dann gewährt einem die Rolle des Soziologen zwar eine gewisse Chance, seine eventuellen eigenen zwischenmenschlichen Inkompetenzen etwas zu kaschieren bzw. hinter einer 'seriösen Maskerade' zu verbergen. Dafür, bzw. unter normalen, jedenfalls längerdauernden Umständen zusätzlich, hat man dann Probleme mit Erwartungen, Befürchtungen, Hoffnungen, die die Menschen, mit denen man es zu tun hat, damit verbinden, daß sie zum Gegenstand wissenschaftlichen Interesses werden (vgl. auch Schatzman/Strauss 1973: 27ff). Den einzigen *grundsätzlichen* Ratschlag den man mithin für das Verhalten im Feld geben kann, ist Blanche Geer (1964) zufolge deshalb der, herauszufinden, wen die Menschen, mit denen man es zu tun hat, als ihren 'Feind' betrachten, und dann den glaubhaften Eindruck zu vermitteln, man habe mit diesem weder etwas zu tun, noch sympathisiere man mit ihm.[38]

Zu beachten ist darüber hinaus vielleicht auch noch, daß der teilnehmende Forscher auch immer sein eigener Informant ist, daß er also mitzubedenken hat, in welcher idealtypischen Rolle er jeweils gerade agiert (vgl. Junker 1960; Bruyn 1966; Meinefeld 1976): als Augenzeuge, als Insider, als

---

38 William F. Whyte (1981) z.B. hat berichtet, daß in der von ihm untersuchten 'Street Corner Society' die Frage, welche Forschungsinteressen er verfolgte, überhaupt nicht relevant war, sondern daß es vor allem darum ging, ob er ein akzeptabler, vertrauenswürdiger Geselle sei. - Aron V. Cicourel (1970) hat deutlich gemacht, daß sich das Problem, eine angemessene Interaktionsform zu finden, für den Sozialforscher auch nicht sehr viel anders darstelle als für jeden Alltagsmenschen auch, wenn er z.B. eine neue Arbeitsstelle antrete.

60

Analytiker oder als Kommentator.[39] Prinzipiell reicht das Spektrum teilnehmender Beobachtung von der Rolle des distanzierten Zuschauers bis zu der des engagierten Mitspielers. Die Rolle des *nur* distanzierten Zuschauers z.B. birgt, wie gesagt, für den Forscher die Gefahr in sich, daß er unter Umständen eben garnicht *versteht*, wenn er etwas nicht versteht, d.h., daß er die Bedeutung, die ein Geschehen für die Mitglieder hat, nicht adäquat erfaßt, obwohl er *meint*, daß er das tut. Der engagierte Mitspieler hingegen steht, wenn er nicht im Team arbeitet, sozusagen vor einem 'Münchhausen-Problem': Er muß sich immer wieder 'am eigenen Schopfe' aus dem Feld herausziehen, sich reflexive Distanz selber verschaffen. Der Intensitätsgrad der Teilnahme am Feldgeschehen jedenfalls bleibt notwendigerweise ein diffiziler *Balanceakt* (vgl. Cicourel 1970; Gold 1958; Schwartz/Schwartz 1955).

Dies zeigt sich ganz beispielhaft in den Projekten, die die jüngste Phase der Entwicklung der Ethnomethodologie prägen: in den sogenannten 'studies of work' um Harold Garfinkel herum einerseits (vgl. dazu Bergmann 1991, Garfinkel 1986), und in den Wissenschafts-Ethnographien des sogenannten 'empirischen Konstruktivismus', der stärker auf Aaron V. Cicourel rekurriert und sich gegenwärtig im deutschsprachigen Raum vor allem um Karin Knorr Cetina herum entwickelt, andererseits (vgl. dazu z.B. Knorr Cetina 1989).

3.2.1 Exkurs: 'Praktiken' und 'Erklärungen'

Der Begriff 'Ethnomethodologie' bzw. 'ethnomethodology' wurde bekanntlich Anfang der 60er Jahre von Harold Garfinkel in Anlehnung an das in der nordamerikanischen Kulturanthropologie entwickelte Konzept der 'ethnoscience' ("die Ordnung der Dinge in den Köpfen der Leute") geprägt.[40] Ethnomethodologie heißt 'Ethnomethodologie', weil sie nach den alltagspraktischen Methoden fragt, die die Ethnos, die die Leute so ganz selbstverständlich verwenden, um interaktiv sinnhafte Ordnung herzustellen und aufrecht-

---

39 Vgl. Schütz 1972, S. 98f. - Als probates Mittel der auch die Frage des Standpunktes mitreflektierenden Selbstdisziplinierung bei der Erstellung ethnographischer Texte schlägt z.B. Hildenbrand (1984, Kurseinheit 3) im Anschluß an Glaser und Strauss eine auch optisch deutlich gegliederte Protokollform vor.

40 Ich rekurriere hier stark auf die bereits 1974 geschriebene aber für die mich interessierenden Aspekte nachwievor gültige Diplomarbeit von Jörg R. Bergmann. - Vgl. aber auch Lehmann 1988, S. 157ff, sowie Eberle 1984, S. 438 ff, und Maeder 1989.

zuerhalten. Garfinkels Interesse (vgl. v.a. 1967) gilt also dem, was die Mitglieder einer Gesellschaft bei der Abwicklung alltäglicher Angelegenheiten wissen, denken und tun, wie sie die Regeln ihres Tuns erzeugen und befolgen. Den Grundgedanken, daß Menschen sich nicht einfach vorgängigen, ihnen ansozialisierten Normen unterwerfen, sondern Wirklichkeit beständig *interaktiv erzeugen*, teilt die Ethnomethodologie natürlich mit allen interpretativen Ansätzen, aber die Ethnomethodologie befasst sich in besonderm Maße mit dem 'Wie' der *Konstruktionsprozesse* selber.

D.h., die in der traditionellen Soziologie quasi 'naiv' angenommene unmittelbare Gegebenheit sozialer Fakten wird als Arbeitsprämisse aufgegeben und an ihre Stelle wird radikal die Frage gesetzt, wie in den miteinander verschränkten Handlungen der Leute und in ihrem kontinuierlichen Austausch 'praktischer Erklärungen' soziale Strukturen objektiviert werden, und wie dadurch die alltägliche *Gewißheit* einer real existierenden Wirklichkeit intersubjektiv hergestellt wird. Das, was wir als soziale Tatsachen, als objektive Sachverhalte, als unabhängig von unserem Zutun existierende Realität begreifen, sehen die Ethnomethodologen als unentwegt *von uns (Ethnos) selber* methodisch produziert an. Wirklichkeit ist demnach nichts, was 'hinter' oder 'jenseits' unserer Handlungen liegt; Wirklichkeit wird erzeugt in Interaktionen. Folglich, so daß Programm, das zumindest in dieser abstrakten Form auch für die Variante des 'empirischen Konstruktivismus' gilt, sind die formalen Strukturen dieser Produktionsprozesse zu rekonstruieren und zu beschreiben, denn jeder sozial kompetent Handelnde verfügt über eine Vielzahl von sozial bereitgestellten 'Methoden' der Wirklichkeitskonstruktion.

Die dem empirischen Konstruktivismus zugrundeliegende Absicht ist, vor diesem Entstehungs-Hintergrund betrachtet, im Prinzip also recht einfach: Es geht darum, den "*Konstruktionsapparat*" (Knorr Cetina 1988, S. 86) zu beschreiben, mittels dessen Wirklichkeit hergestellt wird. Und konkretisiert wird dieses Programm durch Knorr-Cetina (und ihre Mitarbeiter) bislang anhand von Untersuchungen über die 'Fabrikation von (insbesondere naturwissenschaftlicher) Erkenntnis' (vgl. dazu auch Hitzler/Honer 1989). Aus der Perspektive einer solchen konstruktivistischen Wissenschaftssoziologie, die also gleichsam die 'Anwendungsebene' des empirischen Konstruktivismus darstellt, erscheinen denn auch naturwissenschaftliche Labors nicht mehr länger als privilegierte Orte der individuellen *Beobachtung und Protokollierung* sondern vielmehr als organisatorische 'Verdichtungen' der kollektiven *Erzeugung und Konstruktion* realer Phänomene. Genauer gesagt: Auch naturwissenschaftliche - nicht nur sozial- bzw. kulturwissenschaftliche - Daten entstehen *nicht* durch objektive Erkenntnis von 'brute facts' sondern durch kommunikative Verständigung über interpretative Akte. 'Wahrheit' ist auch in den Naturwissenschaften weniger eine Frage der Logik als eine Frage der sozialen Akzeptanz. Da, so 'wissenschaftskritisch' wir auch gestimmt sein mögen, eine solche Diagnose doch einigen unserer fundamentalen Alltagsgewißheiten widerspricht, will ich versuchen, sie anhand eines kurzen Abrisses der empirischen Arbeit von Knorr-Cetina ein wenig zu plausibilisieren.

Das bisherige Hauptwerk von Knorr Cetina (1984) ist nach einem einjährigen Aufenthalt (1976-1977) in einem staatlich finanzierten Forschungszentrum in Berkeley, Kalifornien, entstanden, während dessen sie Gelegenheit hatte, in einem der Labors die Erforschung pflanzlicher Proteine zu beobachten (vgl. dazu auch Knorr 1985, S. 159). Im Labor, so eine ihrer zentralen Erkenntnisse, hat die Selektion von Informationen, etwa im Hinblick darauf, was als Datum zu betrachten und zu behandeln ist, *kontextgebunden* statt. D.h. sie erfolgt weit weniger aufgrund rein theoretischer Folgerichtigkeit als aufgrund durchaus wechselhafter Entscheidungsregeln, aufgrund lokaler Forschungsidiosynkrasien, aufgrund kontingenter personeller, technischer, finanzieller und räumlicher Ressourcen, aufgrund persönlicher Neigungen und Abneigungen und aufgrund wissenschaftsstrategischer bzw. publikationsstrategischer Überlegungen. Bemerkt hat Knorr Cetina auch, daß die Wissenschaftler im Labor gesprächsweise viele Metaphern und Analogien verwenden, um sich unerwarteten, unklaren und seltsamen Versuchsergebnissen kommunikativ anzunähern, wodurch vorab definierte Forschungsrahmen immer wieder erweitert, gesprengt oder auch einfach verlassen werden.

Die Bedeutung, die die 'undisziplinierte' Gelegenheitskommunikation der Forscher face-to-face für die wissenschaftlichen Interessen und Orientierungen des einzelnen hat, legen Knorr-Cetina zufolge den Schluß nahe, daß die scientific community als Bezugsgruppe bzw. als Normen- und Werte-Instanz für den einzelnen Wissenschaftler praktisch irrelevant und kaum mehr sei als eine Fiktion der etablierten Wissenschafts-*Forschung*. Der relevante wissenschaftliche Diskurs umfasst laut Knorr-Cetina *zugleich* mehr *und* (zugleich) weniger als die ideale scientific community: Weniger, weil er in aller Regel schlicht *lokal* begrenzt stattfindet, und mehr, weil er eben Alltagsrationalitäten und relevante außerwissenschaftliche Instanzen mit einschließt. Materialreich und materialnahe zeigt sie auch auf, wie aus 'talking science' 'talking about science' wird, wie das 'wilde Räsonieren' im Labor sich über mehrere Läuterungsstufen hinweg zur 'zahmen Rhetorik' der publizierten Ergebnisse wandelt. D.h. die Wissenschaftler bearbeiten interaktiv die Kunst-Produkte von Laboratoriumsapparaturen in irgendwelchen Dokumenten so lange, bis eine wissenschaftliche Publikation daraus geworden ist. Die schlußendliche Veröffentlichung erweist sich somit als Gemeinschaftsprodukt von Autoren, Kollegen und impliziten bzw. antizipierten Lesern.

Naturwissenschaftliche Publikationen sind mithin natürlich auch *nicht* Beschreibungen dessen, was im Labor *tatsächlich* geschieht. Sie sind vielmehr als Mehrfachtransformationen der Ereignisse, zum Teil sogar als Umkehrungen faktischer Verläufe der Erkenntnisfabrikation zu lesen: "Der Eindruck einer problemgenerierten Lösung, nach der man gesucht und die man nicht etwa zufällig angetroffen hat, wird im Text durch die hierarchische Organisation der Argumente erzeugt, die die Lösung als *abgeleitet* anstatt als ursprünglich erscheinen läßt." (Knorr Cetina 1984, S. 189). Und Handbücher für die Laborarbeit gleichen strukturell offensichtlich dem, was wir als *Bastelanleitungen* für Heimwerker vorgefunden haben: Es handelt sich dabei - notwendigerweise - um *schematische* Instruktionen, die natürlich weder kontextuelle bzw. situative Besonderheiten antizipieren, noch gar als selbstverständlich vorausgesetzte körperliche Ausstattungen und als normalerweise korporal sedimentiert geltende Fertigkeiten thematisieren können: "Es ist dieses überall vorhandene 'zusätzliche Etwas', das den Bereich der erforschbaren Phänomene markiert und das in den formalen Darstellungen wissenschaftlicher Methoden nicht berücksichtigt wird." (Lynch u.a. 1985, S. 183).

Das heißt nichts anderes, als daß sich die *Praktiken* (natur)wissenschaftlichen Tuns weder, wie das in der konventionellen Sozialforschung üblich ist, schlicht abfragen, noch gar über Dokumente, seien es nun Publikationen der Forscher selber oder Hand- und Rezeptbücher *für* die Forscher, rekonstruieren lassen. Abfragen läßt sich *tatsächliches* Handeln vor allem deshalb so schwer, weil auch der Wissenschaftler sein routinisiertes Wirken in aller Regel weder reflektiert noch expliziert, weil vielmehr zahlreiche Fertigkeiten und selbstverständlich gewordene Geschicklichkeiten in seinen Körper gleichsam "eingeschrieben" sind, weil er so etwas wie ein "verkörpertes Depot händischer und instrumenteller Erfahrung" darstellt (Knorr Cetina 1988, S. 99).

All diese mit den Methoden der konventionellen Sozialforschung also kaum bzw. nicht zu erfassenden, gleichwohl *realitätsgenerierenden* Fraglosigkeiten alltäglicher Aktivität und Interaktivität versucht der empirische Konstruktivismus deshalb mit dem Erhebungsinstrument der *Ethnographie* zu rekonstruieren, das, wie es Knorr-Cetina selber ausdrückt: "*sensitiv* und nicht frigide ist, das uns dem Ereignis nach*spüren* läßt, anstatt es im objektivistischen Sinn zu distanzieren." (Knorr Cetina 1984, S. 44). Knorr-Cetinas Einsichten resultieren also daraus, daß sie möglichst langfristig und systematisch Wissenschaftler in (sehr unterschiedlichen) Forschungslaboratorien (z.B. für Molekularbiologie, Teilchenphysik, Informatik und Sexualwissenschaften - vgl. Knorr Cetina 1988) beobachtet, deren Interaktionsprozesse aufzeichnet und eben, wie gesagt, aus diesem 'natürlichen' (d.h. 'natural setting'-) Material "die Fabrikation von Erkenntnis" bzw. die Produktion wissenschaftlicher Daten und Fakten erschließt. Und all dem nach, was sich so tatsächlich rekonstruieren läßt, werden Naturphänomene im naturwissenschaftlichen Labor eben nicht beobachtet sondern *erzeugt*, entstehen als 'Tatsachen' in interpretativen Inter-Akten (vgl. Knorr 1985).

Derlei Alltags-Praktiken, derlei Ethno-Methoden nehmen konventionell arbeitende Soziologen aber üblicherweise eben als selbstverständlich hin und betrachten sie als nicht weiter klärungsbedürftig. Die Ethnomethodologen hingegen betrachten sie, wie ich hier am Beispiel der ethnographischen Arbeit im empirischen Konstruktivismus zu skizzieren versucht habe, als *grundlegendes Thema* soziologischer Forschungsarbeit *schlechthin*. Und deshalb sehe ich hier sehr direkte Verbindungslinien zur Idealform lebensweltlicher Ethnographie.[41] Auch meinen eigenen Erfahrungen nach - und das betone ich hier vor dem Hintergrund meiner späteren Ausführungen über die pragmatischen Restriktionen und Reduktionen idealer Forschungs-Vorstellungen – lassen sich weder die Pluralität der angewandten Verfahren noch die

---

41 Unbeschadet davon sehe ich allerdings auch einige Divergenzen zum empirischen Konstruktivismus: Knorr Cetina verortet ihren Ansatz selber ja in Abgrenzung zu dem, was sie den 'kognitionstheoretischen Konstruktivismus' (Maturana, Varela u.a.) und dem, was sie 'Sozialkonstruktivismus' (Berger, Luckmann u.a.) nennt (1989). Zumindest das, was sie als 'Sozialkonstruktivismus' bezeichnet, und was ich nachwievor lieber als 'phänomenologisch reflektierte neuere Wissenssoziologie' etikettieren würde, hat aber m.E. sehr viel weiterreichende *empirische* Implikationen als Knorr-Cetina wahrzunehmen bzw. zuzugestehen bereit ist. Diesen Ansatz auf eine mehr oder weniger schematische Ontologie sozialer Wirklichkeit zu reduzieren, heißt m.E. nicht nur, die Reichweite seines Erkenntnisanspruchs zu verfehlen - es geht eben nicht um die Konstruktion 'sozialer' Wirklichkeit (was immer das sein soll), sondern es geht um die soziale Konstruktion von Wirklichkeit (schlechthin): Wirklich ist, was in einem sozialen Verhältnis (von welcher Größe auch immer) als wirklich *gilt* -, es heißt auch, die empirische Tradition, die sich in den vergangenen zwanzig Jahren im Rahmen der neueren Wissenssoziologie entwickelt hat (bes. um Luckmann, Soeffner, Sprondel, Bergmann, aber eben auch um Peter Gross), schlicht zu ignorieren (vgl. dazu auch Hitzler/Honer 1989).

Erlangung eines Teilnehmerstatus durch den Forscher ohne Verlust von Interpretations- und Rekonstruktionskompetenz ersetzen. Gerade *elementare* Bestandteile menschlicher Wirklichkeitskonstruktionen, gerade händische Befähigungen und korporales 'Können' sind durch Befragungen, gleich welcher Art, kaum eruierbar. Anders ausgedrückt: Wenn man Menschen, mit welchen Gesprächsführungstricks auch immer, dazu bringt, ihre fraglos eingelebten, sozusagen 'in Fleisch und Blut' übergegangenen *Praktiken* 'auf den Begriff zu bringen', dann verleitet man sie eben nachgerade zwangsläufig dazu, das zu produzieren, was die Ethnomethodologen als 'accounts' bzw. als 'accounting' bezeichnen.

Damit ist vor allem das Darstellen, das 'Erklären', das Rechtfertigen von praktischen Handlungen gegenüber anderen gemeint. Es besagt, daß eine, so die übliche deutsche Übersetzung, 'praktische Erklärung' (vgl. Scott/Lyman 1976; vgl. auch nochmals Bergmann 1974) in der Regel eben keine *Erklärung* im strengen Sinne, sondern eher das Versprechen ist, prinzipiell 'jederzeit' eine Erklärung 'liefern' zu können. Accounting (statt 'wirklicher' Erläuterungen und Erklärungen) funktioniert im Alltag üblicherweise aber durchaus, und zwar deshalb, weil der Adressat eines 'accounts' in aller Regel dieses Versprechen auf eine Erklärung 'bis auf weiteres' akzeptieren muß, wenn er nicht bösartig, unhöflich oder inkompetent erscheinen will.

'Praktisch' werden diese (in aller Regel eben *nicht* wirklich stattfindenden) 'Erklärungen' deshalb genannt, weil sie, ebenso wie andere 'praktische' Methoden und Aktivitäten, beständig der Klärung des 'praktischen' Problems dienen, was als je Nächstes zu tun sei ('first-things-first'-Prinzip). Jedes stattfindende Handeln ist ja zugleich der Verzicht auf andere Handlungen, jede Entscheidung für das, was als je Nächstes zu tun ist, ist mithin eine - lebenspraktisch auferlegte - Selektion aus einem Universum von Möglichkeiten. Im Alltag aktualisieren wir diese prinzipiell vorhandenen Alternativen in aller Regel 'natürlich' nicht bzw. nur in außerordentlich beschränktem Maße, denn in fast jeder Situation, in der wir uns alltäglich befinden, ist die Zeit, die wir haben, um uns für eine Handlung zu entscheiden, knapp. Deshalb stehen wir nachgerade ständig unter einem durch unsere begrenzte Lebenszeit und durch die (unumgänglichen) Zwänge sozialen Miteinanders auferlegten 'praktischen' Entscheidungs- und Handlungsdruck, und damit u.a. eben auch unter dem Druck, unsere Handlungen normalerweise *nicht* wirklich zu 'erklären', sondern lediglich als 'erklärlich' (hinlänglich glaubhaft) zu deklarieren. M.a.W: Accounting dient dazu, das 'praktische' Problem zu bewältigen, daß wir im alltäglichen Handeln in jeder Situation damit befaßt sind, die Vorgänge und Ereignisse, in die wir verwickelt sind, tatsächlich als so und so *bestimmte* Vorgänge und Ereignisse wahrzunehmen *und* sie auch als so und so *bestimmte* Vorgänge und Ereignisse darzustellen, sozusagen plausibel, glaubhaft zu machen.[42]

3.2.2 *Zur materialen Applikation des Exkurses*

Bei meinen Heimwerker-Studien zum Beispiel ist mir zwar immer wieder aufgefallen, daß meine Gesprächspartner ihr freizeitliches Selbermachen stets ziemlich pauschal abhandelten, daß sie eigentlich nie, jedenfalls nie 'von sich aus' die *Details* ihrer Arbeiten, also z.B. einzelne Arbeits-Schritte schilderten. Aber warum das so ist, das habe ich erst relativ spät, in einer Phase theoretischen Reflektierens verstanden. Zunächst habe ich diese 'Verweigerung' darauf zurückgeführt, daß mich meine Gesprächspartner wohl als zu wenig kompetent für derartige 'Tiefen'-Informationen oder daß sie solche 'Feinheiten' vielleicht als für die mir unterstellten Interessen irrelevant erachten würden.

Nun, dies mag durchaus *auch* eine Rolle für ihr Interview-Verhalten gespielt haben. Außerdem aber habe ich bei meinen 'Visiten' allmählich eruieren können, daß meine Heimwerker (sowie deren Familienangehörige) Heimwerken offenbar *grundsätzlich* nicht als Thema bei geselligen Zusammenkünften betrachten. (Sogar wenn sich noch andere - befreundete - Heimwerker unter den Gästen befinden, wurden höchstens ein paar kurze, technische Informationen über die je aktuell entstehenden Werke ausgetauscht.) Auch bei meinen gelegentlichen, in allerlei Handlangerdienste verpackten, teilnehmenden Beobachtungen ist mir nur selten und auf Nachfrage das Wie und Wozu eines je gegenwärtigen Tuns kommentiert worden. Ja, selbst 'Fachsimpeleien' zwischen Heimwerkern habe ich, vor dem Hintergrund *meiner* (bescheidenen) Do-It-Yourself-Kenntnisse, als wenig konkret empfunden: Da tauscht man sich allenfalls 'mal' darüber aus, ob man dies oder jenes besser verleimt oder vernagelt, verschraubt oder verzapft, aber was dann 'tatsächlich' zu tun ist, das scheint man einfach zu wissen.

---

42 Bestimmte kommunikative Handlungen zielen z.B. einfach darauf ab, anderen gegenüber ein *positives* 'Bild' des Handelnden zu vermitteln und mithin auch die Behandlung des Handelnden durch andere positiv zu beeinflussen. 'Taktisch' sind solche kommunikativen Handlungen dann, wenn sie auf kurzfristige, 'strategisch' sind sie dann zu nennen, wenn sie auf langfristige Wirkung abzielen (vgl. dazu Tedeschi/Norman 1985).

Daraus folgt m.E., daß Heimwerken als ein Komplex von *körper-praktischen* Handlungsschemata - zumindest von einem Nicht-Heimwerker - kaum angemessen erfragt werden kann: Der freizeitliche Selbermacher produziert sich als 'korporales Gedächtnis', das sich und seine 'Nützlichkeit' eben *gegenständlich* entäußert. Handlungsschilderungen von Heimwerkern wirken deshalb immer mehr oder weniger 'aufgesetzt', erscheinen eher als mehr oder mühsame 'Erklärungen', als accounts nach außen denn als verbalisierte Selbst-Verständigungen. Sie sind "Außendarstellungen, die das Geschehen nicht erschließen, sondern verschlüsseln" (Knorr Cetina 1988, S.99). Lernen durch Tun und Tun als ständiges Dazu-Lernen hingegen kennzeichnet den praktischen Heim-Werkeltag. Denn: "Der Körper als Depot einer *eingeprägten Verfahrensgeschichte* muß (...) in situ in Einsatz gelangen. Er funktioniert, wie man sagen könnte, nur eingespannt in die Situation, deren Kenntnis er in analogen Situationen erworben hat" (Knorr Cetina 1988, S. 99). All dies - und vieles andere mehr – läßt sich also schwerlich erfragen, sondern allenfalls mitmachen und beobachten, handelt es sich dabei doch im wesentlichen nachgerade prototypisch um jenen nicht-expliziten Wissensbereich körperlicher Fertigkeiten und Routinen, deren Verbalisierung eben keineswegs 'natürlich' (im normalen Alltagsleben) erfolgt – und dort auch garnicht erforderlich ist sondern eher dem pragmatischen 'Gang der Dinge' hinderlich wäre.

Diese sozusagen *intrinsische* Non-Verbalität seiner Kenntnisse und Fähigkeiten wiederum aber führt zu mitunter recht massiven Legitimationsmaßnahmen des Heimwerkers: Weil es ihm nämlich typischerweise so schwerfällt, sein inkorporiertes Wissen, dessen Genese und vor allem das daraus erwachsende Vertrauen und die Sicherheit, das entstehende Werk unter Kontrolle und verfügbar zu haben, verbal zu vermitteln, ist er auf die ständige 'Nachsicht' seiner sozialmoralisch relevanten Umwelt für sein Hobby angewiesen. Dementsprechend neigt auch er, wie andere Menschen, dazu, sein Tun und Lassen im Interview zu 'accounten' und sich selbst in ein ihm günstig erscheinendes Licht zu rücken (vgl. dazu auch Schlenker 1980). Mithin ist - und das hier zu markieren erscheint mir wichtig - generell wohl zu Recht anzunehmen, daß es naiv ist, von dem, was Leute erzählen, *umstandslos* auf ihr tatsächliches Handeln zu schließen (ein alter Kritikpunkt an Umfragedaten). Auch alltäglich vertrauen wir diesem Schluß ja nicht ohne weiteres. Andererseits aber macht der - zugegebenermaßen vieldeutige - Begriff der 'Erfahrung' darauf aufmerksam, daß zwischen dem, was wir tun oder was uns widerfährt, und dem, daß wir über das Erfahrene reden, ein Zusammenhang bestehen muß (vgl. dazu und zum Vorhergehenden insgesamt auch Gilbert/Abell 1983). Das heißt, ich gehe davon aus, daß es Korrespondenzen zwischen Erlebtem und Geäußertem gibt (die sich z.B. über sprechstrukturelle Analysen, auf die ich weiter unten eingehen werde, 'aufklären' lassen[43]) - und daraus resultiert wohl auch mein letztendliches Vertrauen auf die nunmehr zu entwickelnden interviewstrategischen Möglichkeiten.[44]

---

43 Denn das Gespräch, unter strukturellen Gesichtspunkten betrachtet, ist eine 'kooperative, situationssensible Leistung', bei der z.B. Paarsequenzen mit sequentiellen Implikationen (d.h. auf eine Äußerung folgt eine bestimmte andere) erwartet werden können. Wenn diese nicht eintreten, müssen irgendwelche Korrekturen, Nachbesserungen, Markierungen und/oder Erläuterungen folgen. Ergänzend zu Paarsequenzen können z.B. auch Präferenzorganisationen auftreten, wenn mehr als eine institutionalisierte Reaktion möglich ist. Einfacher ausgedrückt: Menschen bedienen sich in Gesprächen z.B. aller möglichen 'Techniken' "um zu Wort zu kommen oder am Wort zu bleiben, ... um auf ein Thema hinzulenken oder von ihm abzulenken, ... um den Partner zu bremsen, zu bestärken oder zu aktivieren, usw." (Bliesener/Köhle 1986, S. 25). Die Annahme ist also, daß es 'Basisregeln' des Gesprächs gibt, die von den Beteiligten mehr oder weniger routinisiert verwendet werden - oft ohne, daß sie diese selber 'realisieren'.

44 Dieses (relative) 'Vertrauen' ist im Grunde aus den Erfahrungen erwachsen, die ich in den drei nach der - noch wirklich methodenpluralen - Bodybuilder-Studie (vgl. dazu z.B. Honer 1985a, 1985b, 1986 und 1989a) in Angriff genommenen ethnographischen Projekten (über Sozialhelfer, Heimwerker und Reproduktionsmediziner) gemacht habe. Denn dabei mußte bzw. muß ich mich - aus ganz unterschiedlichen Gründen - eben jeweils sehr stark auf Interviews und damit auf die Rekonstruktion des für die jeweilige kleine Lebens-Welt typischen *Sonderwissens* konzentrieren (zum Problem des Feldeinstiegs vgl. auch Schatzmann/Strauss 1979, sowie Lau/Wolff 1983): In meiner Untersuchung über freiwillige, ehrenamtliche Sozialhelfer in einem Industriebetrieb (vgl. dazu Honer 1987 und 1989b) z.B. ist meine Teilnahme-Absicht sozusagen 'an den Toren der Firma' gescheitert. Durchführen konnte ich hier schließlich lediglich offene, themenzentrierte Interviews mit sechzehn der neunzehn Mitglieder jenes unternehmensinternen 'Helferkreises' und eine Analyse einiger schriftlicher 'Dokumente'. Was ich dabei sicherlich *nicht* habe erfassen können, das war die *Praxis* helfenden Handelns. Registriert hatte ich Beschreibungen, Erzählungen und Argumentationen, Rekonstruktionen, Interpretationen und Legitimationen, registriert hatte ich, kurz gesagt, Wissens-Präsentationen und 'personal accounts' *zu* einer und *über* eine kleine Lebens-Welt. - In der bereits begonnenen Untersuchung über Reproduktionsmediziner in der Schweiz (vgl. dazu Gross/Honer 1991) werde ich, angesichts der Unmöglichkeit, mit einem noch vertretbaren 'existenziellen' Aufwand an der Befruchtungs-*Praxis* selber beobachtend teilzunehmen, einerseits und angesichts des (wie ich bei den Vorgesprächen erfahren habe) in der Regel restriktiv limitierten Zeitbudgets meiner Gesprächspartner andererseits, Leitfadeninterviews und 'fokussierte' Experteninterviews durchführen, begleitet und unterstützt von einer Analyse einschlägiger medizinischer Dokumente. Dabei geht es mir vor allem um eine Rekonstruktion der technischen, evaluativen und ethischen Wissensbestände, über die diese Ärzte verfügen. Für dieses Projekt versuche ich derzeit

3.3   Zur Idee des dreiphasigen Interviews

"...ich werde niemals begreifen, warum Sie dies oder jenes sagen. - Sehr
einfach. Um die Leute zum reden zu bewegen. - Und wenn sie nicht wollen?
- Jeder liebt es, von sich zu sprechen. Aus dieser Erkenntnis schlägt auch
mancher Quacksalber Kapital. Er ermutigt die Patienten, zu ihm zu kommen,
sich hinzusetzen und ihm allerlei zu erzählen. Wie sie als Zweijährige aus
dem Kinderwagen fielen, wie ihre Mutter eine Birne aß und der Saft auf das
gelbe Seidenkleid tropfte und wie sie als Baby den Vater am Barte zupften.
Und dann sagt er zu ihnen, in Zukunft werden sie nicht mehr an Schlaflosig-
keit leiden und nimmt ihnen zwanzig Shilling ab, die sie ihm gern zahlen,
denn sie haben sich ja so gut, so ungewöhnlich gut unterhalten. Und
vielleicht schlafen sie danach. - Wie lächerlich, Monsieur Poirot! - Nein, es
ist gar nicht so lächerlich, wie Sie denken, Mademoiselle Jane. *Es basiert auf
einem grundlegenden Bedürfnis der menschlichen Natur: dem Bedürfnis, zu
sprechen, sich zu offenbaren. ...*" (Agatha Christie: Tod in den Wolken.
Bern/München (Goldmann) 1987 (26. Auflage), S. 127).

In diesem kleinen Dialog hat die große Agatha Christie sozusagen
beiläufig formuliert, was ich die Prämisse meines explorativen Interview-
Verhaltens überhaupt nennen würde: Daß Menschen sich in aller Regel gerne
mitteilen, wenn man ihnen eine 'gute' Gelegenheit dazu gibt, d.h., wenn man
sie an *ihren eigenen* Relevanzen orientiert und in *ihrer eigenen* Sprache zu
Wort kommen läßt.[45] Für das hier propagierte Forschungsinteresse einer
lebensweltlichen Ethnographie bedeutet das konsequenterweise, daß man mit
den Leuten, mit deren Perspektive man sich befassen will, weil (bis auf
weiteres) angenommen werden kann, daß sie über direkte, persönliche
Erfahrungen in dem in Frage stehenden Bereich verfügen, eben auch *reden*
(und das 'Beredete' dann eingehenden, systematischen Interpretationen
unterziehen) kann. Aber nicht erst das Auslegen, auch dieses Reden selber

---

übrigens - auf der Basis meiner Erfahrungen mit dem dreiphasigen Intensivinterview -
wieder ein neues, 'kumulatives' Gesprächskonzept zu entwickeln.

45 Menschen reden aber auch z.B. weil sie hilfsbereit sind oder/und weil sie dafür bezahlt
werden. Beeinträchtigt hingegen wird die Bereitschaft, zu reden, z.B. dadurch, daß
Menschen nicht verstehen, was man überhaupt von ihnen (wissen) will, daß sie sich unter
(Zeit-)Druck gesetzt fühlen, daß sie sich an Dinge, die sie gefragt werden, nicht (gut)
erinnern können und/oder daß es um Dinge geht, deren Thematisierung ihnen unangenehm
ist (vgl. dazu Gordon 1980, S. 88ff). Derlei ist bei der Interviewführung natürlich füglich
zu berücksichtigen.

ist - wie ja auch Hercule Poirot andeutet - eine 'Kunst', auf die man sich vielleicht nicht ganz voraussetzungslos einlassen sollte, denn: "Im Interview sprechen nicht einfach nur Menschen zu Menschen, sondern geben auf einigermaßen gezielte Fragen von Menschen einer bestimmten Art - Menschenwissenschaftler - Antwort." (Luckmann 1988a, S. 3).

Das Interview ist also eine relativ diffizile, prinzipiell *asymmetrische* Kommunikationsform, die aber gleichwohl immer von *beiden* Beteiligten gemeinsam hergestellt und unterhalten wird, weil z.B. *beide* versuchen (müssen), während der Interviewsituation herauszufinden, was der jeweils andere 'eigentlich will' (was seine tatsächlichen Interessen sind, wie er die Situation sieht, was er von einem hält, usw. - vgl. dazu auch Denzin 1978, S. 130f). Hierin ähnelt das Interview also durchaus dem Alltagsgespräch. Das Besondere am Interview ist aber, daß einer der beiden Beteiligten die (offenkundige oder verborgene) Absicht hat, das Gesagte als *Information* bzw. als 'Material' in einem anderen als dem aktuellen Kommunikations-kontext zu verwenden. Motiviert ist das Interview also typischerweise dadurch, daß einer der Beteiligten versucht, *über* den anderen oder *durch* den anderen etwas Bestimmtes in Erfahrung zu bringen, etwas, was in der Interviewsituation selber schon vergangen ist, was also - durch die Methode des Interviewens - rekonstruiert werden muß, ohne daß mit Sicherheit geklärt werden könnte, wie "Urereignis-getreu" (Luckmann 1988a, S. 10) diese Rekonstruktionen sind. Hierin ähnelt das Interview nun wiederum eher einem Verhör.

Da in Interviews (gleich welcher Art) somit grundsätzlich dem Befragten die Aufgabe aufgebürdert wird, Ereignisse, Erfahrungen, Handlungen und Wissen zu rekonstruieren, geht man bereits bei der *Auswahl* der Gesprächs-partner - mehr oder weniger naiv - davon aus, daß sie zum jeweiligen Thema in einer für das gegebene Forschungsinteresse relevanten Beziehung stehen.[46]

---

46 Interviews dokumentieren nicht nur Elemente aus dem - in der Regel für den Interpreten 'eigentlich' thematisch relevanten - Wissensvorrat des Interviewten, sondern natürlich auch – zumeist interpretativ ignorierte - Elemente aus dem Wissensvorrat des Interviewers. Und Interviews stellen darüber hinaus eben auch Dokumente des kommunikativen Hand-lungsablaufs dar. Damit beschäftigen sich *innerhalb der Soziologie* insbesondere die Konversations-, Gesprächs- und Gattungsanalyse: "Das 'Mittel', nämlich das kommunikative Geschehen des Interviews und das 'Vermittelte', nämlich die Ereignisrekonstruktion, bedingen sich wechselseitig (...) Weder ist das eine reine 'Form', noch ist das andere reiner 'Inhalt'." (Luckmann 1988a, S. 7). Das Interview ist also Zugangsmittel zur sozialen Wirklichkeit einerseits und konstituiert andererseits selber einen spezifischen Wirklich-keitsausschnitt.

Deshalb ist das, was *die Befragten* selber als Rekonstruktionen ihrer thematisch einschlägigen Erfahrungen anbieten, "von besonderer Wichtigkeit. Denn als wirklichkeits-feststellende Formulierungen wirken (solche Rekonstruktionen -A.H.) entweder offenkundig oder zumindest unterschwellig als Wirklichkeits-Festlegungen. Dieser grundlegend normative Charakter rekonstruktiver kommunikativer Vorgänge verleiht ihnen ihre besondere Bedeutung in der Vermittlung handlungsorientierenden Wissens - noch unter der Schwelle expliziter Handlungsanleitungen in der Form von Geboten und Verboten, Rezepten, Maximen und Katechismen." (Luckmann 1986b, S. 200f). Das Dargestellte dokumentiert so, was *den Befragten* in Bezug auf die angesprochenen Themen jeweils als mitteilungsfähig und mitteilungswürdig, und was ihnen eben als nicht erwähnenswert erschienen ist.[47] Und "daran sieht man wieder einmal, daß sowohl in der Analyse des Gesagten wie des Nicht-Gesagten (der 'Präsuppositionen') das in die rekonstruktiven Formulierungen und Techniken einfließende Wissen der 'Rekonstrukteure' systematisch in Rechnung gestellt werden muß" (Luckmann 1988a, S. 10).

Was ihnen, den Rekonstrukteuren 'ersten Grades', den Befragten selber aber je thematisch wichtig ist, das hängt einerseits von 'Zufälligkeiten' der Interaktionssituation 'Interview' ab, und das verweist zum anderen ebenso auf ihre biographischen Relevanzen: "Themen (sind) sowohl Komponenten der Rekonstruktion des Ereignisses im Interview als auch, in ihrer *Bedeutung*, Komponenten des rekonstruierten Ereignisses." (Luckmann 1988a, S. 27).[48] Worauf ist also besonders zu achten? Nun, zunächst einmal darauf, warum ein Thema angesprochen, warum es relevant (geworden) ist. Das kann, Schütz/ Luckmann (1979) zufolge, z.B. geschehen "infolge eines Bruchs in den automatischen Erwartungen (allgemeiner: infolge einer Stockung in den lebensweltlichen Idealisierungen) ... Das neue Thema drängt sich in der Form eines hervorstechenden Unvertrauten auf" (S. 232), durch einen 'Sprung' aus einem Wirklichkeitsbereich geschlossener Sinnstruktur zum anderen, der durch die radikale Veränderung der Bewußtseinsspannung und des Erlebnis- bzw. Erkenntnisstils veranlaßt ist, infolge nicht motivierter Veränderungen in der Bewußtseinsspannung innerhalb der gleichen Wirklichkeitssphäre, oder im Kontext bestimmter Handlungsabläufe und -resultate.

---

47 Vgl. dazu auch generell, die von Bohnsack (1983 und 1991) weiterentwickelte, auf Mannheim und Garfinkel rekurrierende 'Dokumentarische Methode der Interpretation'.

48 Diese Doppelstruktur bildet dann später den Hintergrund interpretativer Verfahren der sozialwissenschaftlichen Textanalyse, also der Rekonstruktionen 'zweiten Grades'.

Diese thematische Relevanz verweist auf ihre Verflochtenheit mit motivationaler Relevanz durch die Frage nach dem Zeitpunkt der Zuwendung zu einem Thema (d.h., es ist aus irgendwelchen Gründen *jetzt* oder jetzt *nicht* wichtig, sich dem Thema zuzuwenden). Der Zeitpunkt wiederum korreliert mit dem *Gewicht* des Themas (das Thema bestimmt den Zeitpunkt, aber umgekehrt kann auch der Zeitpunkt einem Thema Gewicht verleihen). Motivationsrelevanz verweist also einerseits auf die *Situation*, in der gehandelt wird (im Hinblick auf den Handlungsentwurf), und andererseits auf die *Biographie* (die Einstellung) des Handelnden. Dessen Entscheidungen orientieren sich an in seinem Wissensvorrat enthaltenen Typisierungen über die Eintrittswahrscheinlichkeit bestimmter Ereignisse (vgl. Schütz/Luckmann 1979, S.257) und an "übergeordneten Plänen", die - und dies ist eben bedeutsam für die Frage nach der Qualität von Interview-Daten - *nicht ausdrücklich formuliert werden müssen* (und die deshalb interpretativ zu rekonstruieren sind).

Da folglich grundsätzlich *alles*, was man in Erfahrung bringen kann, grundsätzlich auch dazu beitragen kann, die Menschen im Feld zu *verstehen*, muß das Prinzip des sich erst allmählich nach theoretischen Gesichtspunkten spezifizierenden 'Datenfischens' auch interviewtechnisch umgesetzt werden. Auf dem oben skizzierten 'Trichterprinzip', das in der 'begründeten Theoriebildung' zum Tragen kommt (vgl. dazu Strauss/Corbin 1990), basiert deshalb auch eine spezielle Form des explorativen *Interviewens*, die *prinzipiell* mehrere - sowohl zeitlich als auch verfahrenstechnisch distinkte - Gesprächseinheiten vorsieht, die ich jedoch *forschungspraktisch* stets den jeweiligen Situationserfordernissen bzw. Feldgegebenheiten entsprechend modifiziere: das Verfahren des 'dreiphasigen Intensivinterviews'.

Dieses Konzept der prinzipiellen Dreiphasigkeit hat m.E. den Vorteil hochgradiger Flexibilität und technischer Pragmatik: Typisierungen und Hypothesen werden - entsprechend der Technik der 'konstanten Komparation' - im Verlauf der Gespräche, theoretisch reflektiert, aus dem Material selber gewonnen und dienen so stets auch der Vorbereitung auf und der Sensibilisierung für die nachfolgenden Gesprächseinheiten. Deshalb verstehe ich das dreiphasige Intensivinterview von der Idee her als nützliches 'kompensatorisches' Erhebungsinstrument, insbesondere wenn das Forschungsideal der Mitgliedschaft am Feldgeschehen Beschränkungen unterworfen bzw. (warum auch immer) verunmöglicht ist. Wenn es nicht gelingt, durch eigene unmittelbare Erfahrung intime Feldkenntnis zu erlangen, wenn also beobachtende Teilnahme an den Routinen und Besonderheiten der fraglichen Teil-Zeit-Welt nicht möglich ist, dann bietet diese Interviewform - trotz des

unvermeidlichen Anschauungs- und Erfahrungsverlustes - eine besonders gute
Chance, über Informationen aus 'zweiter Hand', d.h. über bzw. besser:
durch die je subjektive Perspektive der Befragten, Erfahrungen mit und
Bedeutungen von bzw. in einem thematischen Ausschnitt ihrer Lebenswelt zu
erfassen.[49]

3.3.1 Möglichst normal miteinander reden

Idealerweise soll in der ersten Phase des dreiphasigen Intensivinterviews in
einem *quasi-normalen Gespräch* zunächst der gemeinsame thematische
Gesprächsrahmen grob umrissen werden: "Die Fragestellung ... soll
möglichst offen sein, so daß der Befragte die Kommunikation weitestgehend
selbst strukturiert und damit die Möglichkeit hat, zu dokumentieren, *ob* ihn
die Fragestellung überhaupt interessiert, ob sie in seiner Lebenswelt - man
sagt auch: seinem Relevanzsystem - einen Platz hat und wenn ja, *unter
welchem Aspekt* sie für ihn Bedeutung gewinnt." (Bohnsack 1991, S. 19). Da
dieses erste Gespräch typischerweise über ein telefonisches Vorgespräch
zustande kommt, bei dem der Befragte anhand der erhaltenen Informationen
entschieden hatte, gesprächsbereit zu sein, kann der Interviewer erfahrungsgemäß damit rechnen, daß sich der Befragte zwischenzeitlich seine Gedanken
gemacht hat und - nach dem einleitend wiederholten und vielleicht präzisier-
ten Themeninteresse durch den Forscher - bereitwillig seinen von ihm mehr
oder minder vorbereiteten Gesprächspart übernimmt. Da sich die Befragten
in der Regel ein Interview jedoch als einseitigen Frage-Antwort-Verlauf
vorstellen, tendieren sie dazu, ihre anfänglichen Äußerungen überblicksartig
kurz zu halten, auch wenn man als Interviewer normalerweise zu verdeutlichen versucht, daß sich das Informationsinteresse auf die persönlichen
Erfahrungen des Befragten richtet, weshalb sich erst im Gesprächsverlauf
(Nach-)Fragen entwickeln würden. Die hiermit möglicherweise einhergehen-
enden Irritationen des Befragten lassen sich erfahrungsgemäß eben gut über

---

49 Nochmals: *Idealerweise* ist Ethnographie methodenplural angelegt (vgl. z.B. Lofland 1976;
   Schwartz/Jacobs 1979), und das dreiphasige Intensivinterview ist dabei nicht mehr als *ein*
   zweckdienliches Verfahrensrezept zur Erzeugung verbalsprachlicher Daten, das neben
   anderen verwendet wird. Gleichwohl scheint es mir theoretisch und methodologisch sinnvoll,
   für eine interpretative Sozialforschung am Prinzip der 'lebensweltlichen Ethnographie' auch
   dann festzuhalten, wenn die Methodenpluralität stark beschnitten und die existenzielle
   Perspektivenübernahme nur sehr bedingt möglich ist.

eine Entdramatisierung, eine Veralltäglichung der Situation des Miteinander-Redens auffangen und abbauen (vgl. auch Burgess 1982).

D.h., ich trage dem Umstand, daß das Interview eine *gemeinsame, wechselseitige* Situation von wenigstens zwei Kommunikationsteilnehmern darstellt (vgl. dazu auch Witzel 1982), zunächst einmal dadurch Rechnung, daß ich mein problemspezifisches Wissen und meine thematischen Interessen im Verlauf der ersten, *offenen* Gesprächsphase (vgl. dazu Kohli 1978) durchaus artikuliere, wenn es - nach Kriterien alltäglicher Kommunikations-kompetenz - sequentiell angebracht erscheint. Denn ein Gespräch ist ja formal dadurch gekennzeichnet, daß *jeder* Beteiligte sowohl die Rolle des Sprechers als auch die Rolle des Hörers übernimmt. Diese Rollen sind dabei grund-sätzlich reziprok und normalerweise nach dem Prinzip 'immer einer nach dem anderen' verteilt. Das heißt aber nicht nur, daß (in der Regel) immer nur *einer* spricht, sondern es heißt auch, daß tatsächlich einer auch immer spricht.[50] Wer je gerade die Sprecherrolle übernimmt, *darf* also nicht nur, er *muß* vielmehr sprechen. Andererseits verpflichtet der Sprecherwechsel den bisherigen Sprecher nicht nur zum Schweigen, er entlastet ihn zugleich auch von der Verpflichtung, etwas zu sagen. Er verschafft ihm also, und das ist für diese Interviewtechnik des quasi-normalen Gesprächs eben sehr bedeut-sam, eine Gelegenheit, sich zu sammeln und sich auf seinen nächsten Redezug vorzubereiten (vgl. dazu Haubl 1982, S. 74 ff; vgl. auch Bergmann 1982).

Dadurch also, daß auch der Interviewer 'etwas zum Besten' gibt, daß er Fragen, Nachfragen, Be- und Anmerkungen, deutliche Zustimmung, kleine Geschichten, ja sogar gelegentlich einmal verhaltenen Widerspruch formu-liert, daß er sein sachliches Engagement bekundet und sich als lern- und wißbegierig zeigt, *stimuliert* er sein Gegenüber m.E. so gut wie mit keiner anderen Interviewtechnik dazu, 'aus sich herauszugehen', sozusagen 'existenzielles' Interesse am Thema zu entwickeln und - nicht zuletzt - für weitere Kontakte und 'ungewöhnlichere' Arten des Miteinander-Redens aufgeschlossen zu sein. Denn wer, wie die Schweizer sagen: einen 'Plausch' hat, wer sich bei einer Unterhaltung mit einem anderen auch selber 'gut unterhalten' fühlt, der ist in aller Regel sehr viel gerner bereit, auch

---

50 Die Momente gemeinsamen Schweigens stellen normalerweise höhere 'Management'-Anforderungen an die Beteiligten als die Gelegenheiten, bei denen man sich gegenseitig 'ins Wort fällt' bzw. bei denen man eben gleichzeitig spricht.

nochmals 'mit sich reden zu lassen', als der, der sich abgefragt und 'ausgeholt' wähnt.[51]

Der Zweck des quasi-normalen Gesprächs besteht also (unter anderem) darin, 'natürliche' Interaktionsbarrieren, wie sie zwischen Fremden grundsätzlich üblich sind[52], abzubauen, den Befragten auch nicht gleich in eine völlig künstliche, 'non-direktive' Kommunikationssituation zu zwingen und so die nach wie vor relativ außergewöhnliche Kommunikationssituation des Interviews zu veralltäglichen.[53] Selbstverständlich soll aber auch mittels dieser Interviewtechnik vor allem der Befragte zur Darstellung und Erörterung seiner subjektiven Sicht der anstehenden Problematik angeregt werden. Denn wie oben bereits dargelegt: auch das quasi-normale Gespräch ist kein wirklich *normales* Gespräch, weil eben immer ein situationstranszendierendes Informationsinteresse des Interviewers besteht. Ich benutze diese, von mir

---

51 Für den Interviewer allerdings, das sollte man nicht vergessen und auch nicht vernachlässigen, ist diese (pseudo-) gemütliche Atmosphäre natürlich keineswegs gegeben. Er ist vielmehr - gesprächstechnisch gesehen - ausgesprochen stark gefordert, wenn er mehr will als einfach 'den Dingen ihren Lauf zu lassen'. Interviewtechnisch ist ein solches quasi-normales Gespräch nämlich deshalb so schwierig, weil man dabei tatsächlich in ein Gespräch *'verwickelt'* wird und infolgedessen stets 'Zug um Zug' und unter dem (Zeit-)Druck, sich dem 'normalen' Kommunikationsablauf anzupassen, agieren und reagieren muß: Jedes Gespräch entwickelt sozusagen seinen eigenen Rhythmus. D.h., es entstehen implizite Erwartungen über die Dauer von Redezügen und die Geschwindigkeit von Sprecherwechseln, die, wenn sie spürbar über- oder unterschritten werden, zumindest von den Beteiligten als irritierend empfunden werden, und die unter Umständen das Gespräch destruieren können. Das bedeutet, daß Planung und Realisierung kommunikativer Sequenzen ständig ineinandergreifen, und daß man während des Gesprächs *auch als Interviewer* wenig Chancen hat, auf nicht-routinisierte Verfahrenswissensbestände zu rekurrieren. Quasi-normale Gespräche zu führen lernt man mithin vor allem dadurch, daß man sie eben führt.

52 Zwar ist zumindest seit Simmel (1908) bekannt, daß es auch Situationen gibt, in denen wir bereit sind, gerade einem völlig Fremden Dinge von uns anzuvertrauen, deren Thematisierung uns selbst gegenüber engen Freunden und Vertrauten unmöglich wäre. Dieses Sich-Offenbaren geschieht jedoch gerade unter der Prämisse, daß die Gesprächssituation einmalig ist, und daß man folglich erwarten kann, dem Fremden nicht mehr zu begegnen. Für die valide Erforschung subjektiver Erfahrungen ist eine solche 'Einmaligkeit' des Kontaktes jedoch nachgerade kontraproduktiv, weil die Rekonstruktion der Perspektive des anderen Menschen typischerweise in einer möglichst umfassenden Annäherung an seinen Erlebenszusammenhang den größtmöglichen Erfolg verspricht.

53 Es ist wohl trivial, darauf hinzuweisen, daß die besondere Qualität dieser Interviewform, die gerade darin liegt, so zu reden, wie gewöhnliche, nicht intim bekannte Leute eben normalerweise miteinander reden, natürlich durch den Versuch, an einem bestimmten Leitfaden festzuhalten, stark vermindert würde (vgl. hierzu Hopf 1978).

76

typischerweise ausgesprochen *affirmativ* eingesetzte Technik nicht etwa deshalb, weil ich (moralische) Bedenken hätte, meine Gesprächspartner auszuhorchen, sondern im Gegenteil deshalb, weil ich sie so besser zum reden bringe (vgl. in diesem Sinne auch Douglas 1985) – auch über 'problematische' Dinge.

3.3.2 Erzählungen hervorlocken

Die zweite Phase des Intensivinterviews, die nach der pragmatischen Interpretation der ersten Gesprächseinheit anzusetzen ist, zielt vor allem auf (biographische) *Narrationen* ab und orientiert sich deshalb stärker an dem von Fritz Schütze entwickelten Gesprächsverfahren.[54] Dieses Verfahren basiert auf der Prämisse, daß es eine durch eine geeignete 'Start'-Frage evozierbare, schichtunabhängige und transkulturelle menschliche Fähigkeit gibt dafür, Geschichten zu erzählen (kritisch hierzu: Matthes 1985, Bude 1985a), und daß solche Erzählungen vergangene Erlebnisse und Erfahrungen hinlänglich adäquat zu repräsentieren vermögen, weil sie sozusagen 'selbstverständlichen' *Zugzwängen* (Kondensierungs-, Detaillierungs- und Gestaltschließungszwang) unterliegen, die zur (vom Befragten ungewollten) Artikulation "kognitiv komplexer und/oder für den Informanten bei Bekanntwerden riskanter bzw. potentiell entblößender Sachverhalte" führen (Schütze 1977, S. 51).

Schütze geht deshalb davon aus, daß die Erzählung *das* sprachliche Genre sei, aus dem sich Orientierungsstrukturen ehemals faktischen Handelns relativ verläßlich rekonstruieren lassen, weil eine Erzählung z.B. dann, und nur dann gelinge, wenn die 'Kongruenz der Relevanzsysteme' kommunikativ bestätigt wird, wenn also der Rezipient dem Erzähler laufend signalisiert, daß er dessen thematisches und interpretatives Interesse teilt. Diese erzählgenerierenden 'Bestätigungen' soll (damit die genannten Zugzwänge nicht ausgesetzt werden) der Interviewer aber nicht verbalisieren sondern 'lediglich' ständig *nonverbal* (mimisch, gestisch und parasprachlich) signalisieren. Seine Funktion ist also strikt beschränkt auf die Rolle eines *aktiven Zuhörers*. Allerdings darf m.E. aus diesem *relativen* Schweigen des Interviewers keineswegs geschlossen werden, sein Verhalten sei tatsächlich, wie gelegentlich fälschlich behauptet wird, *non-direktiv*. Der einem narrativen Interview

---

54 Vgl. zu dessen Anwendung neben Schütze 1976, 1977, 1982, 1983, 1984 z.B. auch Dornheim 1984; Riemann 1987, Hermanns et al. 1984, sowie Hermanns 1991.

ausgesetzte Befragte wird - gegenüber typischen alltäglichen Konversations-
gewohnheiten - vielmehr einem Quasi-Experiment (im Garfinkelschen Sinne)
unterworfen: Seine für kommunikative Situationen basalen Handlungsregeln
werden absichtsvoll irritiert, und die parasprachlichen und nonverbalen
Gesprächsstützen des Interviewers haben dem 'Probanten' gegenüber einen
durchweg taktischen bzw. strategischen Charakter: es geht dabei immer um
die 'Hervorlockung' dessen, was dieser 'eigentlich nicht' bzw. 'nicht so ohne
weiteres' von sich geben wollte.

Ich plädiere für einen pragmatischen Rekurs auf diese Interviewtechnik
(als - zweiten - *Teil* der Befragung) deshalb, weil sich damit biographisch
gewachsene, subjektive Weltdeutungen des Gegenübers m.E. methodisch -
trotz aller kritischen Einwände - noch am adäquatesten rekonstruieren und
sich so Aussagen der ersten Interviewphase hinsichtlich ihres Gehaltes an
Antizipationen 'sozialer Erwünschtheit' quasi 'überprüfen' lassen (z.B. indem
eventuell thematische Inkonsistenzen zutage treten). Außerdem können
dadurch unter Umständen *Diskrepanzen der Artikulationskompetenz* in ver-
schieden strukturierten Kommunikationssituationen aufgedeckt werden (vgl.
auch Fischer 1978). Die von Riemann (1987) neben den Voraussetzungen,
daß 1. der Erzähler in das erzählte Erlebnis hinreichend involviert war, und
daß 2. die Erzählung thematisch begrenzt ist, für den gelingenden Rückschluß
von autobiographischen Darstellungen auf Ereignisabläufe, genannte *dritte*
Einschränkung, nämlich daß keine Möglichkeit der Vorbereitung auf das
Geschichtenerzählen möglich gewesen sein darf, scheint mir dazu allerdings
nicht unabdingbar.

Riemanns Argument: "Das Interesse an Erzählungen kann gerade dort
ansetzen, wo den (...) Ausgestaltungsmöglichkeiten der Darstellung Grenzen
gesetzt sind. Die Vorstellung, daß ein Erzähler von seiner jetzigen Perspektive her die narrative Darstellung strikt kontrolliert und mühelos
entscheidet, welche Themenvergleiche selegiert und welche ausgespart
bleiben sollen, ist empirisch nicht haltbar, da sie dem Phänomen der
Zugzwänge nicht gerecht wird" (Riemann 1987, S.26), erweist sich vor dem
Hintergrund der aktuelleren Gesprächsforschung als zumindest frag-würdig:
So werden z.B. in der Linguistik 'funktionale' Erzählungen, also solche, die
in einem übergeordneten Handlungsschema eine bestimmte Funktion erfüllen,
von 'nicht-funktionalen' Erzählungen, also solchen, die in Bezug auf
Gesprächsinhalte keine, wohl aber in Bezug auf die *Beziehung zwischen den
Kommunikationspartnern* eine Funktion haben, abgegrenzt: "Beide Arten von
Erzählungen unterscheiden sich deutlich in ihrer Struktur und in der
sprachlichen Form. In 'nicht-funktionalen' Erzählungen ist vor allem eine

andere Art der Detaillierung und der Relevanzsetzung als in 'funktionalen'
zu beobachten, und es wird in besonderem Maße von konventionellen
sprachlichen Mustern Gebrauch gemacht, die auf ein bewußtes Bemühen des
Erzählers um die sprachliche Gestaltung schließen lassen." (Gülich 1980, S.
335).

In 'funktionalen' Erzählungen wird das Erzählte typischerweise nur soweit
detailliert, wie es für die "Gesamtaussage und für den übergeordneten
Handlungszusammenhang notwendig ist." (Gülich 1980, S. 339). Informationen, die für diesen übergeordneten Handlungszusammenhang nicht relevant
erscheinen, werden weggelassen ("Relevanzfestlegungs- und Konden-
sierungszwang" - S. 349). Die Reihenfolge beim Erzählen ist dem Ablauf der
Ereignisse parallel. D.h., das Prinzip des first-things-first wird, um die
Glaubwürdigkeit der Erzählung zu festigen, von der Handlungspragmatik in
die Erzählpragmatik übernommen. Dadurch entsteht der Eindruck, die Ereignisse hätten sich so, wie sie berichtet werden, tatsächlich abgespielt.
Außerdem wird die Erzählung schließlich damit abgeschlossen, daß das, was
erzählt wurde, in einen 'sinnhaften' Zusammenhang mit dem übergeordneten
Handlungszusammenhang gebracht wird. - In 'nicht-funktionalen' Erzählungen hingegen läßt sich ein "relativ gleichmäßiges Detaillierungsniveau" (S.
371) erkennen. Die Frage der Relevanzfestlegung und Kondensierung
orientiert sich am Thema der Geschichte und daran, wie die Erzählung
überhaupt ausgelöst wird. Erzählt wird hier weniger parallel zum tatsächlichen Ereignisablauf, als vielmehr nach 'dramaturgischen' Gesichtspunkten
(z.B. in Form von zwischengeschalteten 'Rückblenden' und von 'Aus-
schmückungen'). Am Ende der erzählten Geschichte bzw. Geschichten steht
häufig eine Pointe. D.h., es geht in 'nicht-funktionalen' - im Gegensatz zu
'funktionalen' - Erzählungen weniger um Tatsachenvermittlung als um
sprachliche Gestaltungen.

3.3.3 Fokussieren und strukturieren

In der Komparation und Kombination des quasi-normalen und des narrationsevozierenden Gesprächs läßt sich ein 'dichtes' kategoriales Raster
gewinnen, mit dem gegebenenfalls in der dritten Phase noch eine *homogeni-
sierende Befragung* in Anlehnung an das fokussierte Interview (vgl.
Merton/Kendall 1945-46 bzw. Merton/Kendall 1979) vorgenommen werden
kann. D.h., aus den thematisch relevanten Topoi der Interviews der bisherigen beiden Phasen kann man einen offenen, auf das gemeinsame Thema

bzw. auf gemeinsame (Interaktions-)Erfahrungen bezogenen Leitfaden bilden, um die in den bisherigen Ausführungen verbliebenen, bzw. durch sie aufgekommenen Fragen zu explorieren (vgl. dazu auch Lamnek 1989, S. 78ff). Damit erhalten wir, ohne in der Aufbereitung und Darstellung des Materials die Besonderheiten des Einzelfalles vernachlässigen zu müssen, eine zuverlässige Basis zum Aufbau differenzierter Typologien von Handlungsabläufen, von Einstellungs- und Darstellungsschemata und vermeiden es, zu explorierende Wissensvorräte in Apriori-Kategorien zu zwängen, also lediglich irgendwelche Forschungsartefakte zu perpetuieren.

Denn einer der gewichtigsten Gründe, die - außer der Schwerfälligkeit dieses Instrumentes gegenüber *explorativen* Interessen - noch gegen das standardisierte Interview sprechen, ist m.E. die *interpretative Naivität*, mit der dabei in der Regel Daten im wörtlichen Sinne *hergestellt* werden: Daß 'geschlossene' Fragen ohnehin eher zu einer Interpretation des Sinns der *Fragestellung* bzw. der *Frageformulierung* und der *Antwortvorgaben* Anlaß geben, als dazu, die ausgewählte Antwortmöglichkeit näher zu betrachten, liegt wohl auf der Hand. Interessanter sind die sogenannten 'offenen' Fragen in standardisierten Interviews. Hierbei sind halbstrukturierte (mit dem Item 'Sonstiges' oder 'Anderes') zu unterscheiden von den dezidiert 'offenen' Fragen, die durch einen möglichst knapp, einfach und präzise formulierten Fragesatz oder durch eine der Frage vorgeschaltete Beispieldarstellung gekennzeichnet sind.

Einschlägige eigene Erfahrungen haben mir nämlich gezeigt, daß auch bei diesen (scheinbar) 'offenen' Fragen der Kontext der Frage, d.h. die Kommunikationsform Fragebogen, und damit die (sanktionierte) Erwartungshaltung, sich 'auf das Wesentliche' zu beschränken, von den Befragten antizipiert und akzeptiert wird. Weil jedoch entscheidend ist, *wer* in der Befragungssituation bestimmt, was 'das Wesentliche' ist bzw. zu sein hat, sind 'offene' Fragen in einem standardisierten Interview schon verfahrenstechnisch nicht vergleichbar mit Fragen und Stimuli in einem nichtstandardisierten, explorativen Gespräch - einschließlich der im Interview generierten Nach-Fragen der dritten Phase.

Beim explorativen Interview orientiert sich der *Verlauf* des Gesprächs am Relevanzsystem des Befragten, beim standardisierten Interview muß sich der Befragte auf das Relevanzsystem des Forschers einlassen. Daß viele der vom Forscher apriori erfundenen Fragen und Probleme auf die 'eigene Situation' des Befragten nicht oder nur schwerlich zutreffen, ist dabei noch das kleinere, in der Regel durch Datenbereinigungsmaßnahmen zu eliminierende Problem. Schwerwiegender ist, daß der Interviewte mit Fragen konfrontiert wird, die er sich selber eben überhaupt nicht gestellt hat, und die er nun nicht nur zu bedenken, sondern auch *sogleich* zu entscheiden gezwungen wird.[55] Dadurch in Gang gesetzte, aber nicht im Fragebogendesign vorgesehene Assoziationsketten des Befragten hingegen werden im standardisierten Interview bereits wieder systematisch ignoriert, während im explorativen Design - auch während der dritten Phase - weiterführende Gedanken, zusätzliche Ausführungen, anekdotische Exkurse, spontane Gegenreden und dergleichen mehr bewahrt und systematisch sowohl in die Gesprächsführung als auch in die Interpretation mitaufgenommen werden.

Polemisierend zugespitzt: Beim standardisierten Interview wird nicht nur ein externes Relevanzsystem 'verordnet'. Es wird durch die schematische Protokollierung auch ein gegenüber den fragebezogenen Gedankengängen des Interviewten völlig künstlicher, d.h. vielfach gefilterter und (um-)interpretierter Text produziert, noch bevor überhaupt das beginnt, was im Rahmen dieser Erhebungstechnik als 'Datenauswertung' zur Kenntnis genommen wird.

Demgegenüber geht es beim explorativen Interviewen in all seinen verschiedenen Ausformungen - und so auch beim dreiphasigen Interview - eben, wie ausgeführt, wesentlich darum, das notwendigerweise 'vorentschiedene' Frage-Antwort-Schema der konventionellen Interviewführung soweit wie möglich, und das heißt m.E.: soweit es die auch für alltägliche Kommunikationssituationen konstitutiven Strukturen des Miteinander-Redens erlauben, hintanzustellen und die Möglichkeiten ganz normaler Konversation ebenso zur Datengewinnung zu nutzen, wie die Techniken der Narrationsgenerierung und der Fokussierung. Wichtiger als jeder verfahrenstechnische Purismus erscheint mir dabei ohnehin die Betonung der *interaktiven* Strukturen des Interviews (als einer kommunikativen Gattung) und die daraus resultierende Forderung nach *situativer* Flexibilität beim Interviewen.[56]

---

55 Deshalb suggeriert einem auch das Fragebogen-typische Antwort-*Beispiel* zumindest der Struktur nach, was zu sagen ist, auch wenn bzw. gerade wenn es einem schwer fällt, überhaupt zu antworten.

56 Um die Bedeutung einer möglichst flexibler Interviewstrategie auch an einem Beispiel aus der eigenen Feldarbeit zu demonstrieren: Es hat relativ lange gedauert, ehe ich bei einem der Explorationsgespräche mit Heimwerkern realisiert hatte, daß mir der Interviewte ständig - ohne es nun dezidiert auszusprechen - zu vermitteln versuchte, daß ihm das Selbermachen *nicht* wichtig sei, während ich mich immer wieder aufs Neue bemühte, an den von ihm gegebenen Hinweis anzuschließen, daß er relativ *viel* heimwerke. Erst als ich dieses von mir zunächst als 'Aneinander-Vorbeireden' als ein 'Gegeneinander-Reden' realisiert hatte, meine 'Sturheit' aufgab und mich einfach erst einmal auf das einließ, was *ihm* wichtig

Gerade in der systematisch angelegten Möglichkeit, als kompetenter Interviewer sozusagen 'bei Bedarf' zu wechseln zwischen der Rolle des interessierten, aber relativ schweigsamen Zuhörers, der des involvierten, engagierten Gesprächspartners und der des 'lästigen' Nach- und Rück-Fragers, sehe ich eine der wesentlichsten Stärken nicht-standardisierter gegenüber standardisierten Befragungsformen.

3.3.4 Zur Anwendung des dreiphasigen Interviews

In der hier illustrativ verwendeten Untersuchung über Heimwerker (vgl. dazu z.B. auch Gross 1985, Gross/Hitzler/Honer 1985, Hitzler/Honer 1988b, Eckardt 1989) z.B. habe ich - aufgrund der Aufgabenverteilung im Projekt – zunächst mit 15 willkürlich (d.h.: nicht hypothesengeleitet) ausgewählten Leuten (darunter auch mit 4 Frauen[57]), die mir von anderen als 'Heimwerker' genannt worden waren, Feldorientierungsinterviews durchgeführt und

---

war, konnte er den Eindruck gewinnen, es sei ihm gelungen, sich mir so zu vermitteln, wie er sich gesehen wissen wollte, und damit sozusagen die 'Anführungszeichen' zu setzen zu seinen dann für mich höchst ergiebigen Ausführungen zum Do-It-Yourself. Ich wende mich mit diesem Beispiel vor allem gegen die auch in Anleitungen zu sogenannten 'qualitativen' Interviews immer wieder in der Vordergrund gerückte Aufforderung, das Gespräch auf das zurückzubringen, was *der Interviewer* als 'das Thema' ansieht.

57 Bei den Gesprächen mit den Frauen - verschiedenen Alters und unterschiedlicher sozialer Herkunft - hat sich jedoch herausgestellt, daß für sie typischerweise Heimwerken eher eine punktuelle, durch situative Erfordernisse (Wohnungswechsel, Renovation etc.) auferlegte Angelegenheit ist, als daß sie sich grundsätzlich dafür interessiert hätten. Selbst zur Bohrmaschine zu greifen, sich ein Bett oder ein Regal oder dergleichen selber zu bauen, wurde zwar von den (beiden) sich als 'emanzipiert' markierenden Frauen, mit denen ich gesproche habe, gelegentlich auch im Hinblick auf gewisse feministisch unterlegte Selbstansprüche thematisiert, ansonsten aber als ein 'beiläufiger' Teil der eben immer wieder als notwendig erachteten Arbeiten im eigenen Lebensbereich dargestellt, die ohne viel Aufhebens erledigt werden und offenbar wenig zur kommunikativen Selbstdarstellung beizutragen vermögen. - Ich habe mich in dem gegebenen Projektzusammenhang nun nicht etwa deshalb nicht mehr eingehender mit heimwerkenden *Frauen* befasst, weil ich das Thema per se für irrelevant oder unergiebig hielte. Aber in bezug auf *meine* theoretischen Interessen sind geschlechtsspezifische Fragen ausgesprochen marginal. Es ist also eher zufällig, daß ich mich dann intensiver mit heimwerkenden *Männern* befasst habe. Geschlechtsspezifische Differenzen beim Heimwerken – etwa im Hinblick auf Hobby- versus Hausarbeits-Charakter des Do-It-Yourself – aber böten eine Problemstellung für eine eigenständige Untersuchung.

aufgezeichnet. Durch diese Erkundungsgespräche habe ich einerseits einiges von der 'Sprache des Feldes' und andererseits auch schon 'Typisches' zumindest über die vordergründigeren Relevanzen von Heimwerkern gelernt. In der interpretativen Auseinandersetzung mit diesem Material bzw. mit meinen in dieser intuitionsgenerierenden Phase gemachten Erfahrungen habe ich dann erste theoretische Interessen entwickelt, die sich auf den Einfluß von kulturellen Deutungsmustern (vgl. dazu inzwischen besonders Lüders 1991) auf heimwerker-spezifische Wissensvorräte bezogen (sozusagen einschlägig applizierte Repräsentationen soziohistorisch tradierter Grundhaltungen gegenüber der Welt bzw. dem Leben). Aus heuristischen Gründen habe ich zuerst ein Klassifikationsschema aus vier (Idealist - Realist, Romantiker - Pragmatiker), dann eines aus zwei (Romantiker - Pragmatiker) und schließlich eines aus drei personalen Typen gebildet (Ideologe - Romantiker - Pragmatiker), weil mir diese Attitüden im Orientierungsspektrum der Heimwerker, mit denen ich gesprochen hatte, insgesamt am auffälligsten zutage zu treten und sozusagen das gesamte, sichtbar gewordene Orientierungsspektrum auch pointiert aufzuspannen und zu markieren schienen.

Angeleitet von und zugespitzt auf dieses heuristische Theoriekonzept habe ich dann (wiederum auch im Hinblick auf minimale und maximale Kontrastierungen untereinander) 'Probanten' ausgewählt, bei denen ich aufgrund der Interpretationen meiner Vorgespräche begründet vermuten konnte, daß sie mit diesen Idealtypen besonders gut 'korrespondieren' würden. Mit diesen 'Prototypen' habe ich - im Kontext ihres jeweiligen praktischen Do-It-Yourself-Settings, und damit immer auch die beiläufige Gelegenheit zur Beobachtung nutzend - pragmatische Versionen des oben in seiner Idealform beschriebenen *dreiphasigen Intensivinterviews* durchgeführt. Diese Interviews bilden, aufgezeichnet und - im wesentlichen umgangssprachlich, an (warum auch immer) 'interessanten' Stellen auch pragmatisch 'konversationsanalytisch' (vgl. dazu im Überblick Ehlich/Switalla 1976) - transkribiert[58],

---

58   Die von mir verwendeten *Transkriptionszeichen*:

,	kurzes Innehalten
(.)	kurze Pause
(..)	längere Pause
-	Abbruch im Wort
=	schnell anschließend gesprochen
und	Betonung
:	gedehnt gesprochen
(Lachen)	Parasprachliches
((...))	Kommentar zum nichtsprachlichen Geschehen

das eigentliche Text-Material für meine nachfolgenden interpretativen Rekonstruktionen zu den Wissens- und Relevanzstrukturen der Heimwerker-Welt.

Als *Kontextwissen* habe ich für all meine, in zirkulären Bahnen verlaufenen (und auch jetzt keineswegs 'abgeschlossenen'), hermeneutischen Operationen (dazu nachfolgend mehr) einerseits auf das in einschlägigen Heimwerkerzeitschriften wie 'Selbst ist der Mann' oder 'Selber Machen' (vgl. dazu auch Eckardt 1987), in Loseblatt-Sammlungen wie 'Erfolgreich Heimwerken' und in sogenannten Sachbüchern wie 'Die perfekte Heimwerkstatt' und 'Do it yourself in Bildern' (beide eher für den Anfänger bzw. den 'kleinen Geldbeutel') oder 'Das große Heimwerker-Buch' und 'Reparieren leicht gemacht' (beide für gehobenere Ansprüche) oder gar 'Knaurs Großes Handwerksbuch' (sozusagen für den 'Para-Profi') dokumentierte Genre der *'Bastelanleitungen'* und andererseits und vor allem auf systematische (auf das je anstehende Auswertungsproblem bezogene) *Beobachtungen* eines Heimwerkers, an dessen Aktivitäten ich aufgrund der gegebenen Rahmenbedingungen jederzeit ganz selbstverständlich 'teilnehmen' konnte, sowie auf einschlägige *Filmdokumente*[59] zurückgegriffen.

Pragmatisch modifiziert habe ich das dreiphasige Intensivinterview insofern, als sich a) die exakte Trennung der verschiedenen Interviewarten, b) die Sukzessionen von Interviewdurchführungen und Zwischenauswertungen und c) die Einteilung in genau *drei* zeitlich distinkte Phasen nicht bzw. nicht immer durchhalten ließen. Zu a): Infolge meiner Prämisse, daß es im Hinblick auf mein Interesse an der Rekonstruktion der - lediglich thematisch auf 'Heimwerken' fokussierten - *Weltsicht* meines jeweiligen Gesprächspartners vor allem anderen und insbesondere darauf ankomme, *seinen* kommunikativen Neigungen zu entsprechen, habe ich meinen Wunsch, eine Interviewform möglichst methodisch exakt zu realisieren, im Zweifelsfalle immer zurückgestellt bzw. suspendiert und stattdessen dem, was situativ ging 'seinen Lauf gelassen'. Dadurch sind dann Gespräche zustande gekommen, die - im Nachhinein betrachtet - eben jeweils *eher* quasi-normal, narrativ oder fokussiert verlaufen sind. - Zu b): Weil sowohl das Leben der Heimwerker, die bereit waren, sich auf meine zeitaufwendige Form der 'Befragung'

---

59 Besonders hervorgehoben sei hier der Dokumentarfilm "Heimwerk hat goldenen Boden", den Katja Sinn als volkskundliche Magisterarbeit an der Universität Göttingen gedreht und von dem sie mir kollegialerweise eine Video-Cassette zur Verfügung gestellt hat (vgl. dazu auch ihre 'Begleitdokumentation': Sinn 1991).

84

einzulassen, je 'eigensinnig' weiterging als auch meine eigenen wissenschaftlichen Aktivitäten Eigendynamiken entwickelten, während 'eigentlich' die verschiedenen Interview- und Auswertungsphasen rhythmisch aufeinanderfolgen sollten, gab es ständig irgendwelche unvorhergesehenen Verkürzungen oder Verzögerungen, Umstellungen und Verwirrungen im zeitlichen Ablaufplan, wodurch Vieles übereilt in Angriff genommen und Manches auch zu lange liegengelassen worden ist. - Zu c): Immer wieder gingen wir nach einem, aus welchen pragmatischen Gründen auch immer beendeten Gespräch auseinander unter dem beiderseitigen Eindruck, es gäbe da, wo wir abgebrochen hatten, noch einiges weiterzubereden. Deshalb hatte ich dann mit einem meiner Gesprächs-Partner schließlich insgesamt *sechs* (statt drei) ausführliche Unterredungen 'zum Thema'. Da die einzelnen Gesprächseinheiten der modifizierten dreiphasigen Interviews im Durchschnitt etwa zwei Stunden dauerten, ergab sich somit eine Gesamtinterview-Dauer je 'Probant' zwischen 7,5 und knapp 11 Stunden.

Angesichts all dieser Irritationen und Modifikationen betrachte ich die Idee des dreiphasigen Intensivinterviews inzwischen eher als eine sensibilisierende 'Richtungs-Vorgabe', denn als eine strenge Handlungsanweisung. Gleichwohl denke ich, daß ich diese Form der explorativen Gesprächsführung in diesem Projekt jedenfalls *prinzipiell* habe realisieren können. Welche Effekte sich dabei ergeben können, will ich im Folgenden anhand von drei kurzen, thematisch korrespondierenden (nachhaltig schriftsprachlich bereinigten) Auszügen aus zeitlich distinkten Interviewphasen exemplarisch zu zeigen versuchen.

(Pragmatiker I, S. 2f/6):
"P: ...Damals konnte man bei der Firma noch Holz kaufen und Rahmenschenkel, sagen wir Vierkanthölzer, machen lassen. Heute gibt's einen Baumarkt.
I: Da war ich neulich auch wieder.
P: Ja, früher hat's das ja alles garnicht gegeben.
I: Ich find das immer irre, was es da alles gibt.
P: Ja, wie gesagt, heute ist das ja viel einfacher, schon vom Material her gesehen: Sie gehen heute ins Bauhaus und kaufen sich vier so Rahmenschenkel. Da gibt's Vierziger, Dreißiger oder was Sie wollen. Und währenddessen lassen Sie die Platten zuschneiden. Und daheim machen Sie die Feinheiten. Das war damals alles anders.
I: Logisch, einfach weil's heut fertige Waren...
P: Ja, heut ist das alles vorproduziert und sogar gehobelt und so weiter. Damals hast Du das Rohmaterial gekriegt. Und wenn Du's in der Firma

gekauft hast, dann hast Du halt schauen müssen, daß man Dir's schnell durch
die Maschine hat laufen lassen.
I: Ja, aber heut muß man immer ewig anstehen, daß die einem so ein Brett
runterschneiden..."

Dieser Textausschnitt steht im Kontext einer sondierenden Unterhaltung
darüber, worüber man eigentlich reden soll, wenn man über Do-It-Yourself
reden will. Schon bei der ersten Zwischenauswertung ist mir aufgefallen, daß
wir offenbar zwei nicht ganz konvergente thematische Interessen verfolgen:
Mein Gesprächspartner versuchte anscheinend, mir etwas über den 'Unterschied von Gestern und Heute' zu erzählen, während ich mich auf 'Abenteuer
im Baumarkt' versteifte.

(Pragmatiker II, S. 9f):
"I: Lief das immer über die Arbeitsbeziehungen oder haben sich die
Verbindungen zu Heimwerkern auch über den Privatbereich ergeben?
P: Das war bei mir nicht der Fall. Ich hab alles, was zum Basteln und zum
Heimwerken gehört, in der Firma gelernt, durch Arbeitskollegen, von
anderen Abteilungen. Wir haben Erfahrungen ausgetauscht und zusammen-
gearbeitet. Das waren angenehme Arbeitsbeziehungen. Aber das hab nicht
nur ich gemacht, das haben die anderen eben genauso gemacht. Die Meister
haben sich auch in der Firma versorgt, und die Höheren geradeso. Die haben
vielleicht noch ganz andere Sachen gemacht. Aber ich hab eben mehr
Beziehung zum Holz gehabt und hab dazu noch gelernt, wie man mit dem
Eisen umgeht, wie man das macht. Das hat's im Handel noch nicht gegeben.
Heut geh ich ins Bauhaus und sage: Ich brauch ein Profileisen der und der
Art. Ich schau mir das an, ob mir's gefällt. Wenn nicht, dann nehm ich eben
Aluminium, oder ein Winkelprofil. Ja, da war damals nicht dran zu denken,
an sowas. Da hat es eben ein Eisen gegeben, sagen wir mal: Zwanzig mal
fünf oder fünfundzwanzig mal vier oder so. Und da hat man das Ding dann
rausmachen müssen. Heute ist das eine einfache Sache, das muß ich ehrlich
sagen. Ich geh ins Bauhaus, ich weiß, was ich will..."

Im Rahmen einer sehr ausführlichen Erzählung über seine biographischen
'Stationen' und die damit je verknüpften 'existenziellen' Notwendigkeiten
zum Selbermachen als einem 'Sich-Durchwursteln' und als einem Mittel, um
'allmählich zu etwas zu kommen', stellte mein Gesprächspartner Verbindungen her zwischen seiner beruflichen Tätigkeit und den Rahmenbedingungen seiner Heimwerker-Aktivitäten. Und wieder thematisierte er dabei
- an mehreren Stellen - den 'Unterschied zwischen Gestern und Heute', was
mir vor allem deshalb nachfragerelevant erschienen ist, weil ich hier einen
deutlichen Hinweis (unter einer Reihe von anderen) auf sein (schon meiner

damaligen Interpretation nach auffallend) pragmatisches Verhältnis zum Do-It-Yourself gefunden zu haben glaubte.

(Pragmatiker III, S. 10f/12-13):
"I: Sie haben mir letztes Mal etwas sehr Interessantes gesagt, etwas für die historische Entwicklung des Heimwerkens sehr Interessantes, nämlich daß Sie sich in der Firma haben informieren, daß Sie dort aber auch Geräte ausleihen und Material haben beziehen können. Das muß ja wohl bei anderen Firmen auch

P: Bestimmt, nehme ich an.

I: Und da hat's noch überhaupt keine Heimwerkermärkte gegeben?

P: Hat's überhaupt nicht gegeben.

I: Und nachdem's auch noch keine Geräte gegeben hat, ist das wahrscheinlich schon so, daß das

P: Ja, ich hab's Ihnen ja damals gesagt: Das war damals nicht so einfach. Das muß man sich mal überlegen: Schon zum Beispiel das Holz: Wie kommen Sie zu dem getrockneten Holz zum Basteln?

(Hier folgt eine längere *neue* Geschichte darüber, wie P. 'das Glück' hatte, durch besonders gute Beziehungen zu einem Kollegen in der Firma hochwertige Eichenbretter und durch besonders gute Beziehungen zu einem anderen Kollegen von diesem höchst wertvolle Ratschläge für deren fachmännische Verarbeitung zu bekommen.)

I: Ich nehme an, daß man das heute bei der Firma auch nicht mehr alles machen oder beziehen kann.

P: Ja, da haben Sie vollständig recht. Das ist dann so geworden. Die ganze Einkauferei ist den Firmen über den Kopf gewachsen. Man hat ja sogar Balken kaufen können. Und da haben die gesagt: Das kann doch garnicht sein, daß wir als Maschinenfabrik so einen Laden haben, wo man Balken und Eisen und alles kaufen kann. Ich meine, das kannst Du ja heute noch. Aber was man damals vor allen Dingen in der Firma selber angefertigt hat, und dabei hat man doch nur das Rohmaterial gekauft! Heute läuft da nichts mehr..."

Ich will nun nicht schon hier eine detaillierte Textanalyse unternehmen und damit den weiter unten anstehenden Interpretationen vorgreifen. Aber ich hoffe, damit hier bereits zumindest andeutungsweise illustriert zu haben, daß und inwiefern sich das dreiphasige Intensivinterview – auch pragmatisch modifiziert – im besonderen Maße zur Rekonstruktion vor allem von – typischen Orientierungsrastern, Deutungsschemata und Darstellungsstrategien, also summarisch ausgedrückt: von besonderen Wissensvorräten und

Wissensstrukturen – speziell bei geringen 'Probanten'-Zahlen[60] – eignet. Bzw.
genereller ausgedrückt: Während Beobachtungen, ob sie nun verdeckt oder
offen, ob sie mehr oder ob sie weniger teilnehmend stattfinden, sich im
wesentlichen dafür eignen, *Handlungsschemata* zu registrieren, lassen sich
durch derartige Interviews (zumindest prinzipiell) vor allem subjektiv verfügbare (abrufbare) *Wissensbestände* rekonstruieren.[61]

Das Wissen, das über Interviews rekonstruierbar ist, liegt jedoch nicht
'platt zutage'[62], es steckt vielmehr zum Teil mehr, zum größeren Teil aber
weniger ausdrücklich, im Gesagten (nicht unbedingt 'zwischen den Zeilen'
des transkribierten Textes, sondern eher in den Konnotationen des Ausdrücklichen), denn: "Motive sind verständliche und feststellbare Gründe des
Dafürhaltens, Ursachen dagegen haben nicht die Verständlichkeit von
Gründen: es handelt sich um Leidenschaften, Vorurteile, Gewohnheiten und
auch um Zwang, der von sozialen Umständen ausgeht" (Schütz/Luckmann
1979, S. 226). Da wir aber - erkenntnistheoretisch gesprochen - davon ausgehen können, daß das, was wir als 'Wirklichkeit' betrachten, nichts anderes
sein kann als ein Wissensphänomen, besteht die Kunst bei der *Auswertung*
von Interviews (wie auch von anderen Texten) m.E. nun ganz grundsätzlich
darin, strukturelle Unterschiede im 'Haben', in der kognitiven Verfügbarkeit
und kommunikativen Explikationsfähigkeit verschiedener Elemente und Arten
von Wissen zu erkennen und interpretativ zu berücksichtigen.[63]

---

60 Für umfangreichere Samples hingegen scheint mir diese Interviewtechnik zwischenzeitlich
    doch zu aufwendig.

61 Schon Husserl unterscheidet ja zwischen der Einstellung des "In-den-Relevanzen-Lebens"
    (wobei die Relevanzen selber nicht in den Griff des Bewußtseins kommen) und der des
    "Auf-die-Relevanzen-Hinsehens" (wobei explizit die eigenen Relevanzen befragt werden).

62 Mangelnde Vor-Kenntnisse über das Feld, das eben deshalb exploriert werden soll, und die
    Voraus-Setzung eines Gesprächspartners als Feldmitglied verführen leicht zu der alltags-
    praktischen Annahme, der jeweilige Gesprächspartner bilde in seiner verbalen 'Performanz'
    eben seine einschlägigen Erfahrungen ab. Für eine sozialwissenschaftliche Rekonstruktion
    des typischen Sinns typischer Handlungen in einem bestimmten thematischen Feld ist der
    naive (Kurz-)Schluß vom Sprechen über Ereignisse und Handlungen auf die Ereignisse und
    Handlungen selber aber unzulässig.

63 Wobei vor allem die Differenz zwischen den verschiedenen Wissensarten, die ich oben
    skizziert habe (vgl. dazu auch nochmals Schütz/Luckmann 1979, S. 133ff), insbesondere die
    Differenz zwischen "erlerntem, explizit darstellbarem Wissen und habituellem Handeln"
    (Soeffner 1989, S. 211) nicht außer Acht gelassen werden darf.

4. Verfahren der Dateninterpretation

Zur *Auswertung* der über Interviews und gegebenenfalls über Beobachtungen erhobenen Daten sowie des dokumentarischen Materials, also der in Textwirklichkeiten transformierten und damit der soziologischen Analyse überhaupt erst verfügbar gemachten 'gelebten' Wirklichkeiten (vgl. Soeffner 1989, bes. S. 66ff und 98ff; vgl. auch Gross 1981), verfügen wir heute bekanntlich über eine beträchtliche Zahl 'qualitativer' Methoden, die zur Analyse von Texten samt und sonders geeignet sind, von denen aber keine einzelne beanspruchen kann (und dies - mit Einschränkungen - auch nicht will), *die* Methode schlechthin zu sein. Denn generell gilt, daß das jeweilige *Forschungsinteresse* den Umgang mit dem Material anleitet. Methoden haben nämlich *keinen* Eigen-Wert - auch, und schon garnicht, in den Sozialwissenschaften. Methoden sind nur dazu da, daß man (sozial-)wissenschaftliche Probleme 'in den Griff' bekommt (dazu aber sind sie 'in der Tat' grundsätzlich nützlich). Dieses Problem bekommt man besser mit dieser, und jenes Problem bekommt man besser mit jener Methode 'in den Griff'. Jede einzelne Methode gibt eben Antwort auf einen *spezifischen* Fragetyp, der an den Text gestellt wird. Interessant ist also 'eigentlich' nicht die Methodenfrage, sondern die Frage danach, welchem Problem man sich stellt (dann erst wiederum ·stellt sich einem die Frage, mit welcher Methode man dies am besten tut). *Welche* Frage zu stellen ist, das wiederum läßt sich nur auf der Grundlage des gegebenen *theoretischen* Interesses klären.[64] Grundsätzlich steht uns dabei heute eine ganze Palette unterschiedlicher Interpretationsverfahren zur Verfügung, die, wie gesagt, jeweils ganz unterschiedliche theoretische Interessen verfolgen und damit auch ganz unterschiedliche Fragetypen an einen Text herantragen.

---

64 Die Frage, wie gesagt, ob es soziologisch sinnvoll ist, Lebenswelten bzw. Ausschnitte aus Lebenswelten zu erkunden, ist deshalb weit weniger eine Frage des Verfahrens, als eben eine Frage danach, ob man es, wie gesagt, überhaupt für soziologisch relevant erachtet, 'Welt' mit anderen Augen zu sehen.

Trotzdem versammelt besonders Hans-Georg Soeffner solche und ähnliche methodische Vorschläge unter dem Etikett 'Sozialwissenschaftliche Hermeneutik' (erstmals prospektiv dokumentiert in Soeffner 1979, dann wieder 1982a, 1984a, 1986b und 1988a), die er dann insgesamt als zuständig für alle Arten von Texten erklärt (vgl. z.B. Soeffner 1982b). Begründet ist diese 'Vereinnahmung' dadurch, daß bei all diesen Ansätzen das Interesse am sinnhaften Aufbau der sozialen Wirklichkeit im Vordergrund der ansonsten überaus heterogenen rekonstruktiven Bemühungen steht (vgl. dazu auch Hitzler 1993b), und daß (natürlich) ohnehin *jede* (auch die standardisierteste) Textanalyse gewisse hermeneutische Grundoperationen vollziehen muß (vgl. Soeffner 1985). Der Unterschied zwischen 'verstehender' und 'nicht-verstehender' Auswertung besteht demnach also keineswegs darin, daß es die letzteren mit 'nackten Tatsachen' zu tun hätten, sondern eher darin, wie *reflektiert* bzw. unreflektiert die einzelnen Deutungsschritte absolviert werden. 'Sozialwissenschaftliche Hermeneutik' meint also prinzipiell den methodisch 'irgendwie' kontrollierten, verstehenden Umgang mit Texten aller Art.

Die Analyse von Texten ist ja nun durchaus keine Erfindung im Rahmen des interpretativen Paradigmas, sondern - als 'Inhaltsanalyse' - eines der drei klassischen Verfahren sozialwissenschaftlicher Datenerhebung und Datenauswertung überhaupt, entwickelt insbesondere im Zusammenhang mit der Massenkommunikationsforschung (vgl. hierzu Merten 1983). Im konventionellen Sinne ist die Inhaltsanalyse ein quantifizierendes Verfahren. Vereinfacht gesagt heißt das: Textanalytische Kategorien werden dabei *vor* der Analyse festgelegt, ausgezählt und miteinander verrechnet. Textinhalte, insbesondere latenter und impliziter Art, die nicht im apriorischen Raster enthalten sind, bleiben bei dieser Art der Analyse unberücksichtigt. Diesen systematischen Datenverlust hat bereits Siegfried Kracauer (1952) moniert, und darauf hat insbesondere auch Aaron V. Cicourel (1970) hingewiesen (vgl. auch Kreppner 1975).

Die konventionelle Inhaltsanalyse - und zwar sowohl in ihrer 'quantitativen' als auch in ihrer 'qualitativen' Ausprägung (vgl. zum letzteren z.B. Mayring 1983) - unterstellt demnach z.B. zwangsläufig eine Bedeutungs-äquivalenz der vom Textproduzenten verwendeten und der vom Analytiker gebrauchten Begrifflichkeiten.[65] Außerdem wird bei der konventionellen Inhaltsanalyse der Gesamtzusammenhang des Textes durch die kategoriale ('ad-hoc'-) Zuteilung von Textstücken 'sinnlos' zerstückelt. Also: Textelemente, die 'eigentlich' ihre Bedeutung aus dem Kontext beziehen, werden wie selbständig existierende Einheiten behandelt. Dies führt, so der Vorwurf, zu undifferenzierten und unstimmigen Aussagen über den Inhalt eines Textes. Oder anders ausgedrückt: Die *Methode* bestimmt letztlich die Bedeutung des Textes, nicht der Text selber. Und dagegen wenden sich nun eben die verschiedenen Ansätze zur *interpretativen* Textanalyse mit ihrem Anspruch, ebenso (und zum Teil: vor allem) text-*immanente* Bedeutungen zu rekonstruieren.

Die damit angesprochenen, vielfältigen Verfahren zur interpretativen Textanalyse, die sich unter dem 'Dach' der sozialwissenschaftlichen Hermeneutik versammeln lassen, kann man nun m.E. sehr grundsätzlich in zwei Gruppen einteilen: In die Gruppe der eher *sprechstrukturell* (nicht: *sprach*strukturell) interessierten Ansätze einerseits, und in die Gruppe der eher *thematisch-inhaltlich* interessierten Ansätze andererseits. Zur zweiten Gruppe zähle ich z.B. die Objektive bzw. Struktur-Hermeneutik, die Deutungsmusteranalyse, die (historisch-) rekonstruktive Hermeneutik und in gewisser Hinsicht auch die sogenannte Ethnographische Semantikanalyse. Zur ersten Gruppe zähle ich z.B. die Konversationsanalyse, die Gattungsanalyse, die Rhetorikanalyse und - bereits mit einigen Vorbehalten gegenüber meiner eigenen Klassifizierung - die Narrationsanalyse.

4.1. Sprechstrukturell interessierte Hermeneutiken

4.1.1 Narrationsanalyse

Die insbesondere von Fritz Schütze entwickelte Narrationsanalyse (vgl. Schütze 1973, 1975, 1976, 1981, 1982, 1983 und 1984) basiert, wie oben

---

65 Das scheint mir z.B. auch das interpretative Manko von der theoretischen Konzeption her außerordentlich überzeugenden 'qualitativen' Untersuchung über praktisches Sexualverhalten vor dem Hintergrund des HIV-Infektionsrisikos zu sein, die Jürgen Gerhards und Bernd Schmidt im Auftrag der BZgA durchgeführt haben: Die Datenauswertung folgt *textunabhängig* kreierten Kategorisierungen, das präsentierte empirische Material *illustriert* nur das vorab entwickelte Gedankenmodell des Wissenschaftlers. Dieses aber ist, wie gesagt, höchst bedenkenswert. (Vgl. Gerhards/Schmidt 1992.)

bereits im Zusammenhang mit dem narrationsevozierenden Interview angedeutet, auf der Prämisse, daß es eine Homologie, eine Entsprechung gibt zwischen vergangenem, tatsächlichem Erleben und der retrospektiv-narrativen Darstellung des Erlebens, die interaktiv geschieht. *Geschichten* nämlich sind, so Schütze, "relativ geschlossene Ereigniskonstellationen erlebter Wirklichkeit" (Schütze 1976, S. 213), und *Erzählungen* von Geschichten sind deren kommunikative Vermittlung an andere, an an der Geschichte selber Nichtbeteiligte. Und dabei werden eben die sogenannten 'Zugzwänge des Erzählens' wichtig: der Gestaltschließungs-, der Relevanzfestlegungs- und Kondensierungs- und der Detaillierungszwang (vgl. auch Bohnsack 1991, S. 94). "Das Ergebnis ist ein Erzähltext, der den sozialen Prozeß der Entwicklung und Wandlung einer biographischen Identität kontinuierlich darstellt und expliziert." (Schütze 1983, S. 286)

Die wesentlichen 'Schritte' der sprechstrukturellen Analyse von Narrationen sind 1. *die formale Textanalyse* (diese bedeutet im wesentlichen, "daß alle nicht-narrativen Textpassagen zu eliminieren sind und sodann der 'bereinigte' Erzähltext auf seine formalen Abschnitte hin zu segmentieren ist" - Schütze 1983, S. 284); 2. *die strukturelle inhaltliche Beschreibung* (diese meint die Gliederung des Textes nach Themen, die formal durch 'Rahmenschaltelemente' - wie Verknüpfungsrhetorik und Relevanzmarkierungen - voneinander getrennt sind); 3. *die analytische Abstraktion* (diese zielt durch systematische Verknüpfung der markierten Abschnitte auf Aussagen zu 'erfahrungsdominanten Prozeßstrukturen' ab); 4. *die Wissensanalyse* (diese dient der Rekonstruktion der "eigentheoretischen, argumentativen Einlassungen des Informanten" - Schütze 1983, S. 285); 5. *der kontrastierende Vergleich* (bei diesem geht es um die Komparation von zuvor analytisch differenzierten, besonders ähnlichen und besonders divergenten Textteilen in Relation zur forschungsleitenden Fragestellung; auch: Minimal-Maximal-Kontrastierung); und 6. *die Konstruktion eines theoretischen Modells* (diese impliziert den abschließenden systematischen Bezug der ermittelten theoretischen Kategorien aufeinander).

Als Anwendungsbereiche der Narrationsanalyse nennt Schütze vor allem a) *Interaktionsfeldstudien* (in solchen hat er sein Verfahren im wesentlichen entwickelt (vgl. z.B. Schütze 1977); Voraussetzung der Anwendbarkeit hierbei ist, daß alle Informanten in ein bestimmtes Ereignis existenziell mehr oder weniger verwickelt waren); b) *Experteninterviews* (sofern es auch hier um eine Rekonstruktion von durch die Experten selbsterfahrenen Handlungen und Handlungsfolgen geht); c) *Analyse von Statuspassagen* (insofern als Narrationen in Relation zu einem irgendwie vorgegebenen, mehr oder minder

fixierten Karriereplan Aufschluß geben können über die 'Strukturpunkte' der
Karriere); und d) *biographische Strukturen* (dabei soll das Verfahren dazu
beitragen, eine verallgemeinerbare 'Vergleichsfolie' biographischer Strukturpunkte zu erarbeiten[66]). Generell läßt sich wohl festhalten, daß die Narrationsanalyse dafür sensibilisiert, auf bestimmte Strukturmerkmale in Texten
zu achten, die Hinweise auf auch thematisch-inhaltlich nachfrage- und
interpretationsrelevante 'Erzählereignisse' geben. In ihren strukturanalytisch
ambitionierteren Versionen weist sie, sozusagen 'von Anfang an', deutliche
Konvergenzen mit konversationsanalytischen Fragestellungen auf (vgl. dazu
z.B. Kallmeyer/Schütze 1976 und 1977; vgl. auch Kallmeyer 1987).

4.1.2 Konversationsanalyse

Die Konversationsanalyse, eine ursprünglich vor allem von Harvey Sacks,
Emanuel Schegloff und Gail Jefferson (vgl. z.B. hierzu Sacks 1990)
vorangetriebene 'Seitenlinie' der Ethnomethodologie (vgl. hierzu Bergmann
1981a und 1991, vgl. auch Schenkein 1978, Atkinson/Heritage 1984) befaßt
sich insbesondere mit der Rekonstruktion von Strukturen 'natürlicher' (nicht
vom Forscher durch Experiment und Interview erzeugter, kontrollierter
und/oder manipulierter) Kommunikations-Situationen. Das Interesse der
Konversationsanalyse gilt *nicht* dem Inhalt und/oder dem Anlaß von
Gesprächen, sondern dem Ablauf, dem Vollzug, dem Herstellen von
Konversation bzw. Kommunikation. Ausgangspunkt sind dabei die beobacht-
baren verbalen und non-verbalen Verhaltensweisen der Interagierenden (vgl.
auch Winkler 1980). Und die entscheidende Frage ist, *mit welchen Methoden*
die Interagierenden Gesprächsstrukturen produzieren, wie *sie* diese Strukturen
erkennen, analysieren und die Ergebnisse ihrer Analyse in ihren Äußerungen
zum Ausdruck bringen. Hierzu gehört z.B. die Frage danach, wie einzelne
Redezüge von den Teilnehmern konstruiert werden oder wie der Sprecherwechsel innerhalb von Gesprächen organisiert wird, aber auch, wie ein
vollständiges Gespräch als soziale Einheit realisiert und abgewickelt wird

---

66 Auf dem Gebiet der *Biographieforschung* hat sich das ganze Schützesche Konzept des
narrativen Interviews bislang am offenkundigsten durchgesetzt (vgl. bereits Fischer 1978,
Zinnecker 1982; vgl. auch z.B. Hermanns u.a. 1984, Hoffmann-Riem 1984, Michel 1985,
Wiedemann 1986, Haupert 1987, Riemann 1987, Rosenthal 1987, Bude 1987, und aktuell
Compe/Helsper 1991, Marotzki 1991). Ob und inwieweit dabei allerdings auch die
strukturellen Implikationen von Narrationsanalysen relevant werden, ist eine andere Frage.

(vgl. dazu z.B. Wolff 1986). Der Konversationsanalytiker fragt also nicht nach dem 'Was' und auch nicht nach dem 'Warum', sondern nach dem 'Wie'.

Die diesem Erkenntnisinteresse zugrundeliegende Einstellung bezeichnen die Konversationsanalytiker selber als ihre 'analytische Mentalität'. Sie drücken ihrem Selbstverständnis nach damit aus, daß es ihnen darum geht, Sprechstrukturen dadurch zu entdecken, daß sie ihr Datenmaterial ohne vorformulierte Modelle oder Thesen, dafür aber sehr genau betrachten und detailliert aufzeichnen (vgl. Bergmann 1985). Konversationsanalytiker arbeiten infolgedessen typischerweise mit speziellen, hochelaborierten Transkriptionstechniken (vgl. den 'klassischen' Text von Sacks/Schegloff/Jefferson 1974; vgl. als Überblick auch Ehlich/Switalla 1976) und vergleichen im allgemeinen, auf der Suche nach bestimmten Regeln - etwa der Gesprächseröffnung (vgl. z.B. Bergmann 1980), des Redezuwechsels (vgl. z.B. Bergmann 1981b), aber auch des Schweigens (vgl. z.B. Bergmann 1982), usw. -, mehr oder weniger kurze Sequenzen aus unterschiedlichen Konversations-Situationen, entkleiden diese ihrer kontextuellen Zufälligkeiten und stoßen so eben auf Regelmäßigkeiten des Sprechens, die sich als kontextinvariante 'Regeln' kommunikativer Interaktion fassen lassen (sollen). Herstellung und Vollzug von 'natürlichen' Gesprächen erfolgt nämlich, so die Konversationsanalyse (und damit werden auch ihre ethnomethodologischen Wurzeln sehr deutlich), im Rekurs auf im wesentlichen implizite Konstitutions- und Applikationsregeln, die von den Alltags(inter)akteuren sozusagen fraglos und selbstverständlich aber dafür um so sicherer verwendet werden. Diese (Basis-)Regeln (die man sich vielleicht in Analogie zu den formalen Spielregeln beim Schach vorstellen kann) herauszuarbeiten und letztlich vielleicht als 'Regel-Werk' (alltäglicher) Kommunikation zusammenzustellen, ist das Ziel konversationsanalytischer Bemühungen.

Der Forscher begegnet seinem Datenmaterial dabei zum einen mit intuitiver und zum anderen mit nicht-intuitiver Sensibilität. Die intuitive Sensibilität versucht zu erfassen, wie die an sprachlicher Interaktion beteiligten Personen die Äußerungen ihrer Partner verstehen und was die Interaktion für sie bedeutet, d.h., was der Sensitivität der beteiligten Personen selbst zugänglich ist. Es wird somit versucht, das Verstehen der Beteiligten nachzuvollziehen.[67] Aber die Struktur der betrachteten Phänomene systematisch offenzulegen, bedeutet auch, Details zu entdecken, die den Beteiligten an einer Konversation entgehen, bzw. ihnen nicht wichtig oder nicht reflexiv zugänglich sind. Und dazu bedarf es eben der nicht-intuitiven Sensibilität. Diese spezielle Sensibilität des Forschers ermöglicht es ihm also, die Organisation, die Systematik, die Regeln sprachlicher Interaktion, die Techniken und Strategien, derer sich die an der Interaktion Beteiligten bedienen, zu erfassen (vgl. auch Anderson/Sharrock 1984). Den Prämissen der Konversationsanalyse zufolge werden nämlich 'natürliche' Gespräche von den Interakteuren gemeinsam und unter (impliziter) Verwendung kontextunabhängiger Regeln dadurch organisiert, daß sie Methoden der Gesprächsführung einsetzen, die sich von *wissenschaftlichen* Methoden im Grunde nur dadurch unterscheiden, daß sie vom Methodenverwender nicht explizit und systematisch sondern durch 'Routinisierung' (trial-and-error) gelernt werden (vgl. dazu auch Yearley 1981). Konversationsanalytiker (wie Ethnomethodologen schlechthin) *explizieren* ihrem Selbstverständnis nach also 'lediglich' die Prinzipien des alltäglichen (Kommunikations-)Handelns bzw. des alltäglichen 'Erkennens' und Anwendens von Organisationsstrukturen alltäglicher Interaktion.

Die Rekonstruktion einer Sprechhandlung setzt aber voraus, daß der Analytiker bereits von vornherein eine Entscheidung über den Handlungssinn der zu analysierenden Äußerung trifft. Wenn z.B. untersucht werden soll, was eine Äußerung zu einer Fragehandlung macht, wird dabei automatisch unterstellt, daß mit der entsprechenden Äußerung eine Fragehandlung ausgeführt wurde. Von dieser Annahme kann der Analytiker ausgehen, doch muß er kontrollieren, ob sie auch dem empirischen Handlungssinn entspricht, den diese Äußerung für die Teilnahme selbst hatte. Dazu muß er überprüfen, ob der Rezipient in seiner Reaktion diese Äußerung als Frage behandelt oder nicht. Die Analyse muß also bei den Konsequenzen ansetzen, die sich in der sprachlichen Interaktion aus dieser Äußerung ergeben.

Zu den invarianten Regeln, auf denen jede Konversation basiert, kommt also in der kommunikativen Praxis stets noch ein spezifischer Kontext, der die Interaktion/Konversation als je besondere, einmalige mit-konstituiert. Auch der 'Umgang' der Akteure mit diesen kontextuellen Elementen (z.B.

---

67 Ein Vorgang der m.E. z.B. auf der in dieser Arbeit gerade problematisierten Prämisse basiert, daß Forscher und beteiligte Sprecher derselben Kultur angehören, und der Forscher daher in der Lage ist, eine Äußerung so zu verstehen, wie sie jedes Mitglied der Kultur, also auch die an der sprachlichen Interaktion Beteiligten, verstehen würde.

95

solche Strukturmerkmale wie Themenentwicklung, rezipientenspezifische Ausrichtung, usw.) ist prinzipiell Gegenstand konversationsanalytischen Interesses (vgl. z.B. Wolff 1986, Knauth/Wolff 1989). Aufgabe des Forschers ist es hier, zu beschreiben, wie die Interagierenden kontextuelle Elemente analysieren, in ihren Äußerungen reproduzieren und manifest werden lassen. Dazu gehört beispielsweise auch die Frage, wie ein *bestimmtes* Thema im Verlaufe des Gesprächs entwickelt wird, oder wie ein bestimmter Kontext die Eröffnung bzw. Beendigung des Gesprächs beeinflußt (vgl. auch Kallmeyer 1980 und 1987). Grundsätzlich ist der rezipientenspezifische Zuschnitt von Äußerungen ein zentrales Element dieser Kontextsensitivität.

Da kontextunabhängige und kontextsensitive Komponenten als sich stets *wechselseitig* beeinflussend aufgefaßt werden, ist also zu klären, wie und an welchen Stellen sich der Kontext im formalen Geschehen niederschlägt. Andererseits ist aufzuzeigen, wie die formalen Prinzipien der Gesprächsorganisation auf den Zweck des Gesprächs hin funktionalisierbar sind. Aufgabe des Konversationsanalytikers ist mithin z.B., zu untersuchen, wie die verschiedenen Faktoren - Adressat der Äußerung, die besondere Äußerungssituation, der besondere Handlungskontext - in die Äußerung hineinvermittelt werden und sie so in ihrer Einmaligkeit spezifizieren.

4.1.3 Gattungsanalyse

Im normalen Alltag leben wir nahezu selbstverständlich mit der Sprache und vermittels der Sprache. Trotzdem ist Sprechen natürlich keineswegs ein automatischer Prozeß. Es ist ein Handeln, mehr noch: eine bestimmte Art von sozialem Handeln: es ist kommunikatives Handeln (vgl. Schütz/Luckmann 1984, S. 95ff, vgl. auch Knoblauch 1985b). Daraus folgt, daß, wer spricht, in aller Regel weiß, daß er spricht: "Er bildet Sätze, indem er Worte und Phrasen aus dem semantischen Inventar seiner Sprache in einer Mischung aus Gewohnheit und Bewußtheit auswählt. Indem er Worte und Phrasen aneinanderreiht, befolgt er syntaktische Regeln, die er ..., mit oder ohne entsprechende grammatische 'Theorie', erworben hat. Diese Auswahl geschieht in schrittweiser, mehr oder minder deutlich vorentworfener Verwirklichung seiner kommunikativen Absichten, in Anpassung an die vorgegebenen Bedingungen der Situation und in Vorwegnahme der typisch erwartbaren Deutungen typischer Adressaten. Je nach Umständen, Fähigkeiten und Schulung kann er ... sich den herrschenden Regeln kommunikativer

96

Etikette fügen - oder sie bewußt oder in Unwissenheit brechen." (Luckmann 1989, S. 37). Und fast ebenso selbstverständlich, wie wir mit bzw. 'in' Sprache leben, leben wir bekanntlich auch mit kulturell approbierten stilistischen Mitteln, mit - mehr oder weniger tradierten - rhetorischen Figuren, und wir leben mit musterhaften *Lösungen* immer wieder auftretender, sogenannter 'kommunikativer Probleme'. Diese Muster werden auch als 'verfestigte Kleinformen' bzw. als 'kommunikative Gattungen' bezeichnet. Mit der 'Inventarisierung' und der Strukturanalyse solcher 'Alltagsgenres' beschäftigt sich insbesondere eine Forschergruppe um Thomas Luckmann und Jörg R. Bergmann, die damit sozusagen konversationsanalytische Interessen aufnimmt und in einer eigenständigen Richtung weiterentwickelt. Ich bezeichne diesen Ansatz hier als *Gattungsanalyse*.[68]

Dabei wurden bislang z.B. solche kommunikativen Ereignisse wie Rekonstruktionen gemeinsamer Erlebnisse und Zuwendungen (vgl. Bergmann 1988), Belehrungen (vgl. Keppler 1989) und Unterweisungen (vgl. Keppler/ Luckmann 1989, Luckmann/Keppler 1990), Tadel und Befehl, Beten und Werben (vgl. Knoblauch 1987 und 1988), Zitieren und Paraphrasieren, Klatschen (vgl. Bergmann 1987, Keppler 1987), 'schmutzige' Geschichten und Beispielgeschichten (vgl. Keppler 1988), Argumentationen, Interviews, Konversionserzählungen (vgl. Luckmann 1987, Ulmer 1988) und Notrufe untersucht. Wobei besonders auf die Funktion solcher 'Problemlösungsmuster' in sozialen Milieus (d.h. in sozialen Einheiten, die "durch feste Sozialbeziehungen, gewohnheitsmäßige Orte der Kommunikation, gemeinsame Zeitbudgets und eine gemeinsame Geschichte gekennzeichnet sind", und die sich "durch typische, ständig wiederkehrende *soziale Veranstaltungen*" auszeichnen - Luckmann 1989, S. 42 und 43) geachtet wurde. Kommunikative Gattungen, "sind kommunikative Handlungen, die in ihrem Ablauf ein hohes Maß an Gleichförmigkeit und *'Verfestigung'* aufweisen" (Keppler 1989, S. 538). Und insbesondere solche Gattungen, die eine *rekonstruktive* Funktion haben, "in denen (also) vergangene Ereignisse und Erlebnisse nach gesellschaftlich verfestigten und intersubjektiv verbindlich vorgeprägten kommunikativen Mustern rekonstruiert werden" (Ulmer 1988, S. 20), gelten als elementare 'Bausteine' der 'Konstruktion von Wirklichkeit' in Gesprächen (vgl. dazu auch Luckmann 1984).

---

68 Zum Arbeitsprogramm der Gruppe vgl. Luckmann/Bergmann 1983 und 1987 sowie Luckmann/Bergmann 1991; zur theoretischen 'Rahmenidee' vgl. auch Luckmann 1986b, 1988b und 1989.

Konversionserzählungen z.B. sind kommunikative Rekonstruktionen von Lebensgeschichten, die zu irgendeinem Zeitpunkt in einem Ereignis 'gipfeln', von dem aus der gesamten Biographie ein neuer *Sinn* verliehen wird. Konversionserzählungen haben typischerweise "eine einheitliche *dreigliedrige Zeitstruktur*" (Ulmer 1988, S. 22): a) Das Leben *vor* der Konversion, das ex post als zur Konversionserfahrung hinführende krisenhafte Zeit gedeutet wird, b) das die Konversion auslösende Geschehen, das durch eine (zumindest im weiten Sinne religiöse) persönliche Erfahrung (und emotionale Erschütterung) des Konvertiten verursacht wird, und c) die Zeit *nach* der Konversion, in der das Konversionsereignis sich als veränderte Weltsicht in der Alltagspraxis des Konvertiten niederschlägt und dessen Leben einen neuen, den 'eigentlichen' Sinn gibt. Das zentrale kommunikative Problem von Konversionserzählungen besteht also darin, "die persönliche religiöse Erfahrung, die vom Erzähler als Ursache und Anlaß der eigenerlebten Konversion geltend gemacht wird, auf plausible und glaubwürdige Weise darzustellen" (Ulmer 1988, S. 31).

Belehrungen hingegen sind Lösungen kommunikativer Probleme bei asymmetrischer Wissensverteilung. Belehrungen sind prinzipiell themenunspezifisch; bei dem, was vermittelt wird, muß es sich lediglich "um ein verallgemeinertes oder verallgemeinerbares ... Wissen handel(n). Man belehrt einen anderen nicht über ein Detail der eigenen Lebensgeschichte. Individuell-biographische Ereignisse können aber wohl den Hintergrund z.B. für die Vermittlung von Lebensweisheiten abgeben" (Keppler 1989, S. 554). Anders als in institutionalisierten Unterweisungssituationen, in denen bereits vorab die Rollen von Lehrenden und Lernenden relativ gültig festgelegt sind, sind nun aber in Alltagsgesprächen Belehrungen problematische Unternehmungen, denn Wissensasymmetrie muß überhaupt erst einmal festgestellt und die Verteilung der Rollen muß in der Situation selber vorgenommen werden. Unterschieden werden hier deshalb vor allem "Belehrungen, die von Wissensbedürftigen initiiert werden, von solchen ..., bei denen die Initiative vom Mehr-Wissenden ausgeht" (Keppler 1989, S. 541). Wenn diese 'Präliminarien' erledigt sind, findet die eigentliche Belehrung statt, bei der der Belehrende in der Regel sehr genau darauf zu achten hat, daß er nicht aufdringlich und nicht 'oberlehrerhaft' wirkt. Vor allem deshalb "erfolgt die Wissensvermittlung *schrittweise,* wobei der Belehrende auf eine *Rückkopplung* seiner Äußerungen an die Reaktionen des Zu-Belehrenden achtet" (Keppler 1989, S. 547) und gegebenenfalls die Belehrung auch 'vorzeitig' abbricht (z.B. wenn der Belehrte kundtut, daß er über das fragliche Wissen schon hinlänglich verfügt). Auch das 'reguläre' Ende einer Belehrung muß besonders markiert werden - entweder durch den Belehrenden (z.B. durch eine resümierende Floskel, durch Verlangsamung des Sprechtempos usw.) oder auch durch den Belehrten (z.B. durch eine Anwendung oder zusammenfassende Paraphrase des Gehörten).

Diese beiden Beispiele sollten das Erkenntnisinteresse und die generelle Fragerichtung der mithin eindeutig *sprechstrukturell* orientierten Gattungsanalyse lediglich illustrieren. Gattungsanalyse wird (zumindest vorläufig) anhand von aufgezeichneten und feintranskribierten Alltagsgesprächen in Familien betrieben. Nach einer 'euphorischen' Phase des Aufspürens, Beschreibens und 'Klassifizierens' von Gattungen der alltäglichen Kommunikation aufgrund eindeutiger, invarianter Strukturen des verbalen Verlaufs, scheinen insbesondere die auf den kommunikativen Gesamthaushalt von Gesellschaften gerichteten Inventarisierungshoffnungen und -ansprüche (vgl. dazu v.a. Luckmann 1986b, 1988b und 1989) zwischenzeitlich ein wenig 'gedämpft' zu sein. Das Interesse verschiebt sich gegenwärtig von der Registrierung von 'reinen' Grundbausteinen des Sprechens auf die Rekonstruktion von Mischformen sowie der vielfältigen Verflechtungen und Verschachtelungen von 'Gattungs'-Partikeln beim Miteinander-Reden - auch im Hinblick auf soziale Verteilungen und auch im Hinblick auf spezifische kommunikative Subsinnwelten.[69]

4.1.4 Rhetorikanalyse

Rhetorikanalyse ist eine sehr alte, weit über die sozialwissenschaftliche Tradition im engeren Sinne hinaus zurückreichende Form der Beschreibung struktureller Elemente des Sprechens (vgl. dazu z.B. Ueding/Steinbrink 1986). Trotzdem meine ich, daß diese Orientierung prinzipiell in der Palette einer umfassenden sozialwissenschaftlichen Hermeneutik im Sinne Soeffners anzusiedeln ist, auch wenn die spezifisch *soziologische* Wiederaufnahme bzw. Neuformulierung rhetorikanalytischer Problemstellungen noch nicht sehr avanciert ist. Vorarbeiten zu einer sozialwissenschaftlichen Rhetorikanalyse finden sich aber z.B. im Werk von Kenneth Burke (1950, vgl. auch 1989).

---

69 Damit, so mein Eindruck, dürfte sich die Anschlußfähigkeit der Gattungsanalyse an andere Richtungen der explorativ-interpretativen Sozialforschung als weitaus höher erweisen als dies bei der Konversationsanalyse (bislang) der Fall ist. Beeindruckende Beispiele für die gelungene Synthetisierung von solchen sprechstrukturellen mit thematisch-inhaltlichen ethnographischen Interessen hat m.E. bislang v.a. Hubert Knoblauch (vgl. z.B. 1985a, 1987, 1988, sowie 1989a, 1989b und 1991) vorgelegt.

Burke geht davon aus, daß ein Redner seine Absichten irgendwie mit dem Wissen, den Interessen, den Motiven und dem Stilempfinden seines Publikums abstimmen muß, um seine Intentionen erfolgreich zu vermitteln. Um eine kommunikative Handlung zu verstehen, muß seiner Meinung nach vor allem das Handlungssubjekt betrachtet werden, dann die Situation, in der es strategisch (inter-)agiert, und schließlich das Ziel, an dem es seine Strategien ausrichtet. Erfolgreich kommunizieren heißt nach Burke, die richtigen Dinge auf die richtige Art zu sagen. Was aber die richtigen Dinge sind, und was die richtige Art ist, sie zu sagen, hängt vom situativen Kontext ab. Kontext-unabhängig als Komponente erfolgreichen Redens hingegen ist die Einstellung bzw. Einstimmung des Sprechers auf den Hörer.

Direkte Verbindungen von der Rhetorik- zur Gattungsanalyse bestehen z.B. über die Beschreibung *argumentativer* Gesprächsstrukturen (vgl. Jacobs/ Jackson 1981, Kopperschmidt 1986, vgl. auch Riemann 1986). Am Anfang einer Argumentationsanalyse können wir vielleicht fragen: Geht es in der vorliegenden kommunikativen Situation eher darum, daß jemand (als Person) etwas sagt, oder geht es darum, *worüber* (zu welchem Thema) jemand etwas sagt? - Sind die Fragen, die an jemanden gestellt werden, kritisch bzw. provokativ, affirmativ oder neutral? - Antwortet bzw. redet jemand eher präzise oder schwammig, konkret oder abstrakt, einfach oder kompliziert, sicher oder unsicher, usw.? - Kommentiert jemand, illustriert jemand, stellt jemand in Frage, stellt jemand Vermutungen an, verallgemeinert bzw. verabsolutiert jemand, projeziert jemand, suggeriert jemand usw.? - Und vor allem: Wann und wie macht er das? - Versucht jemand a) zu überreden, b) zu verhandeln, c) zu verlautbaren, d) zu formulieren? - Wie und wann wertet jemand die eigene Position auf (bzw.: ist das, was er sprachlich aufwertet, stets die 'eigene' Position, und was heißt das dann) und gegnerische Positionen ab (bzw.: ist das, was er abwertet, stets die 'gegnerische' Position, und was heißt das dann) oder versucht, Dritte zu 'beschwichtigen'?[70]

Argumentation dient vor allem dazu, den Rezipienten zur Zustimmung zum oder zumindest zur Akzeptanz des Gesagten zu bewegen. Argumentation als kommunikative Gattung ist dadurch charakterisiert, daß Gesprächsteilnehmer (entweder einvernehmlich oder auch - zumindest zunächst einmal - einseitig einen Dissens feststellen, markieren (z.B. durch eine Verneinung,

---

70 Diese Figur entspricht der Triade von Legitimierung, Nihilierung und Therapie bei Berger/Luckmann (1969, S. 98ff).

einen Einwand oder die Infragestellung von Gesagtem, usw.) und 'ausgestalten' (z.B. durch Gegenbeispiele, durch Verweise auf Inkonsistenzen, durch das Ziehen anderer Schlußfolgerungen, usw.). Durch die Explikation immer neuer Dissensfeststellungen mit immer neuen thematischen Fokussierungen wird die argumentative Gesprächsstruktur sozusagen 'fortgesponnen': Man kommt 'vom Hundertsten ins Tausendste'. Und zuende sind argumentative Gespräche bzw. argumentative Passagen in Gesprächen eben dann, wenn auf ein vorgebrachtes Argument *kein* Widerspruch mehr formuliert wird (vgl. dazu Knoblauch 1989d). Im rhetorischen Sinne ist die Argumentation mithin ein bestimmter Umgang mit Inhalten von Gesprochenem und Geschriebenem, der sich z.B. von Beschreiben und Erzählen abgrenzen läßt. Wenn man argumentiert, dann versucht man, Schlüsse, die man gezogen hat oder auf die man sich beruft, zu bekräftigen. D.h., man versucht, eine 'problematische' Folgerung dadurch abzusichern bzw. einsichtig zu machen, daß man sie auf eine unstrittige Vorannahme (Prämisse) zurückführt bzw. von einer solchen ableitet.

Sozialwissenschaftliche Rhetorik-Analyse, illustriert hier am Beispiel der Argumentation, müßte m.E. also vor allem das Beziehungsgeflecht von Sprecher, Hörer (und Wider-Sprecher) und 'Botschaft' in seiner kommunikations-konstitutiven Bedeutung zu verstehen, müßte Kommunikationsprozesse als interaktive Wirklichkeitskonstruktionen zu erfassen suchen.[71] Zentrale Fragerichtungen wären wohl - neben der nach wichtigen in der Kommunikationssituation verwendeten Genres, insbesondere eben nach Argumentationsstrategien - die nach offensichtlichen und verdeckten Adressierungen, die nach Mitteln und Methoden der Selbst-Darstellung und deren wechselweiser Bestätigung, die nach sprachlichen Stilisierungstechniken und wohl auch die nach parasprachlichen bzw. außersprachlichen Inszenierungsmitteln. Rhetorikanalyse in den Sozialwissenschaften in diesem Sinne meint also ein noch wenig gebräuchliches, deskriptives Verfahren zur

---

71 Und das Spezifische an einer rhetorisch orientierten Analyse kommunikativer Situationen wäre demnach, daß sie von der Prämisse ausgeht, daß wer redet, letztlich und in einem weiten Sinne auch 'überreden' will, daß Kommunikation unter dem Aspekt des Aushandelns von Situationen zu betrachten ist (vgl. auch noch Donohue 1981, Burger Sink/Couch 1986). Ob dies eine generelle Bestimmung kommunikativer Prozesse zwischen Menschen überhaupt sein kann, oder ob Rhetorik nur einen speziellen Bereich kommunikativen Handelns betrifft, ist m.E. noch zu klären - und zwar dadurch, daß man sich mit rhetorikanalytischem Rüstzeug ausstattet und dann versucht, damit auch Kommunikationsvorgänge zu analysieren, die bislang als nicht-rhetorische gelten bzw. eben nicht auf ihren möglichen rhetorischen Gehalt hin analysiert werden.

Interpretation *absichtsvollen* Sprechens überhaupt (vgl. dazu auch Perelman 1980, Ray 1978). Während die geisteswissenschaftliche Rhetorikanalyse grundsätzlich beim Redner ansetzt und etwa fragt: 'Welches ist der Zweck der Rede, welches sind die Mittel, mit denen der Redner diesen Zweck zu erreichen versucht?', während sie also insbesondere Redesituation, Redeintention, Redeinszenierung, Sprachtechnik, Textaufbau, Sprachmittel und Textstil untersucht, müßte eine hermeneutisch begriffene sozialwissenschaftliche Rhetorikanalyse also wohl versuchen, den Forschungsstand von Narrations-, Konversations- und Gattungsanalyse *neben* dem Instrumentarium der klassischen Rhetorikanalyse zu berücksichtigen und damit, wie gesagt, so etwas wie eine rhetorische Interaktionsanalyse zu entwickeln.

4.2. Thematisch-inhaltlich interessierte Hermeneutiken

4.2.1 Objektive Hermeneutik

Die von Ulrich Oevermann u.a. (vgl. 1976, 1979, 1980 und 1983) entwickelte und von Oevermann selber (vgl. z.B. 1983a, 1983b, 1986, 1988, 1990 und 1991) 'ausgebaute' sogenannte Objektive Hermeneutik (gelegentlich auch als 'Strukturhermeneutik' etikettiert - vgl. z.B. Englisch 1991) basiert auf der Hypostasierung einer Differenz zweier Sinnebenen von Äußerungen bzw. symbolisierten Handlungen.[72] Die Ebene des subjektiv repräsentierten Sinns der Produzenten wird sozusagen als irrelevant abgegrenzt von der Ebene latenter Sinnstrukturen. Diese latenten Sinnstrukturen werden verstanden als eine Realität eigener Art, eine Realität - situativ und kontextuell möglicher - objektiver Bedeutungen, die unabhängig vom subjektiv repräsentierten Sinn der Handelnden rekonstruierbar sei (vgl. hierzu auch Bohnsack 1991, S. 66ff).

Im Sinne der Oevermann-Gruppe sind "latente Sinnstrukturen als nicht bewußte soziale Realität von Bedeutungsmöglichkeiten" (1979 S. 377) also nicht nur losgelöst von bewußter subjektiv-intentionaler Repräsentanz. Sie brauchen als solche - d.h. in ihrer durch den Beobachter aufweisbaren Systematik - nicht einmal auf irgendeiner nicht-bewußten Ebene psychisch

---

72 Zur Konzeption der Objektiven Hermeneutik vgl. bereits Matthes-Nagel 1982 sowie Reichertz 1986; vgl. auch Bude 1982, Garz/Kraimer 1983, Schneider 1985 und Reichertz 1991; vgl. außerdem die einschlägigen Sammelbände von Aufenanger/Lenssen 1986, Garz/Kraimer 1992.

repräsentiert zu sein, müssen also nicht auf innerpsychische Vorgänge rückführbar sein. Das Aufdecken latenter Sinnstrukturen eines Textes bedeutet deshalb, vereinfacht ausgedrückt: 1. Sammlung und Diskussion möglichst aller prinzipiell möglichen Lesearten einer Sequenz. 2. Aufzeigen der Sinnschicht, die vom Textproduzenten intentional realisiert worden ist. 3. Herausarbeiten der Differenz von subjektiv realisiertem und objektivem Sinn.

Der Begriff der Latenz, wie er bei Oevermann u.a. im Zusammenhang mit demjenigen der 'latenten Sinnstruktur' verwendet wird, bezeichnet mithin, kurz gesagt, den Unterschied zwischen den Lesearten eines Textes seitens eines Beobachters und seitens derjenigen, die diesen Text produziert haben. Anders als bei in irgendeinem Sinne *phänomenologisch* orientierten Interpretationen, die auf den typisch gemeinten subjektiven Sinn abzielen, wird in der objektiven Hermeneutik also gerade nicht das Subjekt als sinnkonstitutionsrelevant angesehen, sondern der latente Sinn wird als Resultat objektiver Bedeutungsstrukturen betrachtet, die eben nicht aus subjektiven Bewußtseinsleistungen resultieren, sondern diese 'erzeugen' (vgl. zur sozusagen 'immanenten' Kritik der Objektiven Hermeneutik v.a. Reichertz 1988a, aber auch Behrwind/Flader/Griep 1984).

4.2.2 Deutungsmusteranalyse

Ebenfalls auf Oevermann (1973) zurück geht die - zumindest im Hinblick auf die sogenannte 'Latenzprämisse' (vgl. Lüders 1991, S. 381) mit der Objektiven Hermeneutik korrespondierende, ansonsten aber auch für anderweitige Einflüsse 'offene' (vgl. z.B. Matthiesen 1992) - *Deutungsmusteranalyse*[73]: die hermeneutische Erschließung von impliziten Selbstverständlichkeiten der Weltwahrnehmung aus protokollierten Sprechsituationen. Die Grundfrage, die der Deutungsmusteranalytiker typischerweise an einen Text stellt, ist die nach der subjektiven Aneignung objektiver Schemata der Wirklichkeitsinterpretation und ihrer konstruktiven Funktion.

Als 'Deutungsmuster' werden in aller Regel stereotype Interpretationen der Wirklichkeit bezeichnet, die nicht nur von einem einzelnen Subjekt verwendet werden, sondern die in einer sozialen Gruppierung, einem Millieu,

---

73 Zur Orientierung über diesen Ansatz vgl. v.a. Lüders 1991; vgl. auch Neuendorff/Sabel 1978, Thomssen 1980, Arnold 1983, Dewe/Ferchhoff 1984, Wiedemann 1985.

einer Teilkultur gebräuchlich, selbstverständlich sind.[74] Deutungsmuster
wachsen dem Einzelnen über seine biographischen Erfahrungen gleichsam zu,
werden von ihm in Sozialisationsprozessen sozusagen fraglos und mehr oder
weniger unbemerkt, eingeübt. Andererseits bilden Deutungsmuster immer
schon so etwas wie die 'Linsen', durch die hindurch Wirklichkeit gesehen
und biographische Erfahrung erst ermöglicht wird. Deutungsmuster sind also
in bestimmten sozialen Kontexten 'gültige' Gewißheiten darüber, wie die
Welt und das Leben, die Natur und die Gesellschaft zu sehen, was richtig
und falsch, gut und böse, 'oben und unten' ist, und folgerichtig wann und wie
und unter Berücksichtigung wovon wer was zu tun bzw. zu lassen hat.
Deutungsmuster entlasten den einzelnen Menschen von der Notwendigkeit der
'Dauerreflexion', sie ersparen ihm, unentwegt über alles, was ihm widerfährt, nachsinnen zu müssen; sie bilden die Grundlage dafür, daß er im
Alltag Vieles einfach hochroutinisiert erledigen kann. Deutungsmuster stellen
also ein Orientierungs- und Legitimationspotential von Alltagswissen in Form
grundlegender, latenter Situations- und Selbstdefinitionen bereit.

Die Problematik des Deutungsmusteransatzes liegt m.E. in der Frage, ob
die Erfahrung von Wirklichkeit das individuelle Bewußtsein - sozusagen
direkt - prägt, oder ob die Wirklichkeit sich dem einzelnen Bewußtsein
überhaupt erst über die Deutungsmuster erschließt, ob Wirklichkeit in
Deutungsmustern symbolisch vermittelt wird. Neuendorff/Sabel (1978) etwa
gehen von einer 'relativen Autonomie der Deutungsmuster' gegenüber dem
praktischen Erleben aus, konstatieren also ein erkenntnistheoretisches Primat
von (wie auch immer) tradierten Vor-Urteilen gegenüber individuellem Sinn-
Basteln. Deutungsmuster sind demnach als von der subjektiven Wirklichkeitserfahrung relativ unabhängig konstruierte Alltagswissensbestände zu
verstehen, die sozusagen die *Folie* bzw. den fraglosen 'Rahmen' dieser
subjektiven Wirklichkeitserfahrung bilden. Deutungsmuster sind zu als relativ
konsistent empfundenen Argumentationszusammenhängen verknüpft und in
übergeordnete Erfahrungsschemata eingebettet; sie sind intersubjektiv
konstituiert und dienen der subjektiven Handlungsorientierung und Hand-
lungsinterpretation. Deutungsmuster haben also nach Auffassung einschlägiger
Analytiker, normativen Charakter: sie definieren Situationen (vgl. z.B.
Thomssen 1980).

---

74 Exemplarisch hierfür sind vor allem die Arbeiten der Dortmunder Forschungsgruppe um
Hartmut Neuendorff und Ulf Matthiesen (vgl. z.B. Härtel/Matthiesen/Neuendorff 1985 und
1986, Becker/Böcker/Matthiesen/Neuendorff/Rüssler 1987, Becker/Matthiesen/Neuendorff
1988, Matthiesen 1989, Neuendorff 1991).

Nochmals: Die Deutungsmusteranalyse - und darin entspricht sie eben weitgehend dem Programm der Objektiven Hermeneutik - erfaßt ihrem Anspruch nach nicht vor allem jene Bestände des Alltagswissens, über die das Subjekt explizit verfügt, sondern insbesondere die als im Text latent vorhanden hypostasierten 'objektiven' Bedingungen, die menschliches Handeln und Wissen mitkonstituieren, ohne daß das Subjekt sich dessen bewußt wäre. Die Deutungsmusteranalyse zielt also wesentlich darauf ab, sozusagen unter der Bewußtseinsoberfläche liegende Sinnstrukturen und Handlungsregeln der Akteure aufzuzeigen. Diese Deutungsmuster, darauf hat eben Christian Lüders (1991) nachdrücklich hingewiesen, sind aber Konstrukte der Analytiker, nicht etwa 'unbewußt' wirkende Sinnstrukturen in den Köpfen der handelnden Subjekte.[75]

4.2.3 Ethnographische Semantikanalyse

Gewisse, bislang kaum beachtete Konvergenzen scheint es mir zwischen der Deutungsmusteranalyse und einem aus der sogenannten 'Cognitive Anthropology' (vgl. Goodenough 1970, Frake 1962 und 1973) heraus entwickelten pragmatischen Ansatz zu geben, den ich hier als 'Ethnographische Semantikanalyse' bezeichnen möchte. Bei den - insbesondere von James P. Spradley (vgl. 1970, 1979, 1980, sowie Spradley/McCurdy 1972) vorangetriebenen - Forschung zur ethnographischen Semantik geht es, ebenso wie in der Deutungsmusteranalyse, nicht um die subjektiven Erfahrungen von Kulturmitgliedern, sondern um die Elemente und die Gesamtheit kulturell je gültiger, für die Mitglieder (mehr oder weniger) verbindlicher *sozialer* Wissensvorräte, von denen das Wissen der einzelnen Beteiligten abgeleitet ist. Der gewichtige Unterschied zwischen Deutungsmusteranalyse und Ethnographischer Semantikanalyse besteht allerdings darin, daß letztere *nicht* Latenzen hypostasiert, sondern über das, was Kulturmitglieder als ihr (einschlägiges) Wissen *explizieren,* die gemeinsamen Wissensvorräte rekonstruieren und zu einem - dezidiert *wissenschaftlichen* Kriterien genügenden - 'Deutungsmuster' zusammenfügen. Das impliziert nun nicht etwa, daß Spradley alles Wissen,

---

75 Hier zeigen sich m.E. deutliche Korrespondenzen zu Bohnsacks 'dokumentarischer Textinterpretation', bei der "das Sinnmuster nicht mehr mit jenem von dem oder den Produzenten intendierten Sinngehalt identisch ist, damit aber lediglich vom 'Rezeptiven' her erfaßt, vom Rezeptiven her konstruiert wird und somit in besonderer Weise von der Perspektive, vom 'Standort des Interpreten' abhängig ist." (Bohnsack 1991, S. 47).

das man braucht, um sich in einem kulturellen Kontext 'kompetent' zu bewegen, als bei jedem Mitglied jederzeit präsent betrachten würde. Die Strategie des von ihm präferierten 'ethnographischen Interviews' (vgl. v.a. Spradley 1979) ist deshalb auch darauf angelegt, "tacit knowledge", also eben nicht-präsentes Wissen zu aktualisieren bzw. 'einzukreisen'.

Die Ethnographische Semantikanalyse ist mithin die methodische Suche nach den heterogenen und verstreuten Teilen einer Kultur, die systematische Rekonstruktion der Beziehungen zwischen diesen Teilen und die theoretische Vervollständigung dieser Beziehungen zu einem Kulturganzen. Spradley schlägt dazu die folgenden Analyseschritte vor: 1. *Domänen-Analyse* (Deren Ziel ist es, die 'fundamentalen Einheiten kulturellen Wissens' zu sondieren, also die Themenkomplexe zu spezifizieren, nach denen *die Kulturmitglieder* ihr Wissen aufteilen und strukturieren. Jede solche Domäne wird charakterisiert durch einen Oberbegriff, durch diesem zugeordnete Termini und durch eine semantische Relation, die die Zuordnung verdeutlicht). 2. *Taxonomische Analyse* (Dabei werden die im ersten Schritt gesammelten Begriffe tabellarisch entsprechend ihren semantischen Beziehungen geordnet. Damit ist, laut Spradley, sozusagen die Oberflächenstruktur einer Kultur erfasst). 3. *Komponentenanalyse* (Diese zielt darauf ab, die Differenzen zwischen den Begriffen und zwischen den semantischen Bereichen zu explizieren. Dadurch gelingt es, so Spradley, analytisch zur Tiefenstruktur einer Kultur vorzustoßen). 4. *Kulturelle Themen* (Damit meint Spradley - in Anlehnung an den Ethnologen Morris Edward Opler - kognitive Prinzipien, die implizit oder explizit in einer Anzahl von Domänen enthalten sind und gewöhnlich den Charakter von 'Gewißheiten' haben. Kulturelle Themen repräsentieren demnach, das, was Menschen glauben, für wahr halten und als gültig akzeptieren - womit die Analogien zu Deutungsmustern wohl unübersehbar werden).

Sehr detaillierte verfahrenstechnische Anweisungen zur Ethnographischen Semantikanalyse geben neuerdings Weller/Romney (1988). Im technischen Sinne wörtlich genommen erweist sich der Ansatz aber als typische 'qualitative Inhaltsanalyse', und nicht als hermeneutisches Procedere, da z.B. sequentielle Sinnzusammenhänge hier erst einmal methodisch destruiert werden, ehe sie nach anderen Gesichtspunkten wieder neu montiert werden. Ich denke, daß die Ethnographische Semantikanalyse, wenn sie derart 'ausgefeilt' wird, den interpretativen Umgang mit dem Material eher hemmen als befördern dürfte. Spradley selber hat im Zweifelsfall aber thematisch-inhaltliche Interessen höher angesetzt als Verfahrensaspekte (vgl. dazu Spradley 1970, sowie die studentischen Arbeiten in Spradley/McCurdy 1972) und sehr wohl auch mit 'unsystematischen' Deutungen gearbeitet. Ethnographische Semantikanalyse ist deshalb eher als ein für bestimmte thematische Gliederungsmöglichkeiten sensibilisierendes Orientierungskonzept bei Fallrekonstruktionen zu verstehen, denn als ein eigenständiger Ansatz im Rahmen Sozialwissenschaftlicher Hermeneutik.[76] Und nur unter diesem Aspekt habe ich die Ethnographische Semantikanalyse, die normalerweise nicht zum Verfahrenskanon der Sozialwissenschaftlichen Hermeneutik gerechnet wird, hier im Übergang zur Rekonstruktiven Hermeneutik eingefügt.

4.2.4 *(Historisch-) Rekonstruktive Hermeneutik*

Vor dem Hintergrund der bisher skizzierten Interpretationsverfahren meine ich, daß *meinen* Frageinteressen und Forschungsabsichten in der Regel eine *pragmatische* Variante der historisch-rekonstruktiven Hermeneutik am besten entspricht, wie sie vor allem von Hans-Georg Soeffner entwickelt worden ist.[77] Diese Version der Hermeneutik, wie alle Hermeneutik nicht als Methode, sondern als 'Kunstlehre' zu verstehen[78], beruht auf der Prämisse, daß Menschen versuchen, ihrem Handeln einen einheitlichen Sinn zu geben, weil sie grundsätzlich bestrebt sind, mit sich selber eins zu sein, weil sie *ihre* Sichtweisen als Teil ihrer selbst betrachten. Diese Sinn-'Stiftung' ist zu rekonstruieren. Daß dem Interpreten auch dabei natürlich allenfalls die Annäherung an den *typischen* subjektiven Sinn eines anderen Menschen (besser vielleicht noch: einer *typischen* Individualität - vgl. dazu auch Soeffner 1983b und 1988b) gelingt, ist evident: Zugänglich ist, wie schon

---

76 In diesem Sinne der Identifizierung von kulturtypisch relevanten thematischen Wissensbereichen sowie deren je innerer Struktur und übergreifender Ordnung rekurriere ich (z.B. bei den Interviewinterpretationen weiter unten) auch selber auf die Grundideen der Ethnographischen Semantikanalyse.

77 Zum Prospekt (historisch-) Rekonstruktiver Hermeneutik vgl. Soeffner 1989 und 1992. Im dezidierten Rekurs auf das Soeffnersche Konzept arbeiten derzeit - allerdings mit untereinander jeweils auch erkenntnistheoretisch divergenten Interessen - v.a. wohl Jo Reichertz (vgl. z.B. 1988b, 1989 und 1990), Norbert Schröer (vgl. 1992), Andreas Voß (vgl. 1992) und Thomas Lau (vgl. 1991) in Hagen sowie Ronald Hitzler in München (vgl. z.B. 1988a, 1991b und 1991c) und Achim Brosziewski (vgl. 1989) in St. Gallen.

78 D.h.: Hermeneutische Operationen sind eher reflektierte Formen unserer alltäglichen Interpretationskompetenz als kanonisierte bzw. kanonisierbare sozialwissenschaftliche Methoden.

mehrfach angemerkt, grundsätzlich *nicht* dessen Bewußtsein; erfaßbar und damit interpretierbar sind lediglich seine intersubjektiv wahrnehmbaren - gewollten wie ungewollten, bewußten wie nichtbewußten - (Ent-)Äußerungen.[79]

Bei der sozialwissenschaftlichen, d.h. theoretisch reflektiert auf 'Typisches' abzielenden Interpretation tritt deshalb an die Stelle von Empathie für subjektive Intentionen die Perspektivenneutralität, in der es 'nur' um die Rekonstruktion 'objektiver' sprachlicher Bedeutungen geht. Durch diese - methodisch eingesetzte - Perspektivenneutralität ergibt sich eine "Differenz zwischen der objektiven Sinnstruktur eines Textes und der in diesem Text aufscheinenden und sich dem Interpreten aufdrängenden subjektiven Intentionalität" (Soeffner 1989, S. 70). Dieser Differenz wird dadurch Rechnung getragen, daß der egologisch-monothetischen Perspektive des rekonstruktionsrelevanten Textproduzenten 'objektiv mögliche' Textbedeutungen gegenübergestellt werden, um die getroffenen Handlungswahlen auf ihren 'latenten' Sinn hin zu untersuchen.

Wichtige 'Hilfsmittel' der Annäherung an den Handlungsentwurf eines anderen Menschen sind dessen Objektivationen (vgl. dazu z.B. Soeffner 1990). Um diese ihrem typischen Sinngehalt nach verstehen zu können, müssen sie dem Interpreten zunächst einmal relevant genug erscheinen, daß er sich ihnen überhaupt (mit welchen pragmatischen Interessen auch immer) zuwendet. (Hermeneutisch gesprochen: Man muß seine so ungefähr zwischen lebenspraktischen Vordringlichkeiten und 'freigesetzten' kognitiven 'Spielereien' angesiedelten situativen Relevanzen klären). Der Interpret strebt dann ('sicheres') Wissen über das sich (ent-)äußernde andere Individuum an. (Hermeneutisch gesprochen: Man muß seine Vor-Urteile über den anderen Menschen reflektierend in die Deutung miteinbeziehen. Und das kann u.U. auch bedeuten, daß man im Hinblick auf bestimmte Fragestellungen versucht, sie möglichst vollständig auszuklammern). Und der Interpret muß eruieren, was die infrage stehenden Objektivationen im Hinblick auf kulturell bereit-

---

79 Am Anfang der Geschichte des Verstehens in der Soziologie steht ja bekanntlich Max Weber, der eben, und das war und ist für die weitere Entwicklung ungemein wichtig, keinerlei 'intuitive' Verstehensleistungen gefordert hat, sondern typische Rekonstruktionen vermittels rationaler Urteilsvollziehung (vgl. Schütz 1974, S. 275). 'Verstehen' heißt, so Weber (1968, S. 285), "deutende Erfassung: a) des im Einzelfall real gemeinten (...) oder b) des durchschnittlich und annäherungsweise gemeinten (...) oder c) des für den reinen Typus (Idealtypus) einer häufigen Erscheinung wissenschaftlich zu konstruierenden ('idealtypischen') Sinnes oder Sinnzusammenhangs."

stehende 'Optionen' bedeuten bzw. bedeuten können. (Hermeneutisch gesprochen: Man muß den sozio-kulturellen Zusammenhang, auf den der sich (Ent-)Äußernde bezieht, erkennen können und hinreichend - was immer das heißt - kennen, und man muß die Differenzen zwischen diesem und seinem eigenen kulturellen Kontext reflektieren und bei seinen Deutungen mitberücksichtigen).

Unter Beachtung solcher apriorischer Verfahrensregeln kann dann die eigentliche hermeneutische Operation der Rekonstruktion eines Textsinnes beginnen. Dabei sieht das Verfahren der pragmatischen Hermeneutik zur Fallrekonstruktion prinzipiell *drei Analyseebenen* vor (vgl. dazu auch bereits Soeffner 1980): Auf Ebene I erfolgt eine interpretierende Übernahme der idealisierten Perspektive eines Handelnden durch den Interpreten in der Absicht, den egologisch-monothetischen Sinn einer Textsequenz, die bei der Lektüre des Gesamttextes 'irgendwie' in Erinnerung geblieben ist, aus dieser Perspektive zu rekonstruieren. Auf der Ebene II wird versucht, eine interaktionsadäquate Perspektive zu gewinnen; d.h., es geht darum, Brüche und Inkonsistenzen der egologisch-monothetischen Sinnstruktur aufzusuchen, die interpretative Nachfragen provozieren. Auf der Ebene III schließlich geht es um 'Sinnschließung', also darum, sozusagen die herausgelösten Elemente von Ebene I und II wieder zusammenzufügen zu einer sinnkonsistenten Einheit. Herausgearbeitet wird dabei eine Situations- und Interaktionstypisierung, die - jedenfalls der Idee des Interpreten zufolge - den *Realisationen,* nicht aber unbedingt den *Intentionen* des Sprecher adäquat ist. Am 'Ende' der Rekonstruktionsarbeit[80] "steht ein strukturanalytisch verdichteter 'Handlungstypus', an dem 'idealtypisch' die wesentlichen Elemente des Handlungsablaufes abgelesen werden können. Dabei wird die Ablaufstruktur rekonstruktiv so dargestellt, daß sie die Handlungslogik und Sinnstruktur des jeweiligen Handlungstypus erkennbar widerspiegelt" (Soeffner 1989, S. 219).

Fazit: Im Hinblick nun auf die - vor allem forschungs*praktisch* realisierte - vielfache wechselseitige Durchdringung und 'Befruchtung' der verschiedenen hier skizzierten Interpretationsverfahren untereinander ebenso wie mit

---

80 Daß ein solcher Auslegungsprozeß prinzipiell natürlich 'unendlich' ist, daß man also eben 'irgendwann' aus irgendwelchen (pragmatischen) Gründen die Interpretation beendet, ohne sie je tatsächlich abgeschlossen zu haben, darf wohl als hinlänglich bekannt gelten.

anderen 'verstehenden Ansätzen'[81] kann man wohl tatsächlich mit einiger
Berechtigung von *einer* Sozialwissenschaftlichen Hermeneutik sprechen. Und
hier innerhalb eines gegebenen Forschungsprogramms etwas deutlicher für
eines der vorgestellten Analyse-Konzept zu votieren, bedeutet keineswegs, die
anderen prinzipiell zurückzuweisen bzw. auch nur zu übersehen. Nicht nur
müssen etwa bei der Verfolgung sprechstruktureller Forschungsinteressen
ebenso selbstverständlich wie zwangsläufig auch thematisch-inhaltliche
Klärungen des je vorliegenden Textes vorgenommen werden (weil man an
einem Text, den man thematisch-inhaltlich nicht versteht, naheliegenderweise
auch (fast) keine Strukturen erkennen kann), sondern umgekehrt auch
sensibilisiert z.B. die Aufdeckung von (Sprech-)Strukturen für mancherlei
'verborgenere' thematisch-inhaltliche Implikationen eines Textes. Und mittels
all solcher vielfältiger interpretativer 'Operationen', also über die unsere
kleinen und großen Vor-Urteile mitbedenkende Rekonstruktion möglichst
vieler empirisch erschließ- und material dokumentierbarer Erscheinungsweisen eines Phänomens, sollen, und dieses Interesse umfasst *alle* Sozialwissenschaftliche Hermeneutik, nun also dessen *typische* (strukturelle und/oder
inhaltliche) Qualitäten 'extrahiert' und *verstanden* werden.[82]

4.3 Exkurs: Der Typus in Alltag und Wissenschaft

Nun beschränkt sich aber, genauer betrachtet, die Auslegung auf *Typisches*
hin keineswegs auf derlei *artifizielle* Interpretationsverfahren. Auch das ganz
alltägliche Verstehen "bedient sich 'im Normalfall' einer Typik. Typische

---

81 Zu nennen sind hier z.B. die verschiedentlich erwähnte 'dokumentarische Methode' (vgl.
v.a. Bohnsack 1983 und 1991), die 'Idealtypen-Rekonstruktion' (vgl. z.B. Gerhardt 1986a,
1986b und 1991), sowie die 'geschichtenhermeneutische Methode' (vgl. Vonderach 1986
und 1989, Vonderach/Siebers/ Barr 1990). - Zu anderen, v.a. auch 'tiefenpsychologisch'
ambitionierten Hermeneutiken vgl. im Überblick Müller-Doohm (1990); zur 'Begegnung'
zwischen den heterogenen Fraktionen der "oft in abgelegene Einzelheiten vertieften
Beschreiber, Versteher und Deuter" (S. 808) beim Oldenburger Sommersymposium 1990
vgl. Koenen (1990a), der sich im Übrigen ja auch darum bemüht, Anschlußchancen
zwischen der Sozialwissenschaftlichen Hermeneutik und der sogenannten 'Neuen Frankfurter
Schule' aufzuzeigen (vgl. z.B. Koenen 1990b).

82 So gesehen ist Sozialwissenschaftliche Hermeneutik also tatsächlich, in Anlehnung an Schütz
(1974), ein im wesentlichen *typologisches* Unternehmen, d.h., sie ist weder *nur* nomo-
thetisch (d.h., auf gesetzmäßige Regelmäßigkeiten abzielend) noch *nur* idiographisch (d.h.,
auf möglichst detaillierte Beschreibung abzielend) orientiert.

Verläufe ... verweisen auf typische allgemeine oder individuelle Motive"
(Knoblauch 1985b, S. 38). Allgemeiner ausgedrückt: Wir alle typisieren
ständig, kommen garnicht umhin, unentwegt zu typisieren. Denn 'Typisieren'
heißt zunächst einmal nichts anderes als: Phänomene eben *nicht* im Hinblick
auf ihre Einzigartigkeit wahrzunehmen, sondern im Hinblick auf pragmatisch
relevante 'Ähnlichkeiten'.[83] Wenn wir also verschiedene Phänomene im
Hinblick auf bestimmte gemeinsame Merkmale bzw. bestimmte gemeinsame
Merkmalskombinationen anschauen, dann typisieren wir bereits. Wir
typisieren in diesem Sinne *Handlungsabläufe* (d.h., wir sehen davon ab, was
sich 'en detail' konkret ereignet, und 'idealisieren' das, was wir wahrnehmen,
als intendiert, ohne die tatsächlichen 'Intentionen' des Handelnden zu
berücksichtigen), *Personen* (d.h., wir sehen davon ab, was ein Mensch 'en
detail' tut, und 'idealisieren' eine 'dahinter' vermutete bzw. unterstellte,
generellere Motivlage), *nicht-motivierte Ereignisse und Zustände* (d.h., wir
sehen davon ab, was konkret geschieht bzw. der Fall ist, und 'idealisieren'
das, was wir wahrnehmen, als von keiner Person intendiert) und auch *nicht-
personale Phänomene* (d.h., wir sehen sowohl davon ab, was sich konkret
ereignet, als auch davon, diesen Phänomenen eigene Motivlagen (d.h. 'Per-
sönlichkeit') zu unterstellen.

Derlei Typisierungen sind, wie gesagt, ganz alltägliche, uns allen
hochgradig vertraute, vielfach völlig routinisierte Vorgänge. Manche dieser
Typisierungen bewähren sich hier und scheitern da, andere scheitern hier und
bewähren sich dort. Manche bewähren sich vielfältig, andere scheitern (fast)
ständig. Gleichwohl gibt es nicht *per se* bessere oder schlechtere Typisierungen. Typen, als (heuristische) Resultate von Typisierungen, reduzieren die
Komplexität konkreter Phänomene nämlich immer *im Hinblick auf bestimmte
Relevanzen*. Sie sind notwendige Mittel des pragmatischen Umgangs mit der
Welt. Selbst dann, wenn ein Typus pragmatisch *nicht* greift, wird in aller
Regel nicht etwa die Frage relevant, wie das Phänomen 'wirklich' beschaffen
sei (obwohl wir sie im Alltag oft *so* stellen), sondern relevant wird, genau
genommen, üblicherweise die Frage, wie das Phänomen nun eben *anders*
('besser') zu typisieren ist, damit das gegebene pragmatische Problem gelöst
werden kann: "Ein Typ *entsteht* in einer situationsadäquaten Lösung einer
problematischen Situation durch die Neubestimmung einer Erfahrung, die mit
Hilfe des schon vorhandenen Wissensvorrats, das heißt also hier mit Hilfe

---

83 Mit 'pragmatisch relevant' meine ich hier: bezogen auf eine durch bestimmte Interessen
   definierte Situation.

einer 'alten' Bestimmungsrelation, nicht bewältigt werden konnte." (Schütz/ Luckmann 1979, S. 279).

"Der Typ ist ... ein Bestimmungszusammenhang, in dem irrelevante Bestimmungsmöglichkeiten konkreter Erfahrungen *unterdrückt* werden" (Schütz/Luckmann 1979, S. 286). D.h.: Man nimmt ein bestimmtes Phänomen wahr und bringt in dieses aufgrund pragmatischer Gesichtspunkte eine Ordnung (Typenbildung). Diese Ordnung (Typus) wird dann heuristisch (d.h.: bis relevante Probleme auftauchen) auf andere Phänomene übertragen (und dabei ständig erhärtet bzw. modifiziert), und zwar hinsichtlich der Frage, inwieweit sie dem ersten 'typisch' ähneln. Man kann aber auch sagen: Ähnliche Phänomene sind Besonderungen ihres Typus, "der ihre Gemeinsamkeiten in vollkommener Form repräsentiert." (Zerssen 1973, S. 40). Ähnlichkeit ist also eine *graduelle* Bestimmung: Ein Phänomen kann einem anderen (eben auch: einem Typus) mehr oder weniger ähnlich sein (wie gesagt: unter diesen oder jenen Gesichtspunkten, in dieser oder jener Hinsicht). Der Typus ist mithin weniger ein 'Maßstab' sondern eher eine 'Vorlage', auf die sich konkrete Phänomene beziehen lassen. D.h., wir konstruieren, je nachdem, wie unser aktuelles pragmatisches Problem 'geschnitten' ist, z.B. Typen mit hohem Allgemeinheitsanspruch oder mit starkem Besonderungsinteresse, eher zeitgebundene oder eher zeitunabhängige, eher universale oder eher lokale Typen.

Im Prinzip geschieht nun bei der *wissenschaftlichen* Typenbildung auch nichts anderes. Auch wissenschaftlich konstruierte Typen sind je pragmatische Reduktionen vielfältiger Phänomene auf ihnen allen gemeinsame Merkmale: "Solange sie bei der Bewältigung einer Aufgabe hilfreich sind, werden sie in Kraft belassen; ist die Hilfeleistung eingeschränkt, dann müssen Differenzierungen vorgenommen werden; erweisen sie sich als nutzlos, werden sie verworfen - bis auf weiteres" (Reichertz 1990, S. 25). Allerdings geht es bei der wissenschaftlichen Typenbildung um die möglichst klar definierte, abstrahierte und geordnete *Systematisierung* "einer Mannigfaltigkeit merkmalsreicher Gegenstände unter dem Aspekt ihrer Ähnlichkeit" (Zerssen 1973, S. 40; vgl. auch McKinney 1966), denn Typenbildung fungiert in den Wissenschaften (vor allem) als eine Art 'Bindeglied' zwischen Theorie[84] und Empirie: Sie 'übersetzt' einerseits komplexe theoretische

---

84 Sie ist zumindest dann keine Theorie, wenn man Theorie im Sinne der "Gesamtheit der logisch untereinander verbundenen nomologischen Hypothesen, die zur Erklärung und Voraussage des Verhaltens der Phänomene (eines Objektbereichs) herangezogen werden

Interessen in (falsifikatorische) Fragestellungen an empirische Daten, und sie trägt andererseits dazu bei, empirische Einsichten (vergleichend) zu theoretischen Erkenntnissen zu verdichten.[85] D.h., wissenschaftlich konstruierte Typen können als heuristische Hilfsmittel zur theoriegeleiteten Interpretation singulärer, konkreter Phänomene eingesetzt werden.

Genauer gesagt: Wenn man ein Phänomen im Hinblick auf bestimmte Merkmale bzw. bestimmte Merkmalskombinationen angeschaut hat und dann *keine* pragmatisch hinlängliche Übereinstimmung mit einem bereits vorhandenen Typus bzw. Begriff feststellt, dann *typisiert* man (im engeren Sinne). D.h., dann muß man das infrage stehende Merkmal bzw. die infrage stehende Merkmalskombination *neu* typisieren bzw. begrifflich neu fassen.[86] Wenn man ein Phänomen im Hinblick auf bestimmte Merkmale bzw. bestimmte Merkmalskombinationen angeschaut hat und dann eine pragmatisch hinlängliche Übereinstimmung mit anderen Phänomenen feststellt, die bereits einem Typus bzw. in aller Regel einem *Begriff* untergeordnet sind, dann *klassifiziert* man. D.h., dann kann man auch das neue Phänomen diesem Typus bzw.

---

müssen" (Albert 1967, S. 52) versteht.

85 In der einschlägigen Literatur (vgl., neben McKinney 1966 und Zerssen 1973, z.B. Gerken 1964, Kempski 1964, Schweitzer 1964 und Ziegler 1973) findet sich eine Vielzahl von Vorschlägen zur *wissenschaftlichen* Typenbildung. Bekannt ist etwa die *Klassentypologie* mit ihrer Unterscheidung von *Durchschnittstypus* (bei dem charakteristische Gemeinsamkeiten betont werden) und *komparativem Typus* (bei dem unipolare, bipolare oder multipolare Unterscheidungsmerkmale betont werden). Häufig verwendet werden aber auch *Syndromtypologien* (bei denen die korrelativen Zusammenhänge zwischen allen typenspezifischen Merkmalen betont werden), innerhalb derer zwischen *Häufungstypus* (bei dem die Häufung phänomenaler Ähnlichkeiten betont wird) und *Grenzwerttypus bzw. Extremtypus* (bei dem Merkmals-Differenzen betont werden) differenziert wird. Relativ *zueinander* werden der *Totaltypus* und der *Partialtypus* bestimmt (d.h., man kann Totaltypen in Partialtypen zerlegen, und man kann Partialtypen in Totaltypen zusammenfassen), ebenso der *Obertypus* (der das relativ Allgemeine repräsentiert) und der *Untertypus* (der das relativ Besondere repräsentiert). Gebräuchlich ist schließlich auch die Verwendung von *Mischtypus* bzw. *Kombinationstypus* (bei dem es um Anteile verschiedener 'reiner' Typen geht) und des *Prototypus* (der eine nahezu ideale Übereinstimmung von konkretem Phänomen und Typus repräsentiert).

86 Reichertz (1991b) spricht hier - im Anschluß an Charles S. Peirce - von 'Abduktion' (vgl. auch Reichertz 1990).

Begriff unterordnen.[87] Wenn man ein Phänomen im Hinblick auf das Vorhandensein bestimmter Merkmale bzw. bestimmter Merkmalskombinationen anschaut, die bereits typisiert bzw. begrifflich konventionalisiert sind, dann erfasst man dieses Phänomen in Bezug auf ein vorgängiges Ordnungsprinzip, dann *kategorisiert* man.[88] Dabei dehnt man die Reichweite des vorgängigen Ordnungsprinzips aus, man trägt zur Generalisierung bei.[89]

Prinzipiell kann man wissenschaftliche Typen 'theoretisch' bzw. aus allgemeineren, empirisch hinlänglich erprobten Typen sozusagen gedankenexperimentell, oder aus den (aufgrund eines theoretischen Erkenntnisinteresses aufgefundenen) Besonderheiten des vorliegenden Materials bzw. der vorliegenden Daten konstruieren. Der so oder so gewonnene Typus eliminiert singuläre Besonderheiten und repräsentiert stattdessen eine 'objektiv wahrscheinliche' Eigenschaft, ein 'objektiv wahrscheinliches' Ereignis, einen 'objektiv wahrscheinlichen' Verlauf. Das heißt nichts anderes, als daß der wissenschaftlich konstruierte Typus *begrifflich* so formuliert sein sollte, daß er die im Hinblick auf ein bestimmtes Erkenntnisinteresse auch tatsächlich relevanten Merkmale möglichst 'rein' erfasst, und daß diese Merkmale mit einem gewissen Maß an Wahrscheinlichkeit nicht nur einem einzelnen Phänomen eignen. Er dient damit als eine Art Matrix, auf die konkrete Phänomene bezogen werden können. Vielfältige konkrete Phänomene werden so - im Hinblick auf ein bestimmtes Erkenntnisinteresse - erst *vergleichbar*.

---

87 Reichertz (1990) spricht hier von einer 'qualitativen Induktion'. - *Klassifizierungen* basieren hinsichtlich ihrer Konstruktionslogik auf den Prinzipien der Typenbildung. Ansonsten aber unterscheidet sich der Vorgang der *Klassifizierung* von der Typenbildung dadurch, daß er innerhalb eines (zumindest heuristisch) geschlossenen Verweisungssystems erfolgt. Klassifizierungen oder Klassifikationen unterteilen ein Ganzes *vollständig* in Teile, und sie fassen Teile *vollständig* zusammen (ein Phänomen gehört entweder zu einer Klasse, oder es gehört eben nicht zu einer Klasse). Typenbildungen hingegen müssen nicht notwendigerweise ein geschlossenes Ganzes ergeben.

88 D.h., wenn das Interesse, ein Phänomen in seiner Besonderheit zu erfassen, abgelöst wird bzw. worden ist durch das Interesse, ein Muster, ein Schema, eine Ordnung anzuwenden, dann ist die Typisierung zu einer *Kategorisierung* geworden. - Reichertz (1990) spricht hier von 'Deduktion'.

89 Hinsichtlich ihrer Konstruktionslogik basieren Generalisierungen natürlich auf den Prinzipien der Typenbildung. Aber eine Typisierung ist eben nicht *notwendigerweise* eine Generalisierung. Wenn man etwas generalisiert, behauptet man damit nämlich, daß ein Merkmal bzw. eine Merkmalskombination 'im allgemeinen' auftritt. Wenn man hingegen typisiert, behauptet man zunächst einmal nur, daß das Auftreten eines Merkmals bzw. einer Merkmalskombination einen Fall 'typisch' kennzeichnet.

114

Diese Matrix erlaubt aber auch die Bildung von Hypothesen über Variationen konkreter Phänomene in Bezug auf den Typus. Kategorial eingesetzt kann der Typus natürlich auch zur anfänglichen Datenselektion benutzt werden. Zu betonen ist aber (immer wieder), daß der Typus nichts über die *Häufigkeit* des Auftretens eines Merkmals bzw. einer Merkmalskombination aussagt (vgl. dazu auch Bude 1985b). Und er sagt auch nichts aus über das *Maß* der Abweichung konkreter Phänomene voneinander und vom Typus selber (als ihrer gemeinsamen Matrix).[90]

Der *sozial*wissenschaftliche Typus nun ist zunächst einmal notwendig ein versprachlichter, ja, ich würde sagen: ein *vertexteter* Typus (vgl. Gross 1981), eine als Konzept formulierte, gedankliche "Konstruktion zweiten Grades" (Schütz 1971, S. 7), denn die Besonderheit sozialwissenschaftlicher (im Gegensatz zu *natur*wissenschaftlichen) Typen besteht darin, daß sie auf eine ihnen inhärente, vorgängige *Intentionalität* verweisen[91]. Diese Sekundärkonstruktion muß deshalb den Kriterien logischer Konsistenz und thematischer Adäquanz *und* eben auch subjektiver Interpretation entsprechen (vgl. Schütz 1971, S. 49ff): "Der Sozialwissenschaftler beobachtet gewisse Ereignisse in der sozialen Welt als solche, die durch menschliche Tätigkeit verursacht wurden, und er beginnt, den Typus dieser Ereignisse herauszuarbeiten. Danach koordiniert er mit diesen typischen Handlungen typische Weil-Motive und Um-zu-Motive, die er im Bewußtsein eines imaginären Handelnden als invariabel annimmt. So konstruiert er einen personalen Idealtypus, das Modell eines Handelnden, das er sich mit Bewußtsein begabt vorstellt. Aber dieses Bewußtsein, welches der imaginäre Handelnde besitzt, ist ein Bewußtsein, das in seinem Inhalt nur auf alle jene Elemente beschränkt ist, die für die Ausübung der jeweiligen typischen Handlungen notwendig

---

90   Deshalb plädiert etwa McKinney (1966) dafür, die sozialwissenschaftliche Konstruktion von Typen zu ergänzen durch quantitative Zähl- und Meßtechniken. - M.E. ist gegen diese Forderung nichts einzuwenden, wenn und insofern man sich darüber im Klaren ist, daß man sich damit vom Typisierungsproblem bereits wieder verabschiedet hat und sich stattdessen mit der Applikation von Kategorien beschäftigt.

91   Sozialwissenschaftliche Typenbildung unterscheidet sich von alltäglicher Typisierung also v.a. durch
- Explikation der Typisierungskriterien
    (d.h., a) logische Konsistenz, b) thematische Adäquanz, c) subjektive Interpretation)
- empirische Falsifizierbarkeit der gebildeten Typen
    (d.h., die dem Typus inhärenten Merkmale müssen intersubjektiv erfahrbar sein)
- expliziten Theoriebezug der Typen
    (d.h., die Typen müssen für die Theoriebildung relevant sein).

sind.(...) Darüber hinaus assoziiert er ihm andere personale Idealtypen mit
Motiven, die auf das typische Handeln des ersten Idealtypes typische
Reaktionen hervorrufen können." (Schütz 1972, S. 19f).[92]

---

92 Schütz unterscheidet (auch) hier also zwischen personalem Typus und Handlungsablauftypus,
als Spezifizierungen des Weberschen 'Idealtypus' (vgl. Weber 1973b, S. 190ff). - Der
Idealtypus "wird gewonnen durch die einseitige Steigerung eines oder einiger Gesichtspunkte
und durch Zusammenschluß einer Fülle von diffus und diskret, hier mehr, dort weniger,
stellenweise gar nicht, vorhandener Einzelerscheinungen, die sich jenen einseitig
herausgehobenen Gesichtspunkten fügen, zu einem in sich einheitlichen Gedankenbild"
(Weber 1973b, S. 191). Weber betrachtet den Idealtypus also als gedankenlogisches
Konstrukt, als "Versuch, diejenigen Merkmale eines Phänomens zu extrahieren, die dessen
Originalität ausmachen." (Hitzler 1982, S. 139; vgl. dazu auch Janoska-Bendl 1965). In
diesem Sinne nimmt auch Schütz die Idee des Idealtypus auf: Er dient der "Herbeiführung
eines begründeten wohlmotivierten Sinnzusammenhanges" (Schütz 1974, S. 318).

116

Teil II: Am Beispiel von Heimwerker-Wissen

5. Zur 'Logik' der Darstellung

Um nun die bisherigen, im wesentlichen 'abstrakten' Überlegungen an einem konkreten Thema zu verdeutlichen, stelle ich im Folgenden einige interpretative Erträge meiner Arbeit in einem Forschungsprojekt vor, das ich - im Rekurs auf den lebensweltlichen Ansatz - zusammen mit Peter Gross, Ronald Hitzler und Jörg Eckardt durchgeführt habe. Dieses Projekt befasste sich, wie gesagt, mit einer der zahllosen kleinen Lebens-Welten des modernen Menschen: mit dem Heimwerken als einem besonderen Erfahrungsstil im Kontext einer sozialen Teilzeit-Praxis. Ziel der Empirie war - und ist - es insgesamt, mit ethnographischen Methoden *die kleine soziale Zweckwelt des Heimwerkers* zu erfassen und durch Datenanalysen Handlungs- und Wissensstrukturen im Wirklichkeitsbereich des Do-It-Yourself zu rekonstruieren.[93] Ich beschränke mich nun – innerhalb der Gesamtanlage der Untersuchung – hier auf die Auslegung von nach typischen Relevanzbereichen geordneten *Wissensperformanzen* (vgl. dazu auch Pool 1991) von Heimwerkern bzw. 'des' Heimwerkers.[94]

Und auch bei dieser explorativ-interpretativen Untersuchung der Heimwerker-Welt geht es mir zunächst einmal, summarisch gesprochen, "um die möglichst genaue Bestimmung der einzelnen Fallstruktur, weil nur an ihr sich das *besondere Allgemeine* erfassen läßt, von dem her allein methodisch, methodologisch und theoretisch kontrolliert eine *Typenbildung mit realisti-*

---

93 Zu weiteren Projektergebnissen vgl. z.B. Eckardt 1987 und 1989; Gross 1985, 1986a, 1986b, 1986c, 1987, 1988; Hitzler 1988b, 1988c und 1989; Hitzler/Honer 1988b; Honer 1990 und 1991; Honer/Unseld 1988.

94 Die subjektive Akkumulation des Wissens erfolgt aufgrund thematischer, interpretativer und motivationaler Relevanzen (vgl. Schütz/Luckmann 1979, S. 224 ff). Diese sind *auch,* aber eben keineswegs ausschließlich vom Bezugssystem 'Heimwerken' geprägt, denn in das subjektive Relevanzsystem des Heimwerkers fließt immer auch der gesamte Erfahrungs- und Wissenshintergrund, die einzigartige biographische Artikulation seiner lebensweltlichen Situation ein (vgl. Schütz/Luckmann 1979, S. 145 ff).

schen Erkenntnisabsichten sich einführen läßt" (Becker u.a. 1987, S. 305).
Denn das, was im Einzelfall stattfindet, sofern es für den Soziologen interpretierbar ist, ist immer allgemeiner Natur. Über das, was sozial 'determiniert' ist und - wie auch immer - entäußert wird, sagt der Einzelfall im
Prinzip genausoviel aus, wie ein Kollektiv (vgl. auch Bude 1985b). Setzt das
Kollektiv sich doch, wenn es faßbar werden soll, zusammen aus lauter unterschiedlichen Einzel-'Fällen' zu einer 'Struktur', die dann den Einzelnen und
sein Handeln (natürlich) wiederum transzendiert.

Mit derlei Überlegungen kommt man natürlich nicht soweit, daß man das
Teil-Kollektiv der Heimwerker irgendwie 'erklären' könnte. Was man aber
sehr wohl anstellen kann, das sind *begründete* Vermutungen über diese kleine
Welt: Bei der Einzelfallanalyse interpretieren wir, wie gesagt, zumindest eine
Struktur, die das sozial objektiv Wirksame innerhalb einer Person darstellt.
Die Frage bleibt natürlich, inwieweit dieses Objektivierte über diese eine
Person hinausreicht. Es mag nun sein, daß das, was im einzelnen Heimwer-
ker sozial objektiviert ist, im Augenblick noch nicht oder nicht mehr für den
Wirklichkeitsbereich des Do-It-Yourself gilt. Im Einzelfall können sich die
Ruinen des Vergangenen ebenso zeigen wie der Grundstein des Kommenden
(vgl. Halbwachs 1985). Aber auf jeden Fall kommt 'es' vor, damit ist es als
Thema legitim und muß analysiert werden.

Jetzt kann man natürlich gegen Einzelfallstudien bzw. die Ergebnisse von
Einzelfallstudien immer einwenden: Einmal ist keinmal. Dagegen läßt sich
nun aber wiederum einwenden: Was typisch in einem Heimwerker ist, ist
tendenziell in allen: das sozial, das über Zeichensysteme Objektivierte. Wenn
man 'den' Heimwerker also vertextet, d.h., wenn man sozusagen 'einfriert',
was man an Daten mit unterschiedlichen Methoden erzeugt hat, dann bewahrt
man Gedachtes, Gesehenes, Gehörtes und Gesprochenes derart, daß
wenigstens die *Sedimente* gehabter Erfahrungen und getaner Handlungen ohne
weitere Verluste bearbeitet werden können (vgl. dazu Luckmann/Gross
1977). Idealerweise also dokumentieren die Texte flüchtige und vergängliche
Phänomene der Begegnungen mit Heimwerkern in einer Weise, die dem
Dritten, dem antizipierten Leser dieses Berichtes gegenüber die Repräsentation dieses Wirklichkeitsbereichs und ihm auch gegebenenfalls die
Repetition der wissenschaftlichen Prozedur und damit deren Rekonstruktion
und Prüfung ermöglicht - zumindest ermöglichen sollte. Durch Vertextungen
werden 'flüchtige' Daten in ein stabiles Medium überführt (vgl. Gross
1979b). Man sollte dabei jedoch nicht übersehen, daß damit zwangsläufig die
Zweckwelt, wie sie dem Heimwerker tatsächlich gegeben sein mag und er sie
sich alltäglich erhandelt, vercodet, entsinnlicht und damit auch 'entleert'

wird. D.h., man opfert zwangsläufig den Ereignischarakter gelebter Wirklichkeit seltsam 'fremder' Bastler und Bohrer der Verfügbarkeit und Vorzeigbarkeit theoretisch konstruierter Homunculi.

Bei der Interpretation des oben ja bereits vorgestellten Materials habe ich mich - im *pragmatischen* Anschluß, wie gesagt, an das Hermeneutik-Konzept von Hans-Georg Soeffner (vgl. v.a. 1989 und 1992) - an das folgende (Schritt-um-Schritt-) Ablaufschema gehalten:

1. Lesen und Aufspüren erster Schlüsselstellen
2. Lesen und Aufspüren der in den Gesprächen entwickelten thematischen Schwerpunkte
3. Lesen und Aufspüren themenbezogener Schlüsselstellen
4. 'Intuitives' Sammeln und Zusammenstellen von im weiten Sinne thematisch einschlägigen Passagen
5. Aufspüren und Interpretation von (scheinbaren) Sinn-Inkonsistenzen
6. Konstruktion der jeweiligen, d.h. thema- *und* fallspezifischen Sinn-'Figur'
7. Interpretation (Rekonstruktion) des Verhältnisses der jeweiligen fallspezifischen Sinn-Figuren innerhalb eines Themas zueinander
8. Konstruktion der fall*übergreifenden* aber thema*spezifischen* Sinnfigur
9. Interpretation (Rekonstruktion) des Verhältnisses der jeweiligen themaspezifischen Sinn-Figuren innerhalb eines Falles zueinander
10. Konstruktion der themen*übergreifenden* aber fall*spezifischen* Sinn-Figur
11. Interpretation (Rekonstruktion) des Verhältnisses von fallübergreifenden Themen-Strukturen und themenübergreifenden Fall-Strukturen zueinander
12. Konstruktion der typische Sinn-Figur des Heimwerkens

Die sich hier anschließenden Falldarstellungen folgen nun natürlich *nicht* den damit ja auch lediglich ganz schematisch und 'mechanistisch' skizzierten, in der Deutungspraxis selber immer zirkulär sich bewegenden, vielfach ineinander verwickelten und damit höchst langwierigen und prinzipiell *nicht* standardisierbaren Interpretationsprozessen. Diese sind schon aufgrund solch *grundsätzlicher* Bedingungen nicht darstellbar (vgl. dazu Reichertz 1988c), und Versuche, die Darstellung des hermeneutischen Ganges selber dessen tatsächlichen Verläufen auch nur anzunähern, bewirken Strapazen beim Leser, denn sie fordern diesem zumindest ein außerordentliches 'Durchhaltevermögen' ab (vgl. exemplarisch die methodisch ganz ungewöhnlich akribische Arbeit von Norbert Schröer 1992). Die Falldarstellungen orientieren sich deshalb an den Prinzipien einer für den Leser *plausiblen* Aufbereitung von als *für die Probanten* besonders bedeutsam rekonstruierten Themen, über die die je eigenwilligen Sinn-Strukturen deutlich hervorgehoben und 'idealtypisch' gegen die Sinnstrukturen der anderen Fälle abgesetzt werden sollen. Schließlich müßte so etwas wie der typische Gesamtsinn des typischen Sonderwissensbestandes 'des' Heimwerkers (als einem sozialen Typus) erkennbar werden.

Die Falldarstellungen beginnen mit demjenigen, der wohl am ehesten das repräsentiert, was man sich unter Nicht-Heimwerkern, aber auch z.B. bei einschlägig befassten Marktforschungs-Instituten (vgl. z.B. IFF 1984 und 1987, vgl. dazu auch Martin 1988) so als den 'Normal-Heimwerker' vorstellt: mit einem Pragmatiker, also mit jemandem, der eben 'das eine und andere' zu Hause *selber* macht. Dem gegenübergestellt wird dann derjenige, der sozusagen das schiere Gegenteil des ersteren darzustellen scheint: ein Amateur, ein Liebhaber händischer und handwerklicher Betätigung. Und ergänzt - auch im Sinne einer Minimal-Kontrastierung zum Amateur - wird diese Polarisierung schließlich durch einen vom *Prinzip* des Do-It-Yourself wirklich überzeugten Heimwerker. Diese 'Fälle', die ich hier im weiteren als die Herren Bohrfest, Hobelfroh und Dr. Dübel-Lust vorstellen will, haben also besonders deutliche Kontrastierungschancen versprochen. Bei dieser Dimensionierung des Orientierungs-Wissens freizeitlicher Selbermacher werden wir aber auch entdecken, daß solche Grobkategorisierungen die kleinen 'Geheimnisse' und die großen Eigenarten der Akteure natürlich eher verstellen als erhellen. Aber das sollte den Reiz, sich nunmehr in die kleinen fremden Welten hineinzubegeben, ja durchaus erhöhen.

Die Herren Bohrfest, Hobelfroh und Dr. Dübel-Lust sind also, man hört's schon an den Namen, Heimwerker, Selbermacher, Do-It-Yourself-Aktive; Männer mithin, die, Umfrageergebnissen des Münchner Instituts für Freizeitwirtschaft zufolge, im statistischen Durchschnitt sich zum Angestellten oder Arbeiter in mittleren Jahren 'verdichten', der mit seiner vier- oder mehrköpfigen Familie im Eigenheim auf dem Lande lebt und dessen Haushalt pro Monat zweitausend bis viertausend D-Mark zur Verfügung stehen (vgl. IFF 1984 und 1987). Von diesem fiktiven Durchschnitts-Typus soll es schon vor ein paar Jahren allein in den 'alten' Bundesländern rund dreizehn Millionen Exemplare gegeben haben, die mehr, und weitere zwölf Millionen, die weniger als dreißig Stunden im Jahr im Haushalt neu-, aus- oder umbauend, renovierend, reparierend und kreierend freizeitaktiv tätig waren, dabei zusammen rund 30 Milliarden D-Mark für Materialien und vor allem für Werkzeug und Maschinen ausgaben und einen geschätzten Wert von über 100 Milliarden D-Mark produzierten (vgl. Martin 1988, Gross 1988).

Man sieht, der 'ideelle Gesamtheimwerker' ist ein auch ökonomisch beeindruckender Geselle, nur: Es gibt ihn *nicht* - nicht als artikulations- und handlungsfähiges 'Kollektiv-Subjekt', denn, wie Peter Gross so richtig bemerkte, "das Heimwerken ... ist ein Massenphänomen *ohne äußerliche Erkennungszeichen*, es ist ein massenhaftes Tun, *ohne daß man es gemeinsam tut*. Es blüht im Schatten, von der Natur der Tätigkeit her unsichtbar, im Keller, im Hobbyraum - ein Solopart." (Gross 1986b, S. 179). Was es gibt, das sind die je *einzelnen* Selbermacher mit all ihren jeweiligen Eigenarten, Spezialbedürfnissen, Sonderproblemen und Extrawünschen. Was es gibt, das sind die Dübel-Lusts, die Hobelfrohs, die Bohrfests - und mindestens einer von ihnen müßte, wenn es nach der Statistik ginge, eigentlich schon eine Frau sein (vgl. dazu auch Fußnote 57).

6. Drei Fallgeschichten

"Es kann nämlich keine sicherere Geschichte geben
als dort, wo derjenige, der die Dinge macht, sie
auch selbst erzählt." (Vico 1981, S. 42)

Anders als in narrativen Interviews habe ich, wie oben ausführlich dargestellt, meine Gespräche keineswegs mit Einleitungsfragen begonnen, die besonders dazu prädestiniert schienen, *biographische* Erzählungen zu evozieren. Auch habe ich meine Gesprächspartner nicht gleich 'Zugzwängen' ausgesetzt, über die sie sich sozusagen in ihre Lebensgeschichten hätten verstricken müssen. Deshalb hat mich bei der Bearbeitung der Interviews, deren *Ergebnisse* ich nun hier vorlege, besonders überrascht, daß die sehr allgemeine Markierung von Interesse an ihren Heimwerkererfahrungen alle drei Herren, mit denen ich mich intensiver befasst habe, *zuerst einmal* zu einem *autobiographischen Exkurs* veranlaßt hat. Herrn Bohrfest und Herrn Hobelfroh gleich zu Beginn unserer jeweils ersten Unterhaltung, Herrn Dr. Dübel-Lust zu einer Art literarisch ambitioniertem Vorab-Selbstdarstellungstext.[95]

6.1 Der Pragmatiker
oder: "Das, was ich können muß, das kann ich."

6.1.1 Die Entwicklungsgeschichte des Herrn Bohrfest

Nach einigen von ihm als "Vorrede" (I, S. 2, 23) explizierten Kindheits- und Jugenderinnerungen[96] wechselt der zur Zeit der mit ihm geführten Gespräche 56jährige Herr Bohrfest, ein gelernter Elektriker, mit seinen biographischen

---

95 Hierin sehe ich eine famose Bestätigung der zeitgenössischen Allgegenwart des von Hans-Georg Soeffner (1988b) skizzierten, überaus selbstauskunftswilligen lutherisch-freudianischen Individualitätstypus.

96 "Also ich kann bloß eins sagen, nachdem ich ein Handwerker bin und hab Elektriker glernt und immer schon als *Kind*, eigentlich als Kind hab ich schon immer etwas rumbastelt ..." (I, S. 1, 18).

Erzählungen alsbald auf die Zeit nach dem Krieg, zu der *man* sich zwar bereits wieder manches 'kaufen' konnte, er selber als junger Ehemann und Vater aber 'nicht soviel Geld' gehabt und *deshalb* eben das, "was man machen *konnte* in der Wohnung" (I, S. 2, 26-27) auch selber gemacht habe. Zwei 'Anläufe', in denen er den 'eigentlichen Anfang' seiner Heimwerker-Aktivitäten zu markieren versucht, unterbricht Herr Bohrfest wieder zugunsten von Einschüben. Im ersten Exkurs weist er darauf hin, daß sich 'früher' höchstens ein "*ganz* Reicher" (I, S. 3, 10) Maschinen kaufen konnte, und im zweiten berichtet er von seiner Zusammenarbeit mit und seinem Lernen von den Arbeitskollegen in der Schreinereiabteilung der Firma, in der er beschäftigt ist. Als "Hauptsache" (I, S. 5, 5) bezeichnet er schließlich die Modernisierung seines gekauften Eigenheims, bei der - unter Mithilfe seines Schwagers und seines Schwiegersohnes - jeder machte, was er konnte. Denn: "So: so ein richtiger Heimwerker macht einfach grundsätzlich *alles* selber." (I, S. 5, 24-25)

Herr Bohrfest versteht sich als *Handwerker*, und damit ist nach seinem Selbstverständnis auch schon klar, was er kann, und was er eben nicht kann. Als Handwerker setzt er fraglos und ohne besonderen Stolz seine professionellen Kompetenzen dort ein, wo er Kosten einsparen kann. Er kennt noch die Not der Kriegs- und Nachkriegszeit und freut sich anhaltend über den allgemeinen wirtschaftlichen und gesellschaftlichen Aufschwung. Er verkörpert das, was man wohl einen 'ehrlichen und fleißigen Menschen' nennt, einen Menschen, der sich mit seinen Wünschen und Erwartungen an dem orientiert, was sich die anderen Leute auch leisten können, und der auch nicht mehr haben will, aber auch nicht weniger, als ihm für 'seinesgleichen' angemessen erscheint. Wenn er es sich also leisten kann, dann kauft er sich, was er haben möchte. Das aber heißt für das hier relevante Interesse: Er will keineswegs 'grundsätzlich' heimwerken, oder weil er darin etwa einen 'tieferen Sinn' sähe, sondern er realisiert einfach, daß man etwas tun muß, wenn man zu etwas kommen will. Und zu etwas kommen, das heißt für ihn eben vor allem: zu arbeiten, 'sein Sach' zusammenzuhalten und sich stets 'jetzt' um das zu kümmern, was 'jetzt' wichtig ist. Und wenn das etwas ist, wozu die eigene Kompetenz ausreicht, dann macht man es (ganz fraglos) auch selber. Wenn man es nicht selber machen kann, dann muß man entweder woanders sparen, oder man muß auf das, was man möchte, verzichten, oder man muß zusehen, ob man jemanden kennt, der es für einen machen kann - und zwar möglichst ohne, daß er dafür *bar* bezahlt werden müßte.

Herr Bohrfest berichtet davon, wie man allmählich zu etwas kommt, wie man es durch ehrliche, fleißige Arbeit und dadurch, daß man sich 'umtut', schlußendlich auch zu einem *Eigenheim* bringt. Und eine - unterstützende - Möglichkeit dazu ist eben: Heimwerken. Wie unwichtig Herrn Bohrfest Heimwerken 'per se' bzw. für sein Selbstverständnis aber ist, das zeigt u.a., daß er z.B. Zusammenhänge zwischen seinen kindlichen und jugendlichen Neigungen zu Basteleien und dem späteren Heimwerken negiert. Seine biographischen Schilderungen handeln wesentlich von seinem Bedürfnis, in klar geordneten Verhältnissen zu leben, die ein geregeltes und geselliges Zusammenleben ermöglichen. Dies war in seiner Jugend (Herr Bohrfest ist in der ehemaligen Tschechoslowakei geboren) durch die Freizeitorganisation der Hitlerjugend gegeben, jedenfalls solange dort kein 'großdeutscher' Befehlston geherrscht habe. Nach seiner Flucht, dem Kriegsende und als sich wieder ein "ganz andres System" zu etablieren begonnen und (ihn) zum "Umdenken" (II, S. 24, 1 / 2) veranlaßt habe, fand er in seiner Lehrstelle bzw. seinem späteren Arbeitsplatz und mit der Familiengründung neue Orientierungen, auf die er sich einzustellen verstand.

Zumindest heute läßt sich die Weltsicht des Herrn Bohrfest vielleicht so begreifen: Wenn sich etwas Neues durchsetzen kann, dann muß es auch besser sein als das Alte, sonst hätte es sich schlicht und einfach nicht durchgesetzt! Es gibt Zeiten, in denen ist es *so*, und es gibt Zeiten, in denen ist es anders! So wenig, wie man Zeit und Geld verschwendet, so wenig trauert man Nicht-mehr-Zeitgemäßem nach, weil auch das Lebensziel, 'weiter zu kommen', 'es zu etwas bringen', per se eine vorwärtsblickende Ein-stellung erfordert. Bohrfest ist also keineswegs konservativ und hängt alten Sachen, Zeiten oder Werten nach, ebensowenig demonstriert er ein klassen-kämpferisches Arbeiter-Bewußtsein: weder rühmt er dem 'Kapital' abgetrotz-te Errungenschaften, noch kritisiert er bestehende Verhältnisse. Positiv ausgedrückt: Herr Bohrfest ist ein 'fortschrittlich' denkender, tarifbewußter Arbeiter, der die Regelungen der Lebensbedingungen, 'so wie es halt ist', für gut befindet, weil einerseits ausgehandelte Kompromisse für beidseitigen Vorteil stehen und andererseits klare Regeln das Leben weniger kompliziert machen. Kurz: Herr Bohrfest weiß sich den jeweiligen Verhältnissen anzupassen und einzufügen.

Und wenn er davon redet, daß er keine "hochrangigen Sachen" (I, S. 27, 9) herstellt, dann denotiert dies eben nicht nur Heim-Werke, es konnotiert seine ganze Weltvorstellung, in der es in der sozialen Hierarchie Höher-stehende gibt, die mehr und anderes können und wissen und deshalb auch ein 'hochrangige(re)s' Leben führen - was für Herrn Bohrfest durchaus seine

Berechtigung hat. Aber an denen orientiert sich Herr Bohrfest nicht. Für ihn wäre ein anderes Leben wohl doch im Prinzip das gleiche Leben wie das, das er jetzt führt, nur eben mit mehr Ressourcen ausgestattet. Da 'man aber nicht alles haben kann', führt er ein Leben auf einem bestimmten Niveau, und das lebt er rechtschaffen, ehrbar. Und dieses Selbstverständnis gibt ihm auch die Sicherheit, in dem, was 'man halt hat', den richtigen Maßstab gefunden zu haben. Es ist ihm fraglos gewiß. Aber sowenig, wie er seine Einstellung problematisiert, sowenig hat er eine Ideologie dazu.

Zu dieser pragmatischen Lebenseinstellung gehört auch, Heimwerken lediglich als Mittel zu betrachten, um die jeweiligen Ansprüche, die 'man' hat, einzulösen - vorausgesetzt, daß das, was zu machen ist, im Bereich der eigenen handwerklichen Kompetenzen liegt. Auf diese ist Herr Bohrfest nun zwar nicht besonders stolz, denn sie sind ihm als Berufsqualifikationen eher selbstverständlich. Aber natürlich weiß auch er den Wert einer qualitativ guten Schreinerarbeit durchaus zu schätzen, schließlich kennt er unter seinen Arbeitskollegen auch 'hervorragende Modellschreiner'. Aber ebenso gut weiß er auch, wenn er z.B. von den Heimwerkermaschinen spricht, daß sich, im Unterschied zu früher, heute eben auch 'die breite Masse' etwas leisten kann. Und um 'weiter zu kommen', muß sich Herr Bohrfest vor allem um seine knappen Ressourcen kümmern, muß 'ranschaffen'. Das jedoch heißt für ihn, wie gesagt, vor allem: Arbeiten - anders hat er es nicht gelernt.

6.1.2 Das Prinzip des 'geringstmöglichen Aufwandes'

Die Hauptphase von Herrn Bohrfest's Werkel-Zeit fiel also zusammen mit dem wirtschaftlichen und gesellschaftlichen Aufbau der 'alten' Bundesrepublik Deutschland. Für ihn war stets klar: "man muß sich immer ein Ziel setzen" (I, S. 12, 23), wenn man zu etwas kommen will. Und sein jeweiliges Ziel ist es, seine Vorstellungen von einem 'normalen' Lebensstandard einzuholen. Da aber seine Orientierungen und Ansprüche nicht mit *den* Mitteln allein realisierbar sind, die ihm aus seiner normalen Erwerbsarbeit zufließen, bzw. weil im Bohrfestschen Ressourcentopf gewisse 'Eigenleistungen' immer schon mitgedacht sind, läuft die Erhöhung seines Lebensstandards stets über eine Ausweitung der Arbeitszeit hinein in das, was man den schattenwirtschaftlichen Bereich nennt. Um aber Mißverständnissen vorzubeugen: Herr Bohrfest ist kein Schwarzarbeiter! Die beste Lösung zur Ressourcenbeschaffung ist für ihn·die ganz normal bezahlte Zeit, die berufliche Erwerbs-Arbeitszeit. Dies gilt erst recht vor dem Erfahrungshintergrund, daß es in seinem Berufsleben einmal eine Zeit gab, in der man sich ganz selbstverständlich berechtigt sah, auch während der Arbeitszeit im Betrieb 'nebenher' für sich selber zu arbeiten.[97] Später 'ging das dann nicht mehr', aber man konnte sich doch wenigstens über den Betrieb noch Material und Werkzeug beschaffen, um die anfallenden 'Heimwerker'-Arbeiten zuhause zu machen.[98] Als zumindest im Prinzip gewerkschaftlich orientiertem Arbeitnehmer irritieren ihn dergleichen Umstellungen in den Arbeitsbedingungen allerdings, wenn überhaupt, nur kurzfristig, denn er akzeptiert fraglos, daß es zwei 'Parteien' gibt: eine, die Arbeitsplätze anbietet, und eine, die Arbeitskraft anbietet. Und die Vereinbarungen zwischen beiden regeln für Herrn Bohrfest die Verhältnisse so, daß 'es halt so ist'. Und wenn's erst einmal so ist, wie es ist, dann ist es auch 'in Ordnung'. Da ihn ja ohnehin primär die Ressourcenbeschaffung interessiert, nutzt er eben - so oder so - im Rahmen der jeweils bestehenden Verhältnisse die sich eröffnenden Möglichkeiten. Auf einen einfachen Nenner gebracht: früher gab's weniger Lohn, deshalb hat man in der Firma nebenbei auch (gelegentlich) für sich selber gearbeitet. Diese Eigenarbeit war aber mental ein Teil der Arbeit im Betrieb. D.h., man hat dort seinen Lohn bekommen und sich auch sozusagen 'natural' noch etwas erwirtschaften können. Und dann kamen eben neue Vereinbarungen: neue Regelungen, 'Verschärfungen' der Arbeitsbedingungen einerseits und mehr Lohn andererseits - und man hat sich umstellen müssen. Deshalb gab's eben 'einen Trend zur Heimarbeit damals'[99].

---

97 *Wie* problemlos Herr Bohrfest die berufliche Arbeitszeit zugleich auch als nutzbar für Eigenarbeit betrachtete, zeigt sich z.B. daran, daß er den inzwischen eingetretenen drastischen Wandel der Arbeitsverhältnisse in seiner Beschreibung als "Trend zur Heimarbeit" (I, S. 6, 23-24) markiert und nicht als 'Entwicklung im Heimwerken'. Und *'Heimarbeit'* meint in der üblichen Bedeutung ja nun, daß Arbeiten *für* einen Arbeitgeber zu Hause, statt im Betrieb, verrichtet werden.

98 Und weil ihm das Herstellen von Sachen für den eigenen Bedarf etwas war, was man selbstverständlich in der Firma gemacht hatte, begriff Herr Bohrfest diese Neuregelung nun eben spontan als Verlagerung von Arbeitsleistungen, die zur Firma gehören, ins eigene Heim, ganz folgerichtig also: als Heimarbeit.

99 Hinzu kam, daß es schon vor dieser Umstellung eine Kooperation zwischen ihm als Elektriker und einigen Schreinern im Betrieb gegeben hatte, vor allem zur Produktion von Stehlampen, 'so lange bis jeder eine hatte'. Diese wurde dann - unter Beibehaltung kostengünstigen Bezugs von Material und dem Entleihen von benötigtem Werkzeug über den Betrieb - nach Hause verlagert. Auch in diesem Sinne also für Herrn Bohrfest: Heimarbeit.

Gleichsam substitutiv für die zwischenzeitlich dann immer geringer gewordenen Möglichkeiten, sich betriebliche Produktivitätskapazitäten privat anzueignen, greift Herr Bohrfest heute nun bei - seltener vorhandenem - Bedarf auf das ständig sich ausweitende Fertigteil- und Billiggeräte-Angebot des Do-It-Yourself-Handels zurück, das ihm ermöglicht, das Notwendige weniger arbeits- und damit auch weniger zeitintensiv 'selber' zu machen. Weil in den Heimwerkermärkten Material, Werkzeuge und Maschinen sowie vorgefertigte Teile "garnicht so arg teuer" zu kaufen sind, hat er sich gesagt: "Ha Mensch, bevor ich mich da hinstell, das kauf ich da draußen und mach bloß dies und das und jenes selber, das war die Entwicklung, gell" (III, S. 14, 8-10). Herr Bohrfest will prinzipiell nur *so viel, wie unbedingt nötig*, selber machen. Heimwerken macht ihm nicht nur keinen immanenten Sinn, es ist ihm als Kompensation fehlender finanzieller Ressourcen auch latent ein identitätsstörender Faktor (was ihn u.a. dazu veranlaßt, das Ausmaß seiner heimwerkerischen Aktivitäten eher herunter- als heraufzuspielen).

Maschinen und vorgefertigtes Material versprechen Herrn Bohrfest nicht nur Zeitgewinn und Arbeitserleichterung, sondern auch eine Annäherung an die gewünschte Qualität der Produkte. Und den mißt er am (vor allem optischen) Standard industriell gefertigter Wohnausstattung. Maschinen sind ihm also lediglich angesichts seiner unzulänglichen finanziellen Mittel unabdingbare Voraussetzungen, um seinen Ansprüchen an ein repräsentatives Heim gerecht werden zu können: Während 'man' - wie er sagt - früher einfaches Mobiliar in Einfachstwohnungen mit Rauhfasertapete oder Styroporplatten gehabt habe, habe 'man' heute eben Holzdecken und rustikale Palisadenverkleidung an der Terrasse des Eigentumbungalows. Als ambitionierter Kleinbürger bemüht sich Herr Bohrfest also, Standards bürgerlichen Wohnniveaus bzw. dessen, was er dafür hält, einzuholen. Seine Orientierung an dem, "was grad Mode ist" (wie er wiederholt feststellt), ist *nicht* so zu verstehen, daß er etwa als besonders modebewußter Mensch immer auf dem neuesten Stand der Dinge sein möchte; sie zeigt vielmehr seinen Orientierungsbedarf in Stilfragen an, zeigt, daß er angewiesen ist auf Wissen darüber, was 'man' zu haben hat. Und dieses Wissen hat er einfach. Erworben hat er es sowohl über fiktive Bezugsgruppenorientierungen (z.B. über Kaufhauskataloge oder Kundenblätter der Bausparkassen) als auch und vor allem über Primärgruppenbeziehungen (Verwandte und Freunde). Der Heimwerkermarkt wird aus seiner Sicht zu einer Art 'billigem Möbelhaus', und an seiner Holzdecke enden, bzw. endeten zur Zeit der Untersuchung jedenfalls, sozusagen seine Ambitionen, was repräsentative Wohnkultur angeht.

Da aber auch hier der Geschmack im Verlauf der Zeit sich immer wieder wandelt und immer wieder andere Kulissen und Requisiten häuslicher Selbst-Inszenierung verlangt bzw. favorisiert, deren Produktion nicht nur neue Materialien, sondern auch die zu deren Bearbeitung notwendigen Werkzeuge und Maschinen erfordert, muß Herr Bohrfest hier gelegentlich doch auch 'nachrüsten': Aber er kauft seine Maschinen, im Gesamtwert von knapp tausend D-Mark, die er nach Gebrauch immer wieder fein säuberlich in ihren Originalverpackungen verwahrt, unter dem Aspekt, jeweils "einfach das Preisgünstigste" zu erwerben, denn "man muß immer wissen, für was man's braucht" (I, S. 22, 9-10). Und da er die Geräte eben *nicht* zu sehr vielem und vor allem nicht sehr häufig braucht, würden sich besonders hochwertige Maschinen seiner Meinung nach für seine Zwecke nicht 'rentieren'. Maschinen mit speziellen und somit selten benötigten Funktionen leiht er sich kurzerhand aus (insbesondere in der Firma): "Ich hab meine zwei Bohr-maschinen, ich hab meinen Schleifer, ich hab alles. Ich hab halt s'Billigste ... Ich hab immer a bißle nach dem Geld guckt." (III, S. 23, 7-10).

6.1.3 Das Anspruchsniveau des zeitgemäßen Man

Und so wie es ihm heute selbstverständlich ist, seinen Arbeitsaufwand dadurch zu reduzieren, daß er im Heimwerkermarkt auf vorgefertigte Materialteile und arbeitserleichternde Maschinen zurückgreift und gegebenen-falls Verwandte und Freunde um Mithilfe angeht, so war es, solange es die Arbeitsverhältnisse noch zuließen, für Herrn Bohrfest eben auch keine Frage, nicht nur Betriebszeit sowie Material und Maschinen der Firma für seine privaten Zwecke einzusetzen, sondern (dort) auch kollegialen Beistand zu organisieren und zu aktivieren. Und die dort arbeitenden, mit ihm befreunde-ten Schreiner standen ihm mit Rat und Tat auch nicht nur zur Herstellung eigener Werke zur Seite, sondern es entwickelte sich sogar eine kleinere gemeinsame "Produktion" (I, S. 4, 9) - nicht etwa mit irgendwelchen unternehmerischen Absichten, sondern weil sich rasch eine rege Nachfrage aus den Kollegen-, Bekannten- und Verwandtschaftskreisen entwickelte[100]. Und als typischen Industriehandwerkern war Herrn Bohrfest und seinen

---

100 Dabei entstanden neben einer Anzahl "Stehlampen" (I, S. 4, 4) und verschiedenen "Hänge-schränkle" (I, S. 17, 19) auch "*sehr* viele *Garderoben*" (I, S. 17, 28). Herr Bohrfest erinnert sich im Laufe unserer Gespräche an wenigstens acht 'Kunden' aus seinem Bekannten- und Verwandtenkreis, die er z.B. mit Garderoben beliefert hat.

Schreinern ja weder die *serielle* Fertigung ein unvertrautes Phänomen, noch die arbeitsteilige Produktion überhaupt. Der Industriehandwerker 'verkünstelt' sich typischerweise eben nicht bei der Herstellung von Unikaten, sondern jeder macht, was er ohnehin kann oder zumindest schnell durch Zuschauen zu lernen in der Lage ist.

Auch als später - nicht zuletzt infolge seines sozialen Aufstiegs - die 'Werkstatt' seiner Firma für Herrn Bohrfest als Quelle zur Ressourcenbeschaffung allmählich versiegte, und nach und nach auch die Serienproduktionen Bohrfestscher Werke eingestellt wurden, blieb für ihn aber doch stets (und 'bis heute') gültig, daß Heimwerken *nicht* gleichbedeutend sein muß mit *Selber*machen im engeren Sinne des *'ich* mache es und kein anderer'. Auch bei seiner Hausmodernisierung - von der Kellerbar zur Pergola, vom Holzdecken-Anbringen zum Waschbetonplatten-Verlegen - hat Herr Bohrfest wieder ganz selbstverständlich auf die Hilfe und das Können seiner Verwandten rekurriert, in der es Handwerker aus den verschiedensten Sparten gibt - so, wie umgekehrt sie natürlich auch auf *seine* Hilfe zählen können. In solch pragmatischem Verstande Material, Maschinen, Zeit und Know How effizient und effektiv für sich zu nutzen, das ist also insgesamt das Bild, das Herr Bohrfest vom Heimwerken hat. - Aber Herrn Bohrfests Werke sind nun nicht nur als Kollektiv-Produkte (sozusagen nach Industrienorm) zu charakterisieren, sie weisen noch eine weitere typische Eigenschaft auf, die exemplarisch an den soeben erwähnten Garderoben aufgezeigt werden soll:
"B: Ich hann übrigens au amol, i woiß garnet wo des isch, do amol a *Garderobe* gmacht, fällt mir jetzt auch ein, a *richtige* Garderobe, Kästle mit zwei Schieber und vier so drechselte Füß
I: a:h drechselte sogar
B: also so halt gedrehte Füße damals, aber die hat mer net-heut kann mer ja em Bauhaus die Füße kaufa, zum neischrauba, des war damals, die hat mer damals beim ((Firmenname)) gmacht. Da hann ich ein' kennt und gsagt, komm ((Name)) du machscht mer mal die Füß undana:, ja un:d die hat mer schö sauber lackiert und hat do a *rosa* Türle gmacht und a blaues. Heut dät mer des älles furtschmeißa, aber so hat mers *halt* gmacht, das war die *Mode*. No hat mer bloß no dr Schpiegel dazu kauft ond die Ablage." (II, S. 7, 20-34).

Herr Bohrfest unterscheidet also zunächst einmal zwischen Garderoben und einer 'richtigen' Garderobe, welche aus einem 'Schränkle' mit 'Füßen' und 'zwei Schiebern' (das Ganze verschiedenfarbig lackiert), einer 'Ablage' und einem 'Spiegel' besteht, während die Minimalversion einer Garderobe eben sich aus an der Wand zu befestigenden Brettern, die mit Kleiderhaken versehen sind, zusammensetzt - wobei aber auch hier stets darauf geachtet wird, daß solides Edelholz (Eiche) verwendet wird, das für dauerhafte Haltbarkeit und gehobenen Wohnkomfort steht. Da Herr Bohrfest nun aber fraglos weiß, und auch als bekannt voraussetzt, daß sein Gegenüber weiß, zu welcher Zeit man 'richtige' Garderoben haben wollte, weil *man* sie als modern erachtete, ist zu fragen, ob bzw. wie sich dieser generalisierte anonyme Andere, dieses 'Man' verorten läßt. Kurz: Wer z.B. braucht Garderoben? Und für welches Kulturniveau stehen sie?

Garderoben zählen nicht zum unentbehrlichen alltäglichen Hausrat (wie Tische, Stühle und Betten), aber sie sind Gebrauchsgegenstände, die in vielfältigen Formen, in mehr oder weniger üppiger Ausgestaltung und Ausstattung und eben auch in je zeitgemäßen Varianten zu sehen sind. Garderoben sind keine völlig generalisierte, keine *alle* gesellschaftlichen Differenzierungen übergreifende Lösung für das Kulturproblem 'Überbekleidungs-Ablage'. Sie finden sich typischerweise z.B. weder in sub-proletarischen noch in sich als 'proletarisch' stilisierenden (also z.B. studentischen und bohèmehaften) Milieus, also in solchen Milieus, in denen es - absichtsvoll oder nicht - kein gesondertes Gastrecht gibt und auf besondere Formalitäten im Umgang mit Gästen (warum auch immer) verzichtet wird.

Aber 'richtige' Garderoben sind auch nicht in besonders 'exklusiv' ausgestatteten Milieus zu finden, in denen dem Gaststatus besonders hohe Aufmerksamkeit geschenkt und vom privaten Wohnraum getrennte Repräsentationsräume bereitgestellt werden. In solchen sozialen Kontexten wird der Gast vom Lebensraum der hier Wohnenden ferngehalten und zugleich wird er geehrt, weil für ihn spezieller Raum zur Verfügung gestellt und eine angenehme Atmosphäre 'inszeniert' wird. Und diese Vorstellung vom Gastrecht nun hält sich als *Idee* im Kleinbürgertum durch, läßt sich aber von den *Ressourcen* her nicht mehr (voll) realisieren. Das Ergebnis ist die Kompromißlösung der 'guten Stube', in der man Gäste empfängt und bewirtet, die man zugleich aber auch selber bewohnt und mit seinen 'privaten' Belangen füllt.

Dieser Kulturidee der 'guten Stube' nun entspricht auch *die Garderobe*, an die nicht nur die Überbekleidung des Gastes, sondern auch die der Bewohner gehängt werden. Zugespitzt formuliert: Die Garderobe ist die kleinbürgerliche Antwort darauf, daß man weder den Raum, noch auch das Personal hat, um die Überkleidung des Gastes für die Dauer des Besuchs angemessen zu separieren. Und der Flur ist zugleich auch so etwas wie der kleinbürgerliche Empfangsraums. Denn der Kleinbürger geht weder unachtsam mit der 'Garderobe' der Besucher um und wirft sie einfach

irgendwo hin (wie z.B. im Alternativ- oder Bohèmemilieu), noch hängt er -
jedenfalls von der Idee her - die Garderobe im häuslichen Flur mit *eigenen*
Kleidern voll. Im Unterschied zum eher proletarischen Milieu wird die
Garderobe zumindest dann leer geräumt, wenn sich Besuch angekündigt hat.
Eine Garderobe zu haben, und damit auch anderen Leuten potentiell zur
Verfügung stellen zu können, zeigt also die Bereitschaft des Besitzers an,
bestimmte Konventionen zu akzeptieren. Die Garderobe steht für kleinbürgerliche Ambitioniertheit und kündet davon, daß man zwar über etwas mehr
Wohnraum verfügt, als man ganz zwingend und unbedingt braucht, daß man
aber auch über zu wenig Platz verfügt, um tatsächlich 'Gastraum' zu
separieren. Und die Garderobe zeugt von einer bestimmten Einstellung
gegenüber einer relevanten Öffentlichkeit, gegenüber *der* Öffentlichkeit
nämlich, die einen zu Hause besucht bzw. besuchen kann. Dem Besucher
wird als Gast 'im Rahmen des Möglichen' besondere Aufmerksamkeit zuteil.
Und dabei soll er möglichst wenig 'hinter die Kulissen' blicken können. Die
Garderobe ist eine Lösung für ein bestimmtes und fraglos sehr breites Wohn-
Niveau, aber sie ist, nochmals gesagt, keine generelle Kulturlösung. Wer eine
Garderobe hat, zeigt, daß er mehr hat, als er *unbedingt* benötigt, zeigt, daß
er es sich leisten kann, sich auch um *die* Leute Gedanken zu machen, die
nicht mit ihm den Alltag teilen.[101]

Und eben an diesem ambitionierten General-Anderen, der mithin eine
'richtige' Garderobe braucht, orientiert sich Herr Bohrfest: Er ist sein *'Man'*.
'Man' gibt vor, was zu einer 'richtigen' Garderobe gehört, und folglich auch,
wie 'man' sie als Heimwerker zu bauen hat. Und 'man' weiß auch, wann es
Zeit ist, die Garderobe 'fortzuschmeißen'. Denn 'man' ist immer zeitgebun-
den: Es verändert sich einerseits mit dem eigenen 'Ort' in der sozialen
Hierarchie und andererseits (natürlich) mit der Zeit. So wenig Herrn Bohrfest
also daran liegt, ein Werk 'wirklich' *selber* zu fertigen, so wenig ist es ihm

---

101 Garderoben kann man nun eben noch mit einer gewissen Üppigkeit ausstatten. Beispielsweise mit einem 'Kästle mit zwei Schiebern' (in dem etwa Kleiderbürste, Handschuhe und
Schals verwahrt werden) und einem 'Spiegel', der immer eine eindrucksvolle und
gleichzeitig relativ billige Möglichkeit darstellt, den Eindruck des 'Wohnlichen' zu
vermitteln: Als ästhetisches Mittel bildet ein Spiegel einen markanten Punkt im Raum und
erweitert diesen optisch. Und zugleich ist ein Spiegel nützlich, weil jeder selber überprüfen
kann, ob das öffentliche Bild, das er von sich geben will, auch stimmt, bevor er (wieder)
das Haus verläßt. Mit dieser praktischen Nützlichkeit verweist auch die Garderobe
insgesamt, als eine Art 'stummer Diener', auf das Selbstbedienungsprinzip: 'Man' kann sich
schließlich kein Personal leisten, das sich um das korrekte äußere Erscheinungsbild
kümmert.

also offenbar auch ein Problem, sich von ihm zu trennen, wenn es seinen sich
verändernden Ansprüchen nicht mehr genügt. Wichtig ist allein, daß man es
zu einer bestimmten Zeit 'halt so macht'. D.h., gemacht wird es *so*, wie *man*
es jeweils als zeitgemäß empfindet. Das bedeutet nun nicht, daß Herr
Bohrfest stets dem jeweils letzten Wohn-Modeschrei hinterherhecheln und
sofort alles wegwerfen würde, wenn die Mode wechselt. Er orientiert sich
vielmehr, sozusagen 'in aller Ruhe' an dem, was *man* zu bestimmten Zeiten
so macht, weil *man* es so hat. Und erst, wenn *man* etwas als unmodern
empfindet, dann setzt man es wieder ab.

6.1.4 *Raum ist grundsätzlich knapp*

Ein immer wieder zutage tretendes Grundproblem ist für Herrn Bohrfest die
Knappheit des Raumes. Allerdings ist dieses Problem weniger eines des
Heimwerkens als vielmehr eines der Verfügbarkeit von wohnlichem
Lebensraum schlechthin, auch wenn er gesprächsweise bekundet: "Jaja, s'isch
einfach, aber uns reichts doch, zwei Personen, unser Tochter isch verheiratet,
was will mer denn no mehr, wissen Se. (Frau B.:) Do:ch des reicht uns scho,
und wenn mer berufstätig isch dann muß mer alleweil putza. *Obwohl ein*
Zimmer hätt ich no gern khet, daß mer hätt kenna separat a Eßzimmer
macha, gell" (I, S. 2, 3-10). Gegen Ende des sich hier anschließenden
Gesprächs zwischen Frau Bohrfest und der Besucherin über den Zweck von
'separaten Eßzimmern', wirft Herr Bohrfest, allerdings ohne Nachdruck und
somit auch ohne Gehör zu finden, dazwischen: "aber älles ka mer net hann"
(I, S. 2, 35), um dann, sobald er eine Pause im Gespräch antizipiert, das
Thema zu wechseln, indem er der Besucherin einen Kaffee anbietet.[102] Herr
Bohrfest empfindet sein Heim also keineswegs als etwas, was groß(zügig)
angelegt ist, sondern als ein Gehäuse, das relativ wenig Platz bietet. Und da
er grundsätzlich alles im Vergleich zu dem sieht, was *andere* Leute haben,
erfährt er auch den ihm verfügbaren Raum als 'ein bißchen eng'. Aber er
findet sich (wie mit dem Leben schlechthin) auch damit ab: Der Raum ist
wohl etwas knapp, aber so ist es nun einmal.

---

102 Gerade daß er *nicht* mit Nachdruck bemerkt, daß 'man nicht alles haben kann', und dann
    bei der nächsten Gelegenheit das Thema wechselt, verweist m.E. darauf, daß zwischen den
    Eheleuten durchaus Konsens zur Frage herrscht, ob man sich den vorhandenen Lebensraum
    nicht doch etwas größer wünschen würde.

Mit seinem Lebensraum ist es wie mit seinen Ressourcen: Er weiß sehr genau um die Grenzen, die alles knapp machen, gemessen an seinen Ansprüchen. Aber dieses Leben aus Knappheit ist nicht so, daß man es nicht aushält. Man muß eben mit dem, was man sich inzwischen erwirtschaftet hat, zurechtkommen und daneben schauen, wie man noch ein bißchen 'extra' zu etwas kommt. Auch mit dem vorhandenen Wohnraum muß man halt auskommen, und wenn neue Ideen zu realisierungsrelevanten Ansprüchen werden, dann sieht man zu, ob und wie sie im Rahmen des Vorhandenen umgesetzt werden können: "Ich *plan* auch immer a bißle gern, ich plan immer so a bißle auf was zu und mach des Ding, net, ich hab zum Beispiel, wo ichs Haus kauft hab, eine Pergola gmacht, ein Anbau gemacht, an Freisitz. Ja gut, da hat mer sich nächtweis hab ich da nicht geschlafen, weil ich immer rumgmacht hab, Mensch, *wie* kannsch des machen, wie kannsch des machen, weil mei Grundstück isch ja grad so ein Eck. Wenns a grades Stück gwesa wär, wär des ga-unproblematisch eigentlich, aber jetzt isch das grad so an Winkel gwäsa, jetzt hab ich-muß ich des Ding aus-wie mach ich das jetzt am Besten, net." (I, S. 7, 17-30). Wenn man also so 'zwangsläufig' mitkriegt, "jeder hat a Terrass oder an Balkon khett, nur wir nicht" (I, S. 8, 20-21), dann überlegt und 'plant' man halt hin und her, ob das 'Eck' nicht doch etwas Vergleichbares hergibt. Dann versucht man eben, etwas 'mehr' aus dem vorhandenen Raum herauszuholen.

Für Herrn Bohrfest wird 'Platz und Ecken ausnutzen' nur dann zur Werkelaufgabe, wenn er sich kein *gekauftes* Äquivalent, das grundsätzlich das erstrebenswertere ist, leisten kann. Und es wird auch nur insoweit zum Heimwerk-Thema, soweit seine vorhandenen handwerklichen Fertigkeiten ausreichen, sein jeweiliges Vorhaben in die Tat umzusetzen - womit eben zugleich und vor allem ausgeschlossen wird, jemand anderen für diese Arbeit zu bezahlen.[103] Erst wenn er die Chance sieht, damit zu etwas mehr zu kommen, als er sonst hätte, legt Herr Bohrfest selber Hand an. Mit 'unvorhergesehenen Komplikationen' rechnet er dabei nicht, denn er macht ja nur, was er kann. Und bei dem, was er *nicht* kann, schaut er, wie er es trotzdem 'kostengünstig' realisieren könnte. Aber Herr Bohrfest überlegt sich immer gut, ob er etwas 'wirklich' braucht. Und wenn er zu dem Entschluß kommt, daß er etwas haben will, dann handelt er nach der Devise: Man muß

---

103 So z.B., wenn der Ehefrau nicht gefällt, daß in der Küche der Kamin in den Raum steht. Dann wird durch ein selbergemachtes Regal aus einem störenden Anblick "ein schönes Eck" und gleichzeitig "nutzt mer den Platz aus" (II, S. 30, 26).

halt zusehen, wie man zu etwas kommt, und irgendwie kriegt man es dann
auch hin.

6.1.5 *Zeit ist Geld - und Zeit,*
die nicht bezahlt wird, braucht man nicht zu rechnen

Der Übergang von Arbeitszeiten zu erwerbsarbeitsfreien Zeiten war, wie wir
oben gesehen haben, in der Bohrfestschen Berufsbiographie in vielerlei
Hinsicht eher diffus: Eigenarbeit wurde in die Erwerbsarbeit hineingepackt,
dann wieder herausgenommen, und war nun auf einmal *Freizeit,* die hier
eben vor allem *nicht bezahlte* Zeit ist. Trotzdem gilt auch für diese Zeit
folgerichtig genauso, daß man erst einmal zusehen muß, wie man zu etwas
kommt, zumal Herr Bohrfest als Kriegsflüchtling sich in der Situation sah,
daß es 'ringsherum' Leute gab, "die Einheimischen, die haben ihre Häuser
und ihr Ding schon gehabt, bei denen isch das Ding schon lockerer vorwärts
geganga" (III, S. 16, 12-13). Folglich bildete man Netzwerke gegenseitiger
Hilfeleistungen, sozusagen nach dem do-ut-des-Prinzip ('Eine Hand wäscht
die andere'). Konkret hieß das: Man arbeitet für andere während Zeiten, die
ohnehin nicht bezahlt werden, und die anderen tun dasselbe für einen selbst.
Und jeder macht für den anderen möglichst das, was er (aufgrund seiner
beruflichen Kompetenzen) am besten kann.

D.h.: für Herrn Bohrfests eher grundsätzliches Ressourcenproblem ist,
nach der bezahlten Arbeitszeit, der Einsatz seiner beruflichen Fähigkeiten in
der Freizeit das zweitbeste Mittel, sich etwas zu erwirtschaften. Und erst die
drittbeste Lösung, um 'zu etwas zu kommen', ist für ihn: *Heimwerken* im
engeren Sinne. Auch Heimwerken findet zu einer Zeit statt, die nicht bezahlt
wird. Und daß für Herrn Bohrfest im Prinzip Zeit sehr wohl Geld ist, daß er
seine Zeit also durchaus rechnet, auch beim Heimwerken, expliziert er selber
ganz deutlich: "Ich hab bloß sehr viel Zeit braucht" (I, S. 11, 22), bzw. "Da
hat mer müssa also scho sehr viel Zeit hinhänga" (I, S. 15, 11-12). 'Sehr viel
Zeit' für Heimwerken brauchen oder gar 'Zeit hinhängen', verweist darauf,
daß die zumindest für berufsfremdes Heimwerken aufgewendete Zeit die
Grenze der Rentabilität des öfteren erreicht oder überschreitet, und daß es
dann schon wieder verlorene Zeit ist. Allerdings, und es klingt fast schon wie
ein Klageruf: "Ich hab doch *Zeit* g'habt, ich hab doch Zeit g'habt, was hätt
ich denn wolla macha." (III, S. 29, 7-8)

Neben der bezahlten Zeit, der Arbeitszeit, hat man eben noch andere Zeit,
Freizeit, die einem niemand bezahlt, die man folglich auch ('leider') nicht

134

(be-)rechnen kann. Aber wenn man zu etwas kommen will, stellt sich die Frage, was man hierfür unternehmen kann auch während *der* Zeit, 'für die' einem nichts bezahlt wird. Und so rechnet Herr Bohrfest folgerichtig auch mit der Zeit, die er eigentlich nicht rechnen kann: mit der Zeit, die es ihn kostet, etwas selber zu machen, mit der Zeit, die er sich (!) dafür nehmen muß: "Wenn ich was plan oder im Kopf hab, dann nehm ich (mir) einfach mal Zeit, dann schlendre ich mal durch's Bauhaus durch und schau, was es gibt. Und wenn *einmal* net reicht, dann geh ich durchaus nochmals raus" (I, S. 10, 21-25). Die Frage ist hier natürlich: Wovon nimmt er sich Zeit weg? Nun, dieses ganze Zeitverständnis hat folgende 'Logik': Im Prinzip *muß* man die Zeit rechnen, und Bohrfest rechnet sie auch. Aber weil er die nicht-bezahlte Zeit mit einem Wert von Null ansetzt und folglich die Zeit mit Null multipliziert, kommt Null bzw. nichts dabei heraus, also braucht bzw. kann er diese Zeit doch nicht (be-)rechnen. Also wäre im Zweifelsfalle Heimwerk-Zeit wertlose Zeit einerseits, weil sie eben nicht bezahlt wird, und vertane Zeit andererseits, weil sich die selbstgeschaffenen Werte nicht bzw. kaum sinnvoll tauschen lassen - gäbe es nicht wenigstens einen gewissen, allerdings kaum berechenbaren Gebrauchswert. Auch hier zeigt sich also: Damit man zu etwas kommt, ist es am besten, wenn die Arbeit, die man erbringt, bezahlt wird, damit man sich das leisten kann, woran Lebensstandard 'eigentlich' bemessen wird: an Gekauftem. D.h., Sachen selber zu machen, die weder sich 'anständig' verkaufen lassen, weil man's so gut wiederum auch nicht kann, noch die zur Statuserhöhung beitragen können, eben weil sie Selberge-machtes und nichts Gekauftes sind, bedeutet eigentlich (fast) verlorene Zeit.

Warum heimwerkt Herr Bohrfest also, wenn sich Heimwerken nicht in Äquivalentwerten rechnen läßt? Nun: "Ich würd sagen, ich mach das erstens einmal, um schon einige Kosten zu sparen, *erstens* einmal, ah, das kann ich. Warum soll ich des kaufen, wenn mers kann? Und, ah, wenn mer a Haus hat und Handwerker isch, also bei mir kommt bloß a Handwerker rei, wo ich also garnix versteh" (I, S. 6, 23-30). Herr Bohrfest heimwerkt also, weil er zumindest manches kann. Und als gelerntem Handwerker liegt es ihm fern, jemanden für etwas zu bezahlen, was er selber tun kann, bzw. für eine Zeit zu zahlen, die ihm selber nicht (besser) bezahlt wird. Aber Herr Bohrfest weiß auch, daß es Fähigkeiten und Kenntnisse gibt, über die er nicht bzw. nicht hinlänglich verfügt. Und auf solchen Gebieten, so weiß er, ist die Relation zwischen Selbermachen und Kaufen durch ihn selber nicht zu gewährleisten. Auf der anderen Seite gibt es aber eben Zeiten, in denen seine fachlichen Kompetenzen einfach *nicht* vergütet werden. Und für diese nicht bezahlte Zeit kommt ihm garnicht der Gedanke, jemand anderen etwas Handwerkliches für sich machen zu lassen, was er 'genausogut' selber kann.

Alternativen dazu, daß man in seiner Freizeit selber macht, was man kann, entwickelt Herr Bohrfest nicht. Er ist kein unternehmerischer Geist, weil er nicht in Betracht zieht, daß dabei für ihn etwas 'rausspringen' könnte. Herr Bohrfest sieht nur, daß man arbeiten oder eben nicht arbeiten kann. Jemand anderen das tun lassen, was er selber machen kann, in einer Zeit, die er ohnehin nicht bezahlt bekommt, hieße deshalb für ihn, Zeit nicht nur *nicht* nützlich zu verwenden, um 'zu etwas zu kommen', sondern es hieße sogar, in dieser Zeit auch noch Geld auszugeben. Herrn Bohrfest beschäftigt aber auch *nicht* die Frage, was man denn noch alles selbermachen könnte, denn das hieße, daß er dies und jenes dazulernen müßte, und das wäre eine Investition, die (zumindest vorläufig) das Verhältnis von Zeitaufwand und Wertschöpfung zu seinen Lasten verkehren würde. Aber, wie gesagt, diese Überlegung stellt er garnicht an, weil er ohnehin nur heimwerkt, weil und in dem Maße, wie er schon über Kompetenzen und damit über freizeitlich brachliegende Ressourcen verfügt. Und da kann er nun seine Arbeitskraft als suboptimale Lösung zur weiteren Anhebung seines Lebensstandards einsetzen. Aber die Arbeit, die er dabei verrichtet, *'hängt er hin'* - nach seinem eigenen Dafürhalten; er *'investiert'* sie nicht, weil die 'Kosten' nicht wieder realisiert werden können. Heim-Werke bedeuten für ihn im Grunde unproduktives, 'totes' Kapital. Wie überhaupt alles, was er benutzt, was er abwohnt, was ihm 'nur' gefällt, was 'nur' ästhetisch schön ist, für ihn letztlich so etwas wie verschwendetes Kapital darstellt. Und Verschwendung muß man möglichst gering halten, um ein Optimum an dem, daß man 'etwas hat', zu erreichen.

6.1.6 Der opportunistische Gesellschaftsmensch

So wenig es Herrn Bohrfest also von seiner prinzipiellen Einstellung her ein *Bedürfnis* ist, zu heimwerken, so wenig hat auch für Frau Bohrfest ein Heim-Werk *als* Heim-Werk einen Eigenwert[104]. Beiden ist es selbstverständlich,

---

104 *Wie* wenig bedeutsam Herrn Bohrfest Heimwerken ist, zeigt sich auch daran, wie er über den typischerweise mit dem Heimwerken assoziierten Ort: über die häusliche Werkstatt spricht, nämlich garnicht; bzw., wenn er von einer Werkstatt redet, dann bezieht er sich immer auf seinen ehemaligen betrieblichen Arbeitsplatz. Zuhause hat er keinen separaten Arbeitsraum eingerichtet. Hier stehen lediglich ein zur Werkbank umfunktionierter alter Holzschreibtisch und eines seiner selbergemachten 'Schränkle', in denen er seine Maschinen

das, was man selber kann, auch selber zu machen - einfach um Kosten zu sparen. Für Frau Bohrfest heißt das vor allem, daß sie Malerarbeiten kleineren Umfangs macht, wozu sie sich von ihrem Bruder, der Maler ist, das Notwendige hat zeigen lassen. Derartige Reparatur- und Restaurationsarbeiten sind ihr so fraglos, daß ihr nicht verständlich war, weshalb man darüber ein 'wissenschaftliches' Gespräch führen sollte. (Und mit dem Hinweis, daß ihr wegen eines anstehenden Kuraufenthalts sowieso die Zeit fehlen würde, verabschiedete sie sich denn auch alsbald sozusagen endgültig aus der ganzen Unterhaltung). Auch Herr Bohrfest selber versteht eigentlich nicht so ganz, weshalb Heimwerken so wichtig sein soll, daß man sich auch noch stundenlang darüber unterhalten kann. Aber als ein an seiner sozialen Umwelt interessierter Mensch war es ihm gleichwohl eine 'Freude', seine Gesprächspartnerin "jetzt endlich persönlich kennengelernt" (I, S. 29, 15) zu haben, zumal unsere Gespräche über Herrn Bohrfest's Vorgesetzten vermittelt wurden.

Herr Bohrfest handelt nach der Devise 'Tu ich dir einen Gefallen, tust du mir einen Gefallen'. Dabei will er niemanden ausnützen - so wenig, wie er sich von anderen ausnützen läßt. Noch heute z.B. wundert er sich darüber, daß er von einem ehemaligen Kollegen aus der Betriebsschreinerei einmal alles von ihm gewünschte Material bekommen hat, obwohl er diesem umgekehrt nichts anzubieten hatte. Dergleichen asymmetrische Beziehungen sind eigentlich nicht sehr nach dem Geschmack von Herrn Bohrfest. So berichtet er zwar ausführlich über die gemeinsame Zeit mit seinen Schreinerkollegen und darüber, wie man Material und Maschinen über die Firma beziehen, bzw. in der Firma nutzen konnte, doch zugleich bettet er diese Erzählungen in einen Vergleichsrahmen ein, der besagt, daß Heimwerken 'früher schwieriger' war, während es 'heute viel einfacher' ist. Das heißt, es war wohl vor allem auch deshalb 'schwieriger', weil es einen größeren *organisatorischen* Aufwand bedeutet hat, etwas 'selber' zu machen. Man mußte sich mehr darum kümmern und sich Gedanken machen, mit welchen Leuten man am besten wie zu reden und zu verhandeln hatte, welche Folgekosten zu berücksichtigen waren, usw. Es war wohl vor allem deshalb 'schwieriger', weil 'früher' die Verrechnungseinheiten nicht eindeutig waren.

---

verwahrt, in einem Kellerraum, der zugleich Wasch-, Trocken- und Durchgangsraum zu allen übrigen Kellerräumen, auch zur 'Kellerbar', ist. Und so verwundert es auch nicht, wenn Herr Bohrfest diesen Ort nur mit "in Keller nunter standa" (I, S. 22, 17) verknüpft. Es ist lediglich ein notwendiger, akribisch aufgeräumter und saubergehaltener Gelegenheits-Arbeitsplatz - denn irgendwo muß man seine Utensilien schließlich ja unterbringen.

Und es ist 'einfacher' im Leben von Herrn Bohrfest, wenn alles seinen klaren Preis hat, wenn eindeutig geregelt ist, was wofür zu tun ist, und wenn sich jeder Beteiligte an diese Grundbedingungen hält.

Herr Bohrfest bevorzugt es, wenn er, in den verschiedenen sozialen Gefügen, in denen er sich bewegt, weiß, was *von ihm* erwartet wird, und wenn er umgekehrt weiß, was *er* erwarten kann. Herr Bohrfest ist ein typischer *Gesellschafts*mensch, der zu anderen Funktionsbeziehungen unterhält. *Gemeinschaftliches* Denken liegt ihm nicht, denn sowenig er je mit seinen ehemaligen Arbeitskollegen das traditionelle "Himmelfahrt" (II, S. 17, 28) (auch: 'Vatertag') verbracht hat, sowenig will er sich von seinen Verwandten "abhängig" (II, S. 16, 35) machen, indem er deren Hilfe unnötig beansprucht. Dies heißt nicht, daß Herr Bohrfest nicht gelegentlich - selten - auch einmal in einem Gemeinschaftsgefühl versinken kann, aber das *Prinzip* der Begegnung mit anderen ist solche soziale 'Gefühligkeit' für ihn nicht.

Wenn man also zu etwas kommen will, dann nutzt man die Möglichkeiten, die sich einem auf der jeweiligen Position im jeweiligen sozialen Gefüge bieten. Und das macht, nach Ansicht von Herrn Bohrfest, jeder so, wie er auf seine pragmatische Art veranschaulicht: "Wie ist denn der Mensch? Wenn ich ihnen jetzt einen Rostbraten hinsetz, und da ist ein Käsbrot, ich garantier, Sie langen einfach immer nach dem Rostbraten (Lachen), net, das *isch so*" (III, S. 32, 23-27). Aber die Möglichkeiten sind da oder nicht, und wenn man eben *nur* die Möglichkeit hat, an ein 'Käsbrot' zu kommen, dann nimmt man dieses. Und ebenso ist es mit dem Heimwerken: Hat man genügend Ressourcen, dann kauft man sich, was man haben will; und wenn nicht, dann kann auch heimwerken weiterhelfen. Was man zu tun hat, und was von einem erwartet wird, das ergibt sich ganz selbstverständlich durch die jeweiligen Verhältnisse, in denen man steht. Und wenn sich die Verhältnisse ändern, dann paßt man sich an die neuen Bestimmungen dessen, was man zu tun hat und was erwartet wird, an - zumal Herr Bohrfest sowieso davon ausgeht, daß Neues, das sich durchzusetzen vermag, auch besser ist.

Und so kann er auch mit Fug und Recht von sich behaupten: "*Das, was ich können muß, das kann ich.*" (II, S. 17, 2-3) Beansprucht er doch nicht mehr als das, was in seiner jeweiligen sozialen Position möglich ist. Aber eben auch nicht weniger. Und wenn halt 'der Mensch immer etwas besseres' will, dann muß man eben schauen, was man tun kann. Als Eigenheimbesitzer heißt das, daß man 'sein Sach' in Ordnung hält und darauf achtet, daß man das jeweilig zeitgemäße Wohnniveau einholt. Und für das, was man als den gerade angemessenen Lebensstandard für sich ansieht, macht man, um Geld zu sparen, natürlich *selber*, was man kann. Heimwerken ist somit, nochmals gesagt, für Herrn Bohrfest eine reine Zweckmaßnahme, weil er nicht genügend Ressourcen hat, um all das zu kaufen, von dem er annimmt, daß man es jetzt gerade haben müßte, sollte oder könnte. Aber so, wie er generell nicht meint, daß er alles kann, sondern nur das, was man von ihm in seiner jeweiligen Rolle erwarten kann, so meint Herr Bohrfest auch beim Heimwerken nur *das* machen zu müssen, was er eben kann - und zwar im Unterschied zu den 'richtigen' Heimwerkern, die in seinen Augen *alles* selber machen.

Herr Bohrfest versteht sich, so gesehen, selber also *nicht* als 'richtiger' Heimwerker: Er meint nicht, daß man alles selber machen muß, und er macht auch 'nur', was er (ohnehin) kann. Und das, was er kann, bezieht sich ausschließlich auf das, was er *als Handwerker* kann. Wenn nach Auffassung von Herrn Bohrfest ein 'richtiger' Heimwerker nun aber grundsätzlich alles selber macht, dann folgt daraus, daß er entweder - mit, wie wir später noch sehen werden, Herrn Dr. Dübel-Lust - der Ansicht ist, daß 'richtige Heimwerker' auch tatsächlich alles *können*, oder er teilt mit Herrn Hobelfroh (siehe weiter unten) die Meinung, daß Heimwerker viel 'Pfusch' machen, weil sie alles selber machen *wollen*, aber eben (bei weitem) *nicht* alles können. Herr Bohrfest, und das scheint mir symptomatisch für seine Sozialorientierung, beläßt seine Ansicht aber 'in der Schwebe'. Denn man verhält sich höflich zueinander, und wenn es nicht unbedingt opportun erscheint, zu sagen, daß man 'richtige' Heimwerker vielleicht doch, wie Herr Hobelfroh, für 'Pfuscher' hält, dann muß man mit seiner Meinung auch nicht herausrücken.

Gleichwohl: Herr Bohrfest sagt nicht, daß Heimwerker alles *können*, sondern nur, daß sie alles *machen*. Herr Bohrfest ist nämlich nicht der Mensch, "der sagt, einfach, ich geh mein Weg, ich will von dem Sach garnix wissa. (Ich) interessier mich grundsätzlich für alles" (II, S. 20, 23-25). Und das heißt vor allem, darauf zu achten, was die anderen Leute jeweils tun und meinen, und sich selber so zu verhalten, wie es der jeweiligen Situation angemessen erscheint. Wenn nun die Gesprächspartnerin als Wissenschaftlerin unbedingt über Heimwerken sprechen will, dann muß ja irgend etwas dran sein an dem Thema, und dann stellt sich Herr Bohrfest auch nicht stur. Das ändert aber nichts daran, und das macht er auch immer wieder deutlich, daß Heimwerken für ihn wirklich lediglich die Bedeutung hat, Geld zu sparen. Nur unter diesem Gesichtspunkt spielt es in seinem Leben eine Rolle, nicht jedoch als irgendwie 'positives' Moment seines Selbstverständnisses. Wichtig ist ihm, zu wissen, welchen Lebensstandard, welche

Lebensart *man* (gerade) für angemessen hält. Und wichtig ist ihm natürlich die Frage, ob er sich das, was dazugehört, leisten kann, bzw. was zu tun ist, um es sich leisten zu können. Herr Bohrfest repräsentiert somit jenen - stark verbreiteten - ganz pragmatischen Typus, der nach der Devise heimwerkt, daß die Axt im Hause zwar den Zimmermann, daß aber das nötige Kleingeld durchaus auch die Axt ersparen könne. Er macht selber, was er kann, und weil er's kann, und weil er sich sonst manches nicht leisten könnte, was seinen Vorstellungen von repräsentativem Wohnen entspricht.

6.2   Der Amateur
oder: "Ich habe *gelernt*, richtig."

6.2.1 *Herrn Hobelfrohs Bildungsgeschichte*

Herr Hobelfroh ist 1943 geboren und von Beruf Pädagoge. Er ist verheiratet, Vater von zwei Kindern und bewohnt ein Reihenhaus auf dem Land, das der Familie gehört. Herr Hobelfroh beginnt bei unserem ersten Gespräch, im Anschluß an eine kleine, sozusagen einführende Werkschau und in Reaktion auf mein allgemein formuliertes Interesse an seinen Heimwerkererfahrungen, seine Ausführungen so: "Ja: naja, bei mir ist das so, daß ich vom Handwerkerstand komm, na, mein Ururgroßvater, Großvater, Urgroßvater waren alles Zimmerleute ..." (I, S. 2, 20-21). Weiter berichtet er, sein Vater habe wegen einer Körperbehinderung diese Tradition nicht fortführen können und sei deshalb von der Verwandtschaft mit einem kleinen Bauernhof abgefunden worden. Die ersten *eigenen* handwerklichen Erfahrungen teilt Herr Hobelfroh, der schon als kleiner Junge mit dem verbliebenen großväterlichen Werkzeug "immerzu gebastelt und gewerkelt" (I, S. 2, 30) hatte, auf in 'gute und schlechte', wobei zu den 'schlechten' Erfahrungen der Werkunterricht in der Schule zählt, und zu den 'guten', ein im Lauf der Jugendzeit mit Freunden aus Holz gebautes "Wochenendhaus" (I, S. 3, 5). Den Beginn seiner 'eigentlichen' Heimwerkelei markiert er im Verweis auf seine erste Bohrmaschine, die ihm von seiner Ehefrau einmal zu Weihnachten geschenkt worden ist und mit der er "dann klein angefangen" habe (I, S. 3, 17). Er ergänzt aber sogleich, daß er bereits während seiner früheren Schul- und Semesterferien in verschiedenen Branchen des Bauhandwerks gearbeitet habe und somit in diesen "Handwerkszweig hineingewachsen" sei (I, S. 3, 28).

Herr Hobelfroh sieht sich als in einer zwar faktisch unterbrochenen, ideell jedoch immer noch gültigen Handwerkertradition stehend an. Sozusagen von

Kindheit an hat er sich einschlägige Kenntnisse erworben und seine korporalen Fähigkeiten entwickelt, wobei sein Interesse immer dem gegolten hat, was - in seinen Vorstellungen - ein 'richtiger' Handwerker macht und kann (z.B. eben ein Haus), und nicht den schulischen Bastelaufgaben, die zudem in der bäuerlichen Denkweise, welche ihm - vom väterlichen Anwesen her - ebenfalls eignet, als unnützer Selbstzweck geringgeschätzt sind. Herrn Hobelfroh geht es bei seiner Selbstdarstellung also immer wieder darum, sich als jemand zu vermitteln, der basale handwerkliche Kenntnisse erworben hat und alles andere als ein stümperhafter Autodidakt ist. Als Heimwerker angesprochen legt er Wert darauf, daß er über parahandwerkliche Kompetenzen verfügt, daß er sich wesentlich 'am Handwerklichen' orientiert, daß er also nicht mit dem verwechselt bzw. identifiziert werden möchte, was ihm zufolge der 'typische' Heimwerker ist. Seinem Selbstverständnis nach ist Herr Hobelfroh ein 'Könner', dem lediglich der Gesellenbrief bzw. die Meisterprüfung fehlt, und der sich nur deshalb eben als 'Heimwerker' bezeichnen (lassen) muß. Bei vielerei Problemstellungen glaubt Herr Hobelfroh es heute durchaus mit jedem 'normalen' Handwerker aufnehmen zu können. Respekt kennt er im Grunde nur vor den 'echten', den 'wahren' Handwerksmeistern und ihrer Kunst. Diese Kunst sich anzueignen, zumindest dem meisterlichen Können nachzueifern, das kennzeichnet sein heimwerkerisches Streben. Herr Hobelfroh ist also wohl im eigentlichen Wortsinne das, was man einen 'Amateur' nennt: einer, der leidenschaftlich bei einer Sache ist, die 'eigentlich' eine von 'Professionellen' ist, ein echter Liebhaber - und keinesfalls ein Dilettant.

Während Herr Hobelfroh seine von ihm selbst initiierten biographischen Schilderungen mit seiner Abstammung aus dem 'Handwerkerstand' beginnt, betont er am Anfang einer später nochmals explizit *erbetenen* Lebensgeschichte: "Ja also ich komm aus em Bauernstand, wie gsagt..." (II, S. 1, 9) Und ohne, außer auf Nachfrage, nochmals auf die Verwandtschaftslinie der Handwerker einzugehen, berichtet er hier dann einerseits von der relativen Armut und der nie endenden Arbeit auf dem Bauernhof und andererseits von der bäuerlichen Einstellung, Zeit und Geld nicht für 'Unnötiges' aufzuwenden.[105] Wesentlich scheint mir hierbei u.a., festzuhalten, daß ebenso, wie Herr Hobelfroh in seiner *handwerklichen* Orientierung eine

---

105 Hier zeigen sich also interessante Differenzen sozusagen zwischen einer 'idealen' biographischen Selbstverortung und einer 'realen' Lebensgeschichte.

Arbeit 'richtig' machen will, er aus der *bäuerlichen* Lebensidee heraus auch nur 'richtige', 'nützliche' Arbeit zu machen bereit ist.

6.2.2 Das Prinzip der 'professionellen Ausstattung'

'Eigentlich' begonnen hat die Heimwerker-'Karriere' von Herrn Hobelfroh ja, wie gesagt, damit, daß er von seiner Frau einstmals zu Weihnachten eine Bohrmaschine geschenkt bekommen hat. Daraufhin durchlief und durchlitt Herr Hobelfroh dann eine seiner Meinung nach für Heimwerker-Laufbahnen besonders bezeichnende Phase, nämlich die, in der man glaube, an der technischen Ausstattung sinnvoll sparen zu können, und in der man sich dementsprechend aus schierer Unkenntnis zwar billige, aber eben auch untaugliche Geräte und Maschinen kaufe. Als Konsequenz dieser relativ frühen 'schlechten' Erfahrungen hat sich Herr Hobelfroh mittlerweile eine nahezu handwerker-äquivalente, hochprofessionelle Werkstattausrüstung zugelegt. Während er also seine technische Expansion über den 'Schaden' rationalisiert, durch den er 'klüger' geworden sei, bezweifelt seine Frau die *Rentabilität* dieser Investitionen durchaus, betrachtet sie aber nichtsdestotrotz als legitimiert dadurch, daß ihr Mann 'halt immer neue Sachen ausprobieren' wolle.

Allerdings - und zunächst verwirrenderweise - arbeitet Herr Hobelfroh gar nicht besonders *gerne*, sondern eher 'notgedrungen' mit seinen Maschinen. 'Ideal' fände er vielmehr, alles rein manuell, nur unter Verwendung geeigneter Werkzeuge, zu machen, also die "ganzen alten Techniken" (I, S. 6, 19) zu beherrschen. Weil er aber andererseits nicht herumdilettieren, sondern möglichst 'perfekte' Heim-Werke schaffen möchte, reicht, seinem eigenen Bekunden nach, sein manuelles Geschick allein eben oft nicht hin, um eine Idee so 'vollkommen' zu realisieren, wie er es sich wünscht. Und dann, wenn, und dort, wo seine Handfertigkeit nicht mehr genügend 'greift', kompensiert er den 'Mangel' durch den Einsatz von Maschinen; von Maschinen, die - wenn schon, denn schon - natürlich besonders sauber, exakt und zuverlässig arbeiten müssen - und dies sind, so seine Erfahrung, eben auch die *teuersten* Maschinen, die professionellsten Geräte. Ansonsten orientiert sich Herr Hobelfroh an diesem - jedenfalls heutzutage - etwas romantisch anmutenden Handwerker-Bild des gleichsam mit seinem Beruf verwachsenen professionellen 'Könners', dem es weniger um Einkommenssicherung geht als darum, sozusagen stets ein 'wahres Meisterstück' zu vollbringen und das jeweils nächste womöglich noch besser und schöner zu machen. Kurz: Der 'Könner', der er gern wäre, zeichnet sich für Herrn Hobelfroh durch ein hohes Maß an manueller Geschicklichkeit aus, die die Qualität jeglicher maschineller Fertigung bei weitem übersteigt, und die allein das *perfekt gemachte Werk* zu schaffen vermag.

Und so sind die Maschinen, wenn sie die besten sind, einfach 'Vehikel', um sich dem Ideal der Perfektion unter - notgedrungener - Umgehung des Ideals der Manualität trotzdem zu nähern. Folglich - und durchaus folgerichtig - bewegt sich Herr Hobelfroh (der am liebsten 'alles von Hand machen' würde), was seinen Maschinenpark angeht, stets möglichst an der Spitze des technischen 'Fortschritts'. Dieser Enthusiasmus hat ihn, eigenem Bekunden nach, bislang insgesamt ca. zehn- bis zwölftausend D-Mark gekostet. Dafür aber steht in seiner Werkstatt eben auch kein 'Mist'; dort versammeln sich vielmehr "echte Profimaschinen ..., die schärfsten Geräte ... eine Kreissäge mit allem Pipapo..." (II, S. 31/ 33, 4/ 22/ 8) und dergleichen Nobelgerätschaften mehr. Doch weil die Technik ja 'hinterrücks' sein Manualitätsideal untergräbt, bedarf es *zusätzlicher* Rechtfertigungen, die alle irgendwie darauf abheben, daß er sich der Faszination, die Maschinen auf ihn ausüben, einfach nicht entziehen könne. Manche, so erzählt er, "kaufen sich teure Schmuckstücke, ich hab halt gern Maschinen". Und: "das wird ja auch schamlos ausgnutzt von der Industrie", fügt er lachend hinzu (III, S. 6f., 29-02).

Die Art *wie* er 'bekennt', daß ihm Maschinen auch *ästhetischen Genuß* bereiten, zeigt m.E. an, daß Herr Hobelfroh damit einen 'empfindlichen Punkt' seines Selbst-Verständnisses thematisiert, denn er verbindet seine 'Erklärungen' sofort mit doch recht massiven Eingeständnissen über den Verlust seiner persönlichen Autonomie (wie z.B. eben das, ein manipulierbares Opfer industrieller Interessen zu sein). Offenbar kämpft er sogar gegen den ihm jedenfalls latent präsenten Verdacht, womöglich ein irrational religiöses oder sexualpathologisches Verhältnis zu seinen Maschinen zu haben, wenn er - zögerlich - betont: "... tja: das is kein Fetischismus, isses net, nein; isses nich" (I, S. 18, 23-24). Gleichwohl, die Beziehung zur Maschine scheint keine ganz unpersönliche zu sein, hört man sich etwa Herrn Hobelfrohs Meinung über seinen Schraubstock an: "... weil, man hat mich immer gefragt: was wünscht du dir zum Geburtstag? - von irgendwelchen Schwiegereltern oder was. Und das sagt man, naja, so teuer darf das ja auch nicht sein. Und dann kriegt man *so einen ekelhaften Kerl*, der ärgert einen so" (II, S. 36, 17-20). Wie auch immer, jedenfalls deucht ihn selbst wohl seine Neigung zu teuren Maschinen etwas befremdlich und sozial doch nachhaltig erklärungsbedürftig.

Da Herr Hobelfroh sich über die 'immanente Logik' seines Tuns nicht ganz im klaren zu sein scheint, d.h., da er sich den 'in sich' stimmigen Zusammenhang von Perfektionsideal, Manualitätsideal und der technischen Ausstattung, die *er* 'halt so braucht', anscheinend nicht vergegenwärtigt, kann er sich, allen Bemühungen zum Trotz, nicht hinreichend rechtfertigen. Deshalb sieht er sich der - aus *ihrer* Sicht durchaus berechtigten - Kritik seiner Ehefrau ausgesetzt, deshalb wird er – wenngleich sehr 'nachsichtig' – sogar von seinem ebenfalls heimwerkenden Freund ein wenig belächelt, und deshalb wirkt er auch auf andere Leute - (vor?-) schnell - "recht hochnäsig" (II, S. 36, 27) mit seinen überzogen erscheinenden Qualitätsansprüchen, von denen aus er z.B. den Kauf ihm minderwertig dünkender Maschinen ablehnt (etwa weil ein bestimmter Markenhersteller, der bislang "Profimaschinen" gebaut habe, nunmehr auf dem Heimwerkermarktsektor eingestiegen sei und "viel, viel pimpeligere und billigere" (II, S. 31, 6) Produkte auf den Markt werfe). Derlei Qualitätsansprüche vergällen, wie wir gesehen haben, Herrn Hobelfroh ja auch verwandtschaftliche Geburtstagsgeschenke, die zwar gut *gemeint*, aber in seinen Augen eben nicht *gut* sind, und die, wie manche anderen Maschinen, nur dringend benötigten Platz versperren und absorbieren und damit eher zu einer Last als zu einer Quelle der Lust werden. Um Herrn Hobelfroh eine Freude mit neuen Geräten zu machen, muß man - vor allem er selber - also schon sehr tief 'in die Tasche greifen', denn was *er* halt braucht, das ist etwas, das ihn sowohl technisch-funktional als auch ästhetisch-emotional zu befriedigen vermag, weil ohnehin, "was man so im Alltag braucht, also ein normaler Handwerker im Alltag braucht, das hab ich da" (II, S. 29, 3-4).

6.2.3 Der Raum ist (nur) situativ widerständig

Herr Hobelfroh heimwerkt, wie er mit Nachdruck bemerkt, *nicht* "mit Schwerpunkt auf Heim" (III, S. 10, 6). D.h., daß er, wenn er 'etwas macht', weder sein Haus noch auch jeweils ein bestimmtes Zimmer oder einen bestimmten Raum in einem Zimmer im Blick, geschweige denn 'im Griff' hat. Raum ist ihm weder ein Bearbeitungs- noch wirklich ein Knappheits-Problem. Zwar ist ihm klar, daß Raum begrenzt und widerständig ist, aber diese Widerständigkeit wird ihm nur punktuell, nicht andauernd relevant. Herr Hobelfroh *bewegt* sich zwar innerhalb von Grenzen, aber er *stößt* nicht oft an Grenzen, weil er, da er eben nicht mit 'Schwerpunkt Heim' werkt, garnicht das Bedürfnis hat, allen Raum zu nutzen, der prinzipiell nutzbar sein

144

könnte. Nur manchmal, z.B. wenn seine Frau ein Erbstück im Wohnzimmer
aufstellen will und dabei feststellt, daß das ganze Zimmer umgeräumt werden
muß, weil der Raum "Nischen" (II, S. 27, 18) hat und "schlecht zu
möblieren" (II, S. 27, 9) ist, bemerkt Herr Hobelfroh, daß sich der Raum
den Absichten der ihn Bewohnenden widersetzen kann - weil nämlich keine
der möglichen Lösungen für ihn wirklich überzeugend ausfällt. Aber solches
beunruhigt ihn nicht sonderlich, denn "meist-wir sind ja garnicht mehr soviel
herüben, sind ja immer im andern Zimmer." (II, S. 27, 22-23) Herr
Hobelfroh berichtet denn auch nur von zwei Werken insgesamt, die aus
einem Mangel an Raum heraus entstanden sind; zum einen: "Da, diese
Hängekästen (.) weil wir kein Platz mehr hatten" (III, S. 24, 24-25)[106], und
zum anderen: "Das ist nicht gedacht als Schuhablage, sondern da haben wir
Schwierigkeiten gehabt, unsere Leiter und den Staubsauger unterzubringen,
deshalb ist der auch so *schmal*, weil es genauestens für den Staubsauger und
die Leiter ausgemessen war, deswegen ist das so schmal" (II, S. 28, 3-8).
Dann also, wenn Herrn Hobelfrohs subjektive Relevanzen (die auch
'auferlegt' sein können) auf begrenzten Raum stoßen, erfährt er Raum als
etwas, was ihm die Notwendigkeit auferlegt, nachzudenken, wie man diesen
Raum 'in den Griff' kriegt. Aber er sieht Raum-Probleme keineswegs prinzipiell, sondern nur situativ, bei bestimmten Gelegenheiten. Und diese
(wenigen) Gelegenheiten veranlassen ihn auch nicht dazu, den Raum 'optimal
auszunutzen'. Viel wichtiger, als dem Raum etwas abzuringen, ist ihm auch
dabei das Anliegen, den (immer) möglichen Eindruck, er mache womöglich
'Pfusch', zu vermeiden bzw. garnicht erst aufkommen zulassen.

Nur in *einem* Bereich wird der knappe Raum Herrn Hobelfroh zum
Grundsatzthema: das ist in seiner Werkstatt. Jedesmal, wenn er auf seine
Werkstatt zu sprechen kommt, thematisiert er zugleich auch Raumknappheit:
Die Werkstatt sei "voll" mit unfertigen Werken (I, S. 2, 5). Außerdem hat
er dort eine Holzsammlung, "deswegen steht auch mein Zeug so voll" (I, S.
11, 1). Überhaupt ist der Raum dort "total vollgstellt mit alten Möbeln und
mit Werkzeug und Maschinen, Hobelmaschine, also was man halt so
braucht." (I, S. 4, 7-9) Konkreter besagt dies, daß Herrn Hobelfrohs
Werkstatt tatsächlich eher wie die eines Handwerkers als wie die eines
Heimwerkers ausgestattet ist: Neben insgesamt drei Werkbänken, wovon eine
noch eine von seinem "Urgroßvater handgemachte Hobelbank" (II, S. 22, 19)
ist, sowie einem aus "Kranwinkeleisen" selbergemachten "Schlossertisch" (II,

---

106 Und mehr gibt es für ihn dazu offenbar auch nicht zu erläutern.

S. 29, 7/9), befindet sich in dieser Werkstatt auch seine Holzsammlung oder "Schatzkammer" (III, S. 18, 1), wie er dieses Lager auch voller Stolz zu bezeichnen pflegt. Und 'legitimiert' wird diese 'Sammelleidenschaft', die sich auch auf alles potentiell für Heimwerker Verwertbare erstreckt, im Rekurs auf eine praktische Lebensweisheit: "Wenn mer nix halten will, dann hat mer nix" (II, S. 35, 11-12). Allerdings scheinen Herrn Hobelfroh auch noch andere Motive in den Sinn zu kommen, wenn er so über seine "eigenartige Beziehung zum Material" sinniert und feststellt, das sei halt "ein ganz ein wunder Punkt bei mir" (III, S. 16, 27 / 21).

Den Werkstatt-Raum nimmt Herr Hobelfroh also 'voll in Beschlag'. Hier dehnt er 'sich' aus bis in den letzten Winkel und stapelt sein Material und seine unfertigen Werke auch in die Höhe. In allen seinen Einlassungen zu seiner Werkstatt schwingt der Stolz auf die Behaglichkeit mit, die er mit diesem Raum verbindet. Hier steht und liegt alles, was ihm als Selbermacher lieb und teuer ist. Die Begrenztheit der – sechzig Quadratmeter großen – Werkstatt ist ihm ein Thema, aber nicht 'wirklich' ein Problem. Er versucht auch nicht, *grundsätzlich* 'Ordnung' in dieses 'Gelände' zu bringen, sondern schafft sie sich nur - und gerade so viel - um immer wieder weiterarbeiten zu können. Er muß diesen Werkstatt-Raum nicht bezwingen; er ist ihm eine Art Gehäuse, *in* dem er lebt, gegen das er aber nicht anlebt. Nur wenn es darum geht, jemanden aus seiner Familie dazu zu überreden, ihm in seiner Werkstatt Gesellschaft zu leisten, empfindet er die Raumknappheit als etwas Störendes. Dann ist "auf einmal alles so *beengt*" (I, S. 18, 3), weil er nun bemerkt, daß sich in diesem 'Gelände' außer ihm eigentlich niemand richtig bewegen kann. Doch auch das sind nur punktuelle Störungen und veranlassen ihn nicht dazu, die gesamte Werkstatt als so widerständig zu erfassen, daß er sie einmal grundsätzlich umgestalten müßte.

Herr Hobelfroh kennt somit zwar das Problem der Raumknappheit, ganz speziell in Bezug auf seine Werkstatt, aber es ist ihm keineswegs ständig und insgesamt ein Thema, sondern nur dann, wenn etwas 'Besonderes' ist, wenn z.B. etwas kaputt geht, wenn man umräumen muß, oder wenn man für Platz sorgen muß. D.h., die Grenzen des Raumes erfährt er wohl, aber sie sind ihm nicht besonders relevant. Natürlich ist ihm auch klar, daß man Dinge, und eben auch seine Werke, *irgendwo* hinstellen muß. Aber damit muß man sich eben 'von Fall zu Fall' befassen, wenn derlei Probleme wirklich anstehen, denn schließlich sollte man sich keine Probleme schaffen, sondern die bewältigen, die bereits vorhanden sind.

146

6.2.4 Handwerklich Perfektes ist schön und nützlich

Herr Hobelfroh weiß, und zwar von Kindheit an, daß es im und ums Haus immer etwas zu tun gibt. Man beschäftigt sich nicht um der Beschäftigung willen, sondern man löst *die* Probleme, die sich einem stellen. Wenn man beispielsweise ein Regal braucht, dann (und nur dann) macht man eben ein Regal. Mit der gleichen Selbstverständlichkeit erneuert er Fundamente, baut seiner Tochter ein 'vierstöckiges Puppenbett' oder schweißt ein defektes Balkongeländer. Und weil seine Ehefrau eines Tages festgestellt hat, daß alte Möbel 'schön' seien, macht er sich auch Restaurationsaufgaben zu eigen, obwohl er 'alte Möbel' eigentlich für "schrecklich unpraktisch" (III, S. 9, 15) hält. Aber angesichts dieser vielfältigen Anforderungen darf es dann natürlich auch nicht verwundern, daß Herr Hobelfroh oft "den *ganzen* Tag" (II, S. 15, 11) in seiner Werkstatt verbringt, wenn erst einmal seine 'Leidenschaft' geweckt ist. Denn was er 'in Angriff' nimmt, das muß, wie er immer wieder feststellt, 'richtig' und 'perfekt' gemacht werden. Und eine 'richtige', eine 'perfekt' gemachte Arbeit ist seinem Verständnis nach daran zu erkennen, "daß was funktioniert und *sauber* gearbeitet ist, also nicht gegen die Regeln des Materials gehend, nicht gegen die Regel der Form gehend, nicht gegen die Regeln halt, die halt, ah, sich so a Handwerk *gi:bt*, dagegen darfs nicht verstoßen. Nicht weils Seckel sind, sondern weil es die Erfahrung hat, *so: muß sein*" (III, S. 33, 16-20). An diesen handwerklichen Regeln, Resultate teils jahrhundertealter Erfahrung, kann man sich nicht einfach vorbeimogeln, will man keinen 'Pfusch' machen. Der Ignoranz gegenüber diesen handwerklichen Künsten macht sich in den Augen von Herrn Hobelfroh jedoch typischerweise der typische Heimwerker schuldig, der meistens einfach 'möglichst schnell fertig' sein will.

Ein Werk, das weiß Herr Hobelfroh aus eigener Erfahrung, darf man aber nicht 'übers Knie brechen' - schon garnicht, wenn man keine umfassenden handwerklichen Kenntnisse und Fertigkeiten hat; "weil, wenn mers nicht so macht, wird man ja irgendwann mal bestraft von dem Werkstück, na." (III, S. 31, 29-30). Ein Werk führt quasi ein Eigenleben, und ein nicht gemeistertes, ein 'gepfuschtes' Werk spiegelt das Versagen dessen, der es zu verantworten hat, unerbittlich wieder. 'Wahres Können' hingegen schlägt sich eben *positiv* im 'perfekten' Werk nieder, das seinem Produzenten Ehre macht. Sich an die 'Regeln' zünftiger Arbeit zu halten, kündet somit von intensiver Selbstverpflichtung auf ein handwerkliches Ethos, das Herr Hobelfroh im 'Meister seines Faches' oder, wie er auch häufiger sagt, im 'Könner' verkörpert sieht. Und *dem* nachzueifern, *diesem* Anspruch zu

genügen, das ist Herrn Hobelfrohs Grundeinstellung. *Was* aber nun ein
'schönes und perfektes' Werk ausmacht, das verändert sich je nach Art seiner
Beschäftigung, und das entwickelt sich auch mit seinen Kenntnissen und
Fertigkeiten. Was ihn früher mit 'Stolz' erfüllte, würde er heute oft am
liebsten 'verleugnen'. Und während er anfänglich z.B. noch mit gekauften
Fertigteilen gearbeitet hat, lautet zwischenzeitlich seine Maxime: "Ich arbeite
fast grundsätzlich nur aus Abfall" (I, S. 4, 32). Denn je maroder das
Ausgangsmaterial bei seinen Restaurationsarbeiten ist, desto größer ist für ihn
der 'Reiz', sich mit der handwerklichen Aufgabenstellung auseinanderzusetzen, und als umso größer empfindet er seine Chancen, seine "Neigung zum
Perfekten" (III, S. 10, 12) zu realisieren.

Doch je mehr Kenntnisse und Fertigkeiten Herr Hobelfroh anhand seiner
mimetischen Rekonstruktionen erwirbt, und je umfassender und gründlicher
er die 'richtigen' Arbeitsabläufe beherrschen will, desto weiter weiß er sich
offenbar auch von seiner meisterhaften Werkidee entfernt, desto deutlicher
erfährt er, 'ständig die Unzulänglichkeiten' seines Tuns. Deshalb auch
braucht er, je länger er werkt, eher immer mehr als weniger Zeit. Und
deshalb hat er auch so viele 'halbfertige Sachen' herumstehen, weil es in
seiner Relevanzhierarchie eben gleichgültig ist, ob ein Werk nun 'fertig' wird
oder nicht. Denn wenn ein Werk 'die Idee' nicht einzuholen vermag, wenn
es nicht 'vollendet' ist, dann liegt ihm auch nichts in seiner Fertigstellung.
Dies könnte ein Beweggrund dafür sein, warum Herr Hobelfroh immer
wieder Unlust zeigt, 'konsequent an einem Stück' zu arbeiten, warum er dazu
neigt, seine Arbeiten immer wieder zu unterbrechen, um etwas anderes zu
tun: Solange er an einem Werk arbeitet, solange er es als 'noch nicht fertig'
deklariert, muß er es nicht an seinem Perfektionsideal messen. Was hingegen
abgeschlossen, was 'zu Ende gebracht' ist, das ist dann eben *entweder*
'perfekt' *oder* (nur) 'imperfekt'. Und es ist darüberhinaus auch vergleichbar
mit typisch ähnlichen Werken: Werden am neuen Werk spezifische *Stärken*
sichtbar, dann verweist es zugleich auf die Defizite früherer Arbeiten (und
'entwertet' diese); werden am neuen Werk aber spezifische *Schwächen*
erkennbar, dann manifestiert sich darin ja sozusagen ein 'Leistungsabfall'.

Das selbstauferlegte Ideal des Meisterwerks verhindert somit im Prinzip
die Fertigstellung der Hobelfrohschen Werke: Er muß sich entweder mehr
und mehr der Verwirklichung seiner Idee widmen und alles andere hintanstellen, oder er muß irgendwann seine 'romantische' Orientierung für
gescheitert erklären und doch damit anfangen, Kompromisse zwischen Sein
und Sollen zu suchen und auch zu akzeptieren. Das aber hieße, seinen
heutigen Wertvorstellungen nach, zu 'pfuschen'. Es dürfte somit deutlich

werden, daß die Hobelfrohsche Heimwerker-'Karriere' garnichts anderes sein
kann als eine 'Leidensgeschichte', als ein fast 'sisyphoid' anmutendes
Lebensdrama: Hobelfroh weiß, daß zu einer meisterlichen Lösung mehr
gehört, als er einzuholen vermag. Und so 'flüchtet' er auch lieber immer
wieder aus der Werkstatt, wenn es dort wieder einmal 'in Arbeit auszuarten'
beginnt - nur um dann doch alsbald seinen 'ewigen Anlauf' wieder aufzunehmen. Daß er gleichwohl nicht zu dem wird, was er einen 'Besessenen'
nennen würde, dafür sorgt sein Blick auf die Notwendigkeiten des Alltags,
den er eben seiner *bäuerlichen* Denkweise, seiner 'anderen Lebenseinstellung'
verdankt. Entscheidend aber ist wohl, daß Herr Hobelfroh eben *nicht* darauf
angewiesen ist, seinen Lebensunterhalt mit dem zu verdienen, was seine Leidenschaft ist. Er ist ein Amateur, und als solcher kann er sich sozusagen
prinzipiell auf die Rolle des Lernenden kaprizieren, der eben keine Kompromisse akzeptiert, der *nicht* pragmatisch agieren muß, sondern an der
perfekten Lösung festhalten kann. Pointiert ausgedrückt: Handwerkliches
Problemlösen ist für Herrn Hobelfroh einfach eine 'faszinierendere' Freizeitbeschäftigung als jede andere.[107]

Hobelfrohsche Werkgeschichten sind mithin (vor allem) Lerngeschichten:
Erläuterungen von Aufgabenstellungen und Herausforderungen, die zum
lernenden 'Nachvollziehen' animieren, von 'Lehrgeld', das für Fehler aus
Unkenntnis bezahlt werden muß, und von Fehlern anderer, aus denen man
selber lernen kann. Im lernenden Nachvollzug der Bauweise eines zu re-
staurierenden 'Stückes' kommt es somit quasi zu einer Symbiose der beiden
Hobelfrohschen Grund-Orientierungen am Handwerksmeister einerseits und
an der bäuerlichen Lebensweise andererseits: Die Rekonstruktion eines
Werkaufbaus bedeutet für ihn im Grunde, zu lernen, mit den Augen eines
Handwerkers zu sehen - z.B., wie die Teile eines Möbels 'richtig' zu-
sammengefügt oder fehlende Teile ergänzt werden müssen. Aber dieses
handwerkliche Problem, die zu lösende Aufgabe, ist sozusagen schon in die
Restaurationsarbeit 'eingelassen' - denn seiner bäuerlichen Denkart gemäß
gibt hier *die Sache* selber vor, *was* zu tun ist, und wie *dringlich* es zu tun ist.
Restaurationsarbeiten aber gehören nicht zu den dringlichen, nicht zu den
sehr wichtigen Arbeiten, denn sehr wichtige Arbeiten erkennt man ja daran,
daß sie immer sofort erledigt werden (müssen). *Weil* aber die Möbelrestaura-

---

107 Er ist z.B. auch *nicht* geneigt, einen bestimmten Handwerksberuf, wie etwa 'Schreiner',
systematisch zu lernen. Vielmehr eignet er sich jeweils *die* Kenntnisse an, die notwendig
sind zur je aktuellen Problembewältigung.

tionen nicht zu den sehr wichtigen Arbeiten zählt, stört es Herrn Hobelfroh keineswegs, wenn sie 'liegenbleiben'.

Herr Hobelfroh befaßt sich nun nicht etwa mit der Restauration irgendwelcher teurer Antiquitäten. Im Gegenteil: Je verfallener, je morscher und maroder ein 'Stück' ist, das er in Arbeit nimmt, umso größer ist der Arbeitsanreiz für ihn, denn ein, wie er es wiederholt und nahezu genüßlich nennt: 'total zerlegtes' Möbel birgt die interessantesten, die vielfältigsten Probleme. Und da Herr Hobelfroh ja nicht lernt, um (irgendwann) etwas zu produzieren, sondern weil er etwas selber macht, um zu lernen, deshalb beginnen sich wiederholende Aufgabenstellungen auch schnell, ihn zu langweilen bzw. zur Arbeit 'auszuarten'. Wenn er z.B. für einen Tisch vier Beine drechseln muß, von denen nur noch *ein* 'Orginal'-Bein vorhanden ist, dann ist die Rekonstruktion des ersten, vielleicht auch noch des zweiten spannend, aber spätestens dann bietet diese repetitive Arbeit keinen Anreiz mehr für ihn. Herrn Hobelfroh ist es also nicht, jedenfalls nicht besonders vehement, um den Erhalt eines 'schönen' Möbelstücks zu tun, sondern 'schön' ist eine fachgerechte *Lösung*, die zu finden und praktisch zu erlernen für ihn den 'Reiz der Sache' ausmacht.

So *plant* Herr Hobelfroh seine Werke auch nicht vor (das hieße ja: sich ein Problem schaffen), sondern er läßt sich 'vom Material' leiten. Planung im herkömmlichen Verständnis würde ihm z.B. aufnötigen, nach 'Stückliste' Material einzukaufen, was er sich, wie er sagt, zwar problemlos leisten könnte, "aber das *ärgert* mich dann ganz einfach (.) Geiz kann man da sagen." (I, S. 5, 17-18) Dieser 'Geiz' aber, den er hier für sich selber veranschlagt, hat offenkundig den Sinn, dem Gegenüber den Eindruck von fachlicher Kompetenz zu vermitteln, die nutzend man eben von 'vorschnellen' Lösungen absehen kann: "Da gönn ich mir zum Beispiel keinen Plastikumleimer, sondern denk mir was aus. Von da sind diese Hartfaserplatten mit Moltofill, ah, geglättet und dann geschliffen, und statt eines Umleimers (Lachen) der hat natürlich den Vorteil, daß das net abgeht. Die Umleimer, die springen ab, die kann man nicht halten, *unmöglich*, weil der Kleber verdunstet, geht raus und dann gehts-wirds brüchig, auch PVC wird ja brüchig. Dann jetzt habn wer das, das hält ewig, net, also das hat schon Vorteile." (II, S. 24f., 22-02) 'Schön und nützlich', hier wird es nochmals implizit deutlich, ist eben nicht etwa ein besonders schönes Endprodukt, sondern die fachgerechte, die perfekte Lösung eines handwerklichen Problems.

150

6.2.5 "Ich laß mir die Zeit nicht vorrechnen"

Die Spannbreite von Herrn Hobelfrohs heimwerkerischem Können ist denkbar weit: sie reicht von der Fundament-Erneuerung bis zum Dachdecken, von Schweißarbeiten bis zum Musikinstrumentenbau. Doch benötigt er, wie er immer wieder anmerkt, viel Zeit für seine Arbeiten. Denn im Unterschied eben zum - in seinen Augen - *'typischen'* Heimwerker, den gerade 'die Zeitfrage auszeichnet', weil er 'möglichst schnell fertig werden will', denkt sich Herr Hobelfroh in seine Werk- und Werkelprobleme hinein, um die darin steckenden Entstehungsprozesse bewußt - quasi mimetisch - zu rekonstruieren, nachzuvollziehen und 'umzudenken' wieder in die Antizipation der nun für ihn notwendig werdenden Arbeitsschritte. "Und das dauert eben Zeit, das kostet Zeit, *weils* gut sein soll" (I, S. 10, 33-34). Weil er kein "Fachmann" ist (worauf er immer wieder hinweist), benötigt er nicht nur die Zeit, die eine Arbeit 'eben dauert', sondern er braucht 'Mehr-Zeit': "Da kauf ich mir ein Fachbuch, und dann roll ich das ganze Ding auf, und dann komm ich dahinter, und dann zahl ich auch mein Lehrgeld, indem viel kaputt geht, oder was halt dann nicht ganz so wird" (III, S. 10, 18-22).

Im Lauf der Jahre hat er dementsprechend einiges an 'Lehrgeld' investiert und sich in seinen Fertigkeiten "halt entwickelt, *aber* die Leidenschaft, daß es schön sein soll und perfekt sein soll, war schon immer" (III, S. 7, 27-29). Und was für jede Arbeit gilt, gilt erst recht für ein Werk, das 'gut', 'schön' und gar 'perfekt' sein soll: es dauert *seine* Zeit. Opfert er folglich seine Freizeit, um seiner 'Leidenschaft' zu frönen? Es sieht ganz danach aus, etwa wenn Herr Hobelfroh am Beispiel einer seiner "weniger guten Taten", einem Kleiderschrank, erwähnt, daß dieser "*wahnsinnig* Zeit" und, wie er lachend hinzufügt, sein "akademisches Gehalt" gekostet habe, um dann sozusagen im nächsten Atemzug resümierend zu erklären, daß ihm die "Zeitfrage nicht wichtig" (I, S. 23, 10/20/27) sei. Da ihn offenbar seine 'Leidenschaft' (fast) an die Grenzen auch dessen führt, was er *selbst* noch als vertretbares 'Lehrgeld' erachtet, muß er folgerichtig 'die Zeitfrage' ignorieren. Irritierend ist bei so viel Hingabe und Ausdauer allerdings, daß Herr Hobelfroh erklärt, er wolle nicht "immerzu an einem Stück arbeiten", denn "dann artet das für mich zu Arbeit aus und das mag ich dann überhaupt nicht", weil "konsequent arbeiten muß ich in der Schule genug, und daheim mach ich das nicht." (I, S. 10, 16-17 / 34-35) "Freude" bereitet ihm hingegen, wenn ein Werk "hinterher fachgerecht aussieht", aber die "Arbeit an sich (macht ihm) keinen Spaß, sondern was dann draus entstanden is, und der *Weg* dahin, der muß dann zwar sein, und des muß au präzis sein, aber des is ned so der, a:hhm, so die Arbeit anschließend, *nee*. Ich bin auch a recht fauler Hund, also ich leg mich auch gut und gern a paar Tag ins Bett, also das kann ich durchaus." (III, S. 3, 4-8)

Nun entspricht Herr Hobelfroh jedoch keineswegs dem Stereotyp des sich und seine Fähigkeiten völlig überschätzenden Dilettanten, der sich in seiner Werkstatt verkriecht und, Zeit und Kosten in den Wind schlagend, freizeitlich Selbstverwirklichung betreibt, denn dazu wird sein Können von der Ehefrau, von Freunden und Bekannten und Verwandten zu oft nachgefragt und offenbar hochgeschätzt, so daß er derlei Hoffnungen auf sein kompetentes 'Eingreifen' ständig unter Verweis auf 'fehlende Zeit' abwehren muß. Seinem Selbstverständnis nach ist seine Werkelei alles andere als 'Freizeitbeschäftigung'.[108] Wenn das, was er tut, nun aber keine 'Freizeitbeschäftigung' darstellt, was bedeutet es dann, wenn Hobelfrohs Arbeiten 'sehr lange dauern' bzw. seine Werke 'nicht fertig sein müssen', weil er - schlußendlich - sich "von der Zeitfrage nicht tyrannisieren" läßt (I, S. 23, 29)? Nun, Aufschluß hierzu gibt Herr Hobelfroh z.B., wenn er auf das - durch seine Ehefrau initiierte - Thema Urlaub zu sprechen kommt. Da der 'tägliche' Gang in seine Werkstatt zu seinem "Selbstverständnis" und zu seiner Lebensfreude gehört ("also *ohne das tu ichs net*" - I, S. 45, 9), ist ihm durch das Wegfahren-Müssen 'der ganze Urlaub verleidet'. Deshalb hat sich die Familie, als Kompromiß, einen Wohnwagen zugelegt, an dem es immer etwas 'zu putzen und zu reparieren' gibt, wodurch Herr Hobelfroh, der "einfach immer ein wenig *Problemlösen*" muß (I, S. 46, 11), den Urlaub "ein wenig länger" aushält und nicht schon - wie im Hotel - nach 'acht Tagen nervös' wird, weil "alles so abläuft, alles so sein Gang macht" (I, S. 47, 1-2). Aber im Grunde seines Herzens will Herr Hobelfroh überhaupt nicht weg aus seinem Werkel-Gehäuse. Für ihn ist es "ganz ganz schlimm, wenn ich fort muß. Die vierzehn Tage vorher, da fühl ich mich nicht wohl, und dann noch auf der Fahrt, das ist mir alles lästig, fühl ich mich net wohl." (I, S. 47, 21-24) Dieses Phänomen sieht er im "psychischen Bereich" angesiedelt; es müsse wohl "tiefenpsychologisch" erklärt werden, sagt er, ehe er sogleich mit einer 'soziologischen' Beschreibung aufwartet: "Ich kenne ja das nicht, ich bin ja ganz anders erzogen, bei uns war Sommerzeit Hauptarbeitszeit. Im Winter, da haben wir uns zusammengerollt und mal nichts getan. Und, ah,

---

108 Womit er sich z.B. ganz dezidiert von *dem* Typus abgrenzt, den er als 'Bastler' bezeichnet, welcher sich in seiner Freizeit erst ein Problem schaffen müsse, um es dann lösen zu können (oder auch nicht).

wir haben die Städter gesehn, wenn die aufs Land kommen sind, und wir sind dumm-das warn für uns ganz arge Knülche, daß sie *nichts* habn arbeiten wollen. Das *gibts nicht*, daß einer nicht arbeitet, na, und, ich wollt natürlich auch net arbeiten als Kind. Wir sind natürlich neitrieben worn, Vater gekommen, *auf* gehts, *los*. Wir haben kei - ich *kenn* das nicht, Freizeit. Solang Arbeit da ist, wird gearbeitet und dann nix mehr, da kann ich dann schon mal faulenzen, so isses net, aber das ist eine andere Lebenseinstellung. Ich kenn das net, von *sieben bis fünf* Arbeit und dann frei
Frau Hobelfroh: daß man dann nicht mehr arbeiten darf
Herr Hobelfroh: Das ist für mich überhaupt nicht, weil um *elf* Uhr kanns mir ja auch einfallen, daß ich arbeiten will. Also die *Zeit*, der Aufwand, der hat mir garnix ausgemacht, auch am Sonntag net. Das war mir wurscht." (I, S. 47f., 21-10)

Im bäuerlichen Denken gibt es die Situation praktisch nicht, in der man nichts mehr zu tun hat, weil keine Arbeit mehr da wäre. Man kann lediglich sagen, man tue jetzt eben nichts mehr. Damit hat man aber nicht das, was man gemeinhin unter 'Freizeit' versteht, also so etwas wie eine *institutionalisierte* 'Aus'-Zeit. Auf einem Bauernhof gibt es immer etwas zu tun, und folglich kann es auch nur Zeiten geben, in denen man arbeitet, und Zeiten, in denen man eben (warum auch immer) *nicht* arbeitet. Beide Zeiten werden quasi als von der Natur vorgegeben erachtet. Die Natur scheint die Prioritäten nach dem Prinzip 'first-things-first' zu setzen und den Spielraum, weniger Wichtiges auf 'später' zu verschieben, vorzugeben. Und diese Denkweise, daß es immer etwas zu tun gibt, und daß sich Wichtigkeiten aus der 'Natur der Sache' ergeben, hat sich Herr Hobelfroh zur Lebenseinstellung gemacht.[109]

Andererseits verdient Herr Hobelfroh sich seinen Lebensunterhalt nicht als Handwerker. Folglich kann, seinem Selbstverständnis nach, die Werkelei per Definition nicht zu den 'ganz wichtigen' Sachen gehören. Und was dann noch als 'wichtig' oder 'weniger wichtig' einzuschätzende Arbeit übrig bleibt, will er *selber* bestimmen - und damit auch, wann diese Arbeit zu erledigen ist. Deshalb ist *ihm* eben die "Zeitfrage" 'nicht so wichtig' und 'im Grunde uninteressant'. Aber offenbar wird die Frage nach der Zeit von anderen an ihn herangetragen: Rechtfertigen muß er sich vor allem gegenüber seiner

---

109 Vor diesem Hintergrund erst wird verständlich, weshalb er sich z.B. nicht als Bastler sehen kann: Weil es eben ohnehin *immer* etwas zu tun gibt, kann es nicht sein, daß man sich auch noch Beschäftigungen *erfindet*. Wer bastelt, der hat demzufolge offenbar nichts zu tun.

Ehefrau, die, trotz all ihrer Bemühungen um Verständnis für ihren heimwerkenden Ehemann, dessen 'andere Lebenseinstellung' nicht teilen kann, und der deshalb unverständlich bleibt, weshalb 'viele halbfertige Sachen oft jahrelang liegenbleiben'. Um nun aber vor seiner 'verständnislosen' Ehefrau nicht als dilettierender Freizeit-Bastlers dazustehen, muß Herr Hobelfroh ihr zumindest gelegentlich die Qualität seiner Arbeit demonstrieren - entweder, indem er sie auf den 'Pfusch', der im heimwerkenden Verwandten- und Bekanntenkreis produziert wird, hinweist, oder aber indem er selber etwas *fertig*stellt.

Von solchen 'Zugeständnissen' einmal abgesehen heimwerkt Herr Hobelfroh aber nun absolut *nicht*, um etwas zu *produzieren*, wie dies 'typische' Heimwerker tun (die deshalb möglichst schnell fertig werden wollen). Und er will auch nicht einfach etwas machen, wie der Bastler (der eine 'Freizeitbeschäftigung' sucht), sondern er will etwas machen, *um zu lernen*, wie es gemacht wird. Sein eigenes Heimwerken bedeutet für Herrn Hobelfroh also vor allem, zu lernen, wie eine nach *handwerklichen* Kriterien 'perfekte' Problemlösung *praktisch* zu realisieren ist. Denn ein Problem ist erst dann gelöst, wenn es *praktisch* gelöst ist - und zwar nicht 'irgendwie', sondern 'fachgerecht'. Und das kostet eben - wie die praktische Erfahrung lehrt - 'seine' Zeit. Deshalb denkt Herr Hobelfroh auch nicht daran, die Zeit 'zu rechnen', und schon garnicht denkt er daran, sich (von wem auch immer) die Zeit *vorrechnen* zu lassen, die er für seine Arbeit braucht.[110]

6.2.6 Der Solitär mit der romantischen Idee

Als Herr Hobelfroh einmal zu einem Gespräch, das ich mit *Frau* Hobelfroh über Heimwerken geführt habe, hinzukam und dann mehr und mehr die Gesprächsführung an sich zog, kam er u.a. auch auf seine 'vielen noch halbfertigen Sachen' zu sprechen, worauf wir eines dieser unfertigen Teile besichtigten, zu dem Frau Hobelfroh dann wiederum bemerkte: "Weiß *Gott* wann die Front hinkommt, das sind die Dinge, net, wo ich gesagt hab, wo bei uns oft so, ah, halbfertig sind. Und wir wissen *beide* genau, da sollt noch

---

110 *Weil* nun aber ein handwerkliches Problem erst gelöst ist, wenn es auch praktisch umgesetzt ist, und weil dabei aber so manches 'schiefgehen' kann, deshalb 'artet' seine Werkerei für Herrn Hobelfroh mitunter auch 'richtig' zur Arbeit aus, und diese bereitet ihm dann durchaus *keine* Freude.

154

irgendwas hin, und das passiert *jahrelang* nicht, na", wodurch sich Herr Hobelfroh in seinen Ausführungen aber keineswegs irritieren ließ, sondern weiter erläuterte: "... auch zum Beispiel *das* selber gemacht, und dann hier, da war das Problem ..." (II, S. 26, 24-29).

Nochmals: Offensichtlich teilt Frau Hobelfroh die Faszination ihres Ehemannes fürs Heimwerken *nicht*. Zwar haben sich beide 'irgendwie' arrangiert in dem Sinne, daß jeder *seinen* Interessen nachgeht, aber beide vermissen doch die zumindest gelegentliche Anteilnahme des anderen an den je eigenen Interessen. So bekundet Herr Hobelfroh das Bedürfnis, seine Ehefrau solle ihm doch in der Werkstatt wenigstens ab und zu Gesellschaft leisten - wobei er ja garnicht (mehr?) erwarte, daß sie dabei womöglich selber mitwerkle -, während Frau Hobelfroh lieber ein eher städtisches, eher außerhäusliches Leben führen möchte und es schätzen würde, wenn ihr Ehemann sie immer wieder einmal beim Stadtbummel begleitete. Nachdem aber beide keinen Geschmack an den Neigungen des je anderen finden können, lebt jeder von ihnen seinen eigenen, individualisierten Lebensentwurf. Zu konfliktträchtigen Situationen kommt es allerdings mitunter dann, wenn der gemeinsame Wohnraum tangiert ist und Frau Hobelfroh sich berechtigt sieht, Ansprüche einzuklagen. Denn während sie akzeptiert, daß ihr Ehemann durch Heimwerken sein Interesse an "immer irgendwelchen *neuen* Aufgaben" (II, S. 4, 17) befriedigt, bleibt es ihr unverständlich, weshalb dann 'bestimmte Sachen' nicht einfach doch von einem Handwerker gemacht und damit wirklich auch *erledigt* werden können. So wenig verständlich und akzeptabel es Frau Hobelfroh ist, daß ihr Ehemann nicht in Urlaub fahren will, so wenig angemessen und durchsichtig erscheint ihr auch sein selbstgesteckter Perfektionsanspruch, der dazu führt, daß Herr Hobelfroh "*stundenlang* an irgendwas dran sein (kann), und nachher ist eigentlich relativ wenig-für Außenstehende wenig zu sehn" (II, S. 8f., 29-1). Denn in den Augen von Frau Hobelfroh pflegt ihr heimwerkender Ehemann eben ein *Hobby*, und das findet sie auch völlig in Ordnung, sozusagen als freizeitlichen Ausgleich zu seinem Beruf. Aber was Herr Hobelfroh da treibt, das hält Frau Hobelfroh nun doch für übertrieben und bzw. weil die Toleranz der anderen, die davon tangiert sind, überstrapazierend.

Angesichts von so viel Unverständnis (und) in Anwesenheit der ja am Heimwerken interessierten Besucherin ignoriert Herr Hobelfroh einfach diese Klage – wie auch alle weiteren Bemerkungen seiner Ehefrau, trotz verschiedener 'Einlenkungsversuche' von deren Seite. Daß "man mit einem *Uneingeweihten* nicht reden (kann)" (II, S. 21, 21-22), hat Herr Hobelfroh zwischenzeitlich gelernt - nicht zuletzt dadurch, daß immer wieder irgendwelche anderen Leute ihn dazu bewegen wollen, etwas für sie zu machen, dabei aber lediglich Interesse am fertigen Arbeitsprodukt, nicht jedoch am Entstehungsprozess zeigen, weshalb er sich angewöhnt habe, sich "bewußt ganz doof" (II, S. 22, 1) zu stellen. Daß aber auch die eigene Ehefrau ihn bloßstellt, zumal er zuvor ja bereits selber zugestanden hatte, daß es 'halbfertige Sachen' gebe, ist nun allerdings nochmals eine andere Sache. Andererseits: Was soll man von 'Außenstehenden' erwarten, wenn normalerweise nicht einmal Heimwerker begreifen, um was es 'eigentlich' gehen sollte, nämlich daß man sich mit dem, was man tut, auseinandersetzen, daß man eben *lernen* wollen muß. Aber gerade das wollen die Heimwerker, die "in Bezug aufs Haus, das man sei *Haus hat* und das dann fertig macht" (III, S. 20, 20-21) *nicht*. Die arbeiten vielmehr "wie die Lemminge" (III, S. 22, 24) - was in der Hobelfrohschen Diktion heißen soll: ohne Sinn und Verstand.[111]

Das ganze Ausmaß der Inkompetenz, das Herr Hobelfroh im typischen Do-It-Yourself-Adepten verkörpert sieht, faßt er in der Karikatur des "verkniffenen und ewig mit halb abgesägtem Daumen rumlaufenden Heimwerker(s)" (III, S. 10, 9-10) zusammen. Doch auch der 'normale' Handwerker gehört für ihn nicht zur esoterischen Runde der 'Könner'. Schließlich hat, wie wir gehört haben, Herr Hobelfroh ja von Jugend an bauhandwerkliche Erfahrungen gesammelt und 'immer dazu gelernt', so daß er bei vielen handwerklichen Aufgaben wohl mit Fug und Recht von sich behaupten kann: "Des macht mir so schnell kein Maurer nach" (III, S. 26, 7-8). Weshalb also soll er für eine 'normale' Handwerkerarbeit Geld bezahlen, wenn er sich ohnehin nicht darauf verlassen kann, daß sie seinen Ansprüchen entsprechen wird. Und Herr Hobelfroh versteht nicht, weshalb seine Ehefrau das nicht verstehen kann und ständig auf 'halbfertige Sachen' verweist, wo er doch meint: "Mei Zeug is weiter in Ordnung, und ich kanns repariern" (III, S. 10, 7-8). Herrn Hobelfrohs Interessenschwerpunkt ist eben

---

111 Während er diese Diskrepanz zwischen seinem eigenen Wollen und dem üblichen Treiben von Heimwerkern so lange noch relativ gelassen betrachten kann, so lange relativ *abstrakt* vom 'typischen' Heimwerker oder auch von irgendwelchen Nachbarn, Bekannten und Freunden die Rede ist, kollidieren die verschiedenen 'Entwürfe' ernsthaft dann, wenn der 'typische' Heimwerker z.B. in Gestalt des eigenen Schwiegervaters auftritt, der immer die 'Zeitfrage' hochhängt, dem es also anscheinend auch immer 'nur' darum geht, möglichst schnell 'fertig zu werden'. Wer mit einer solchen Einstellung werkelt, der macht, dem Denken von Herrn Hobelfroh zufolge, 'nichts als Pfusch' - weshalb gegenseitige Hilfeleistungen der beiden Selbermacher in der Familie tunlichst vermieden werden.

nun einmal *nicht* das 'Heim'. Und 'halbfertige Sachen' verweisen in *seinem* Relevanzsystem einerseits darauf, daß das, was mit ihnen (noch) zu machen ist, nicht zu den *dringlichen* Arbeiten gehört, und andererseits darauf, daß die handwerklich *interessante* Aufgabe bereits erledigt ist.

Nochmals: Herrn Hobelfroh geht es nicht darum, schöne *Dinge* zu produzieren, sondern darum, eine im handwerklichen Sinne 'schöne und perfekte' *Arbeit* zu leisten - und das hat in seinen Augen nichts mit einer 'Freizeitbeschäftigung' zu tun. Das jedoch will, wie es ihm scheint, in seiner näheren und nächsten Umgebung niemand verstehen. Wenn die Ehefrau dann 'unvorsichtigerweise' auch noch damit scherzt, daß schließlich sie selbst es gewesen sei, die ihm die erste Bohrmaschine geschenkt und damit "die Wurzel allen Übels gelegt" habe, dann bleibt Herrn Hobelfroh nur noch der Rekurs aufs Existenzielle: "Die Wurzel allen Übels war, daß *ich geboren worden bin überhaupt*, ist mir ins *Wiegenlied gesungen* worden, hab ja schon Häuser gebaut und so." (II, S. 37f., 30-2)

Wenn es bei den 'halbfertigen Sachen' um die gemeinsame Wohnung, um den familialen Lebensraum geht, dann will Herr Hobelfroh seiner Ehefrau das Mitspracherecht natürlich nicht verweigern. Wenn es aber sozusagen um die Urheberschaft an seiner 'Leidenschaft für schöne und perfekte Arbeit' geht, dann kann diese niemand aus seiner sozialen Mitwelt für sich beanspruchen, denn Herr Hobelfroh bezieht sich auf eine ideale Um- und Vorwelt: auf die Welt alter Handwerksmeistertraditionen. Und Repräsentanten dieses idealen Typus findet er in seiner Alltagsrealität nur noch selten; vielleicht noch bei dem einen oder anderen 'Geigenbauer', bei dem er einen Kurs zur Fertigung von Musikinstrumenten belegt, oder bei einem Handwerksmeister, der noch ein 'Könner' seines Faches ist. Hauptsächlich aber finden seine 'Begegnungen' mit 'wirklichem Können' über Fachbücher statt, die er zu Rate zieht. Für Herrn Hobelfroh liegt die 'Wurzel allen Übels' mithin besonders darin, daß es diesen "Handwerkerstand" (I, S. 2, 20), dem er sozusagen genealogisch entstammt, und dem er sich vor allem 'ideologisch' zugehörig fühlt, kaum noch gibt, und daß offenbar auch keine Nachfrage mehr nach diesen Fähigkeiten besteht. Jedenfalls besteht diese Nachfrage nicht in seiner unmittelbaren Sozialwelt, auch (oder gerade?) nicht bezogen auf seine Person. So zieht Herr Hobelfroh sich eben zurück mit seinen Idealen und auf seine Ideale, mental alleingelassen von seiner, durch seine einmal mehr, einmal weniger latenten Inkompetenzvorwürfe gekränkten Ehefrau. Er wird, als Heimwerker, inmitten der Seinen, zum *Solitär*, nimmt alles, auch die 'Urschuld', auf sich und weist so jede Art der Einmischung inkompetenter Anderer zurück.

Die eigene Geburt als 'Wurzel allen Übels' zu deklarieren, das ist eher Leidenssemantik, denn Erfolgsgrammatik; eine Leidenssemantik, die Herr Hobelfroh auch aufnimmt, wenn er sich nicht mit Mißverständnissen und Angriffen auseinandersetzen muß, sondern auf das zu sprechen kommt, was in seiner Orientierung eine zentrale Rolle spielt: das Arbeitsmaterial. Etwa wenn er von seiner Sammelleidenschaft berichtet, die sich auf alles erstreckt, was irgendwie Verwendung finden könnte, vor allem aber auf Holz, und mitteilt, daß ihm halt 'das Herz blutet', wenn er es z.B. anläßlich eines Umzugs verschenkt, oder bemerkt, daß diese "eigenartige Beziehung zum Material" (III, S. 16, 27) ihm zwar selber nicht erklärbar, aber eben "ein ganz ein wunder Punkt" (III, S. 16, 22) bei ihm sei, dann sind dabei ständig Metaphern im Spiel, die auf eine Verletzung und auf Verletzlichkeit, auf Empfindsamkeit und Problematik verweisen. In der ganzen Ausdrucksweise von Herrn Hobelfroh lassen sich dergestalt immer wieder 'Verlustanzeigen' identifizieren. Sein Horizont als Heimwerker, der er nicht sein will - jedenfalls nicht in dem Sinne, wie er für ihn 'typisch' ist -, scheint von einer Art von Verfallsgeschichte geprägt zu sein: In dieser Verfallsgeschichte sind die Handwerksmeister schlechthin seine geistigen 'Ahnen', deren Vermächtnis zu bewahren er allmählich noch als 'Letzter' sich bemüht. So wird er, ohne es im professionellen Sinne sein zu können, durch selbstdiszipliniertes Lernen und Sich-Bemühen, quasi zum 'Meisterschüler' einer imaginären Zunft, der sich unbeirrt von den Zeitläuften an die 'Regeln der Kunst' hält, weil (nur) sie 'wahres' Wissen und Können verbürgen. Dieses 'Vermächtnis' also gilt es gegenüber dem 'schnell zusammengepfuschten Produkt' des 'typischen' Heimwerkers hochzuhalten. Und diesem 'Vermächtnis' gegenüber erweist sich eben auch der heutige Normal-Handwerker im Grunde als Pfuscher.

6.3 Der Überzeugte
oder: "Das muß ja nun fast eigentlich wirklich ein jeder können."

6.3.1 Die Erfolgsgeschichte des Herrn Dr. Dübel-Lust

Herr Dr. Dübel-Lust ist ein 1942 geborener Österreicher, von Beruf Sozialwissenschaftler, der mit seiner siebenköpfigen Familie in seinem Eigenheim auf dem Lande lebt. Noch vor unserem ersten Interview verfaßte er einen Text mit dem Titel "Stationen einer Heimwerkerkarriere", in dem er seinen Werdegang als Do-It-Yourself-Aktiver beschrieb und allgemeine

158

Überlegungen über Heimwerken anstellte (was wohl allein schon sein hohes Engagement für die Thematik dokumentiert). Gegenüber der im Interview später *erfragten* Biographie repräsentiert dieser Kunsttext somit die 'orginäreren' Daten zur Frage seines Selbstverständnisses als Heimwerker. Die den verschiedenen biographischen Entwicklungsstadien vorausgeschaltete Einleitung beginnt mit einer apodiktischen Aussage: "Ob, mit welchem Alter und welcher Intensität jemand Heimwerker wird, ist mit Sicherheit wesentlich von den Rahmenbedingungen, die sich in den *Wohnverhältnissen* (Hausbesitz) und der *sozialen Herkunft* ausdrücken, mitgeprägt." (I, S. 1)

Schon mit dieser Generalerklärung gibt sich Herr Dr. Dübel-Lust m.E. als jemand zu erkennen, der sich nicht nur seine Gedanken macht über sein Heimwerken und auch nicht nur Vermutungen anstellt über Heimwerker im Allgemeinen, sondern er stellt sich als jemand vor, der 'über die Sache' Bescheid weiß, der den dem Heimwerken zugrundeliegenden *Sinn* erfaßt hat. Und mit der alltäglich plausiblen Annahme, daß Heimwerken etwas mit den 'Wohnverhältnissen' und der 'Herkunft' zu tun hat, setzt Dr. Dübel-Lust Rahmenbedingungen, an denen er im weiteren seine besondere Heimwerker-biographie abspiegeln kann. Nun erweisen sich aber gerade in seinem Fall, wie er veranschaulicht, diese Voraussetzungen als nicht zutreffend, denn Dr. Dübel-Lust wuchs nicht nur in einer Mietwohnung auf, in der 'der Platz zum Heimwerken fehlte' sondern auch die sprichwörtlichen "linken Hände gutbürgerlicher Akademiker-Haushalte" (I, S. 1) behinderten die Entwicklung seines heimwerkerischen Potentials. Doch einmal mit den entsprechenden Werkzeugen ausgestattet, erweisen sich die milieubedingten 'linken Hände' als garnicht so linkisch, sodaß er nach und nach und schlußendlich auch auf engstem Raum, beim "Ausbau eines Wohnmobils" (I, S. 11), ungehindert seine Fähigkeiten und Fertigkeiten als Selbermacher unter Beweis stellen kann.

Mit einem klassischen rhetorischen Kunstgriff, der die selber aufgestellten Rahmenbedingungen wieder problematisiert, gibt Herr Dr. Dübel-Lust also zu verstehen, daß er keine heimwerkerspezifische Normalbiographie durchlaufen hat. Mit diesem 'Bekenntnis' will er nun aber keineswegs die von ihm aufgestellten strukturellen Voraussetzungen einer Heimwerkerkarriere falsifizieren. Vielmehr macht er, indem er die Geschichte seines persönlichen Erfolges erzählt, seine Aussagen umso glaubhafter, gerade weil seine Geschichte nicht der von ihm konstatierten Normalität entspricht. Herr Dr. Dübel-Lust hat sich entgegen seinen 'Milieuvorgaben' zum Heimwerker entwickelt. Er hat gelernt, sich nicht von Widrigkeiten abhalten zu lassen, hat sich dabei in der Kunst der 'Improvisation' geübt, auf der Suche nach der

'optimalen Lösung' seine 'Kreativität' entfaltet und ist dadurch zum
überzeugten Heimwerker geworden. Dr. Dübel-Lust hat keine Konversion
erlebt, es geschah nichts Ungewöhnliches, das ihn völlig umgekrempelt und
so womöglich erst 'die Wahrheit' hätte entdecken lassen. Langsam, nach und
nach, sozusagen Werk für Werk hat er den *Sinn* erkannt und seine Überzeugung gefestigt.

Als überzeugter Selbermacher hat Herr Dr. Dübel-Lust natürlich auch
eine Botschaft, die er zum Schluß seiner biographischen Erfolgsgeschichte
übermittelt, wenn er sich zur "ideologischen Verwandtschaft" mit Wohnmobilisten bekennt und schreibt: "Vielleicht sind Freiheit, Flexibilität, etwas auf
eigene Faust unternehmen, Abneigung gegen Massenphänomene und gegen
Eingepreßtsein in Konventionalität, Werthaltungen, die der Heimwerker mit
dem Wohnmobilisten gemeinsam hat." (I, S. 11) Wenn Dr. Dübel-Lust seine
'ideologische Verwandtschaft' selber in Anführungszeichen setzt und die
geteilten Werthaltungen mit einem hypothetischen 'vielleicht' einführt, dann
bringt er keineswegs Skepsis am Wahrheitsgehalt dieser Werthaltungen zum
Ausdruck, sondern ihm ist klar, daß er hier auf stereotype Formulierungen
zurückgreift, die er als Heimwerker gerade ablehnt. Denn als überzeugter
Selbermacher wendet er sich gerade gegen stereotype und standardisierte
Vorgaben, die Markt und Werbung zu verkaufen suchen.

In seinem Bekenntnis zum Heimwerken mit seiner 'Freiheits'-versus-
'Konventionalitäts'-Vorstellung zeigt Herr Dr. Dübel-Lust aber auch eine
generelle Weltvorstellung an: Einerseits sieht er strukturelle Rahmenbedingungen, wie die von ihm einleitend erwähnten, andererseits aber sieht er auch
das Individuum, das in der Lage ist, über diese Strukturen nachzudenken und
aus ihnen etwas zu machen. Und diesen Handlungsspielraum interpretiert er
als Moment der Freiheit. Erläutert wird diese Freiheitsidee vor allem, als ich
mich zu Beginn des biographischen Interviews auf die in seiner schriftlichen
biographischen Selbstdarstellung immer wieder aufscheinenden *Ironisierungen*
beziehe und sie als bestimmte Gattung der Selbstdarstellung problematisiere.
Die 'Freude an Ironie und durchaus auch Selbstironie' betrachtet Dr. Dübel-
Lust einerseits als Versuch, das Zusammenleben erträglicher zu gestalten,
und andererseits als Teil seiner Identität als Österreicher, der im Unterschied
zum sturen Deutschen (was er wiederum mit einem Witz zu veranschaulichen
versucht), weniger 'verbissen' mit den Strukturen umzugehen weiß.[112] Und

---

112 Ein wenig locker ausgedrückt heißt das Motto dieser österreichischen Existenzialismus-
Variante: 'A bissel was geht immer'.

mit diesem Selbstverständnis heimwerkt Dr. Dübel-Lust auch, indem er den je gegebenen Rahmenbedingungen, die aus heimwerkerischer Sicht am besten im Eigenheim erfüllt sind, die für ihn funktionalste Problemlösung abringt.

6.3.2 Das Prinzip der 'langfristigen Rentabilität'

Bis zum Bau seines Eigenheims auf dem Lande, das heute also einen Sieben-Personen- bzw. Drei-Generationen-Haushalt beherbergt, war Do-It-Yourself für Herrn Dr. Dübel-Lust eine, wie er heute bekundet, eher 'beiläufige' Angelegenheit. Die damals noch lediglich sporadisch auftretenden Eruptionen von heimwerklerischem Schaffensdrang waren noch mittels einer Bohrmaschine mit verschiedenen Vorsatzgeräten, die er sich bereits während seiner Studienzeit zugelegt hatte, zu bewältigen. Heute hingegen umfaßt das, 'was man halt so braucht', bei ihm nicht nur das, was er *faktisch* an Maschinen benötigt, sondern auch das, was ihm *potentiell* erlaubt, seine originellen Einfälle zu realisieren. Trotzdem bezeichnet er immer wieder als Triebfeder seiner Do-It-Yourself-Aktivitäten seine zumeist selbstironisch konstatierte "Knausrigkeit". Sie ist ihm, wie er bekennt, Anlaß, "nahezu sportliche Ambitionen" (I, S. 3) auf der Suche nach billigem Material und preisgünstigen Maschinen zu entwickeln. Als sich als besonders *sparsam* stilisierender Konsument stellt er nicht nur Preisvergleiche an, nutzt er nicht nur Sonderangebote und erhandelt er nicht nur Rabatte, außerdem und nicht zuletzt wird ihm der Heimwerker-Markt zur Fundgrube für kostenlose Ideen - auch und vor allem, wie wir noch sehen werden, was praktikable Lösungswege für konkrete Realisationsprobleme angeht. Selbergemachtes erscheint ihm allemal kostengünstiger als Gekauftes, wodurch es sich für ihn gleichsam schon 'von selbst' legitimiert.

Über dieses sein Sparsamkeits-Ideal rechtfertigt er aber nicht nur seine eigene Heimwerkelei, er versucht damit auch das 'kreative Potential' seiner ganzen Familie zu mobilisieren. Denn eine (begrüßenswerte) "Grundeigenschaft" des freizeitlichen Selbermachers sei es, so Dr. Dübel-Lust, "immer möglichst spitzfindige und optimale Lösungen auszutüfteln" (I, S. 3). Und eine optimale Lösung ist *dann* gefunden, wenn ein Heim-Werk unter maximaler Nutzung räumlicher Gegebenheiten und mit minimalem materiellem Aufwand technisch machbar erscheint und größtmögliche Funktionalität verspricht. Das (ideale) Ziel ist stets das funktionalste Produkt, und der beste Weg ist stets der möglichst kostengünstigste. Das Ideal der Sparsamkeit impliziert die kreative, die originelle Lösung. Die originelle Lösung aber kann es nicht geben ohne Improvisationen, die dazu dienen, Materialmängel, Pannen und Mißgeschicke welcher Art auch immer 'aufzufangen'.

Improvisationen sind ohnehin ein wesentliches Merkmal von Heim-Werken ebenso wie von Heim-Reparaturen, und sie sind dem überzeugten Heimwerker in aller Regel durchaus stolzer Beweis seiner praktischen Erfindungsgabe. Doch um improvisierend optimale Lösungen realisieren zu können, braucht es eine Ausstattung an Werkzeugen und Maschinen, die nicht nur hinreicht, um aktuelle bzw. konkret voraussehbare Probleme bewältigen zu können, sondern die auch die Bewältigung *möglicher*, situativ überraschend auftretender Probleme erlaubt. Dadurch wird plausibel, warum Herr Dr. Dübel-Lust zwischenzeitlich vier Bohrmaschinen sein eigen nennt (die er, wie er sagt - und demonstriert -, alle benötigt), warum er vom Prinzip der Vorsatz-Geräte längst auf das der Einzelmaschine umgestiegen ist, und warum er sich immer stärker spezialisierte Maschinen zulegt. Daß er trotzdem - oder gerade deshalb? - den Eindruck hat, er sei technisch unzulänglich ausgestattet mit seinem 'höchstens' dreitausend D-Mark teuren Maschinenpark, weil er den "Schritt zum präzisen Profigerät" (I, S. 10) noch nicht vollzogen habe, nimmt ebenfalls nicht wunder, auch wenn er zugleich konzediert, daß er die *technische* Bewältigungskapazität nicht ausreichend ausschöpfe. Schon damit irritiert aber sein Prinzip der 'optimalen Lösung' ja 'eigentlich' seine Sparsamkeitsregel, weshalb allfällige Maschinenkäufe vorzugsweise mit dem Argument *langfristiger* Rentabilität legitimiert werden. Da sich aber auch am Materialeinsatz nur bedingt sparen läßt, will man Funktionalitätsansprüche nicht doch 'unter der Hand' wieder hintanstellen, reduziert sich Dr. Dübel-Lusts Knausrigkeits-Ideologie praktisch mehr oder weniger darauf, daß er kein Geld für den Kauf von Know-How und von fremder Arbeitszeit auszugeben bereit ist - jedenfalls solange es sich durch Anschauen und Selbermachen irgendwie vermeiden läßt.

Seine Werkstatt thematisiert Herr Dr. Dübel-Lust *nicht* explizit von sich aus, denn zwar verfügt er über deren *zwei* (im Keller und in der dem Haus vorgelagerten Garage), gleichwohl ist im Grunde sein *ganzes Haus* nicht nur eine ewige Baustelle, sondern auch mehr oder weniger dauerhaft seine Werk-statt geworden, so daß er folgerichtig auch von seinen je aktuellen 'Arbeits-plätzen' spricht. Und wenn er dem Selbermacher eine "erhebliche Flexibili-tät" (I, S. 9) bescheinigt, so muß er nicht zuletzt an die vielen Wege gedacht haben, die Mensch, Maschinen und Material zurücklegen. Sinnbildlich für diese Beweglichkeit erscheint mir denn auch, daß Herr Dr. Dübel-Lust vorzugsweise mit einer sogenannten transportablen Workmate, einer

162

"Mischung aus Arbeitstisch und Einspannvorrichtung"[113] arbeitet, wodurch ihm sozusagen *jeder* Raum jederzeit zum potentiellen Arbeitsplatz werden kann und womit das, was man an Maschinen 'halt so braucht', auch sinnvoll ergänzt wird.

6.3.3 Das funktionale Optimum ist nützlich und schön

Obwohl Herr Dr. Dübel-Lust als überzeugter Fürsprecher des Heimwerkens grundsätzlich von der Rentabilität der Werkelei überzeugt ist und für die Außendarstellung erheblichen Rechtfertigungsaufwand betreibt, macht er doch auch immer wieder deutlich, welches seine subjektiven Relevanzen *im* Tun sind. 'Kleinliche' Kostenkalkulationen gehören jedenfalls nicht dazu. Trotzdem ist, wie gesagt, die von ihm explizierte 'Knausrigkeit' Teil eines immer wieder erkennbaren, vielschichtigen Motivsyndroms, das die Suche nach "spitzfindigen und optimalen Lösungen" (I, S. 3) antreibt. Ganz in diesem Sinne orientiert sich Herr Dr. Dübel-Lust, auf der Suche nach optimalen Lösungen bei der Planung eines Heim-Werks, famoserweise auf dem Einrichtungs-Markt, und er findet dort zweierlei, nämlich erstens und meistens: völlig Unbrauchbares, und zweitens: Ideales, Vorbildliches zum Selbermachen, an dem er auch seine "ästhetische Bildung" (III, S. 13, 15) schulen kann. Während 'solide' Schreinerarbeit in ihm einfach "Sehnsüchte" (III, S. 10, 24) nach einem *selbergemachten* Meisterwerk weckt und ein Kauf garnicht ins Auge gefaßt wird, verwirft er bei industriellen Serienprodukten eventuelle Kaufabsichten, wenn er seine Ansprüche nicht eingelöst sieht. Und da diese Ansprüche faktisch, außer eben durch 'ordentliche Handwerksarbeit', ohnehin so gut wie nicht zu befriedigen sind - z.B. weil er eine bestimmte Materialqualität (Vollholz oder Holzfurnier), eine 'saubere Verarbeitung' und eine spezifische Zweckmäßigkeit erwartet -, kauft er eben in aller Regel *nicht*. Denn während die Materialvorstellungen und die Verarbeitungsqualität mit den entsprechenden Kosten eventuell (gerade) noch zur Deckung gebracht werden könnten, wird eines mit Sicherheit nie erfüllt, und das ist die *Funktionalität* des Produkts: Die Funktion eines Werks ist immer bezogen entweder auf die Bedürfnisse eines Familienmitglieds oder auf die räumlichen Gegebenheiten des Heims. Und Dr. Dübel-Lusts

---

113 Ich entnehme diese Information 'Knaurs Großem Handwerksbuch', als dessen Autor Frank Niepel firmiert (München 1987, S.17).

'Knausrigkeit' wird stets dann wach gerufen, wenn dieses Anspruchsniveau unterschritten wird, also eigentlich immer. Denn eine "optimale Lösung" ist für ihn dann gefunden, wenn das angestrebte Werk unter maximaler Nutzung der räumlichen Gegebenheiten, mit möglichst sparsamem Materialaufwand als technisch Machbar eingeschätzt wird und vor allem ein Optimum an Funktionalität verspricht.

Aber immerhin: Der Waren-Markt eignet sich und wird auch völlig fraglos genutzt als wohlfeiler, sprich: kostenloser Lieferant von Ideen, welche dann auf die eigenen Vorstellungen und Voraussetzungen hin modifiziert werden. Und Herr Dr. Dübel-Lust kann so, nach jedem seiner Gänge durch die von ihm wieder einmal als nur *scheinbar* beste aller möglichen durchschaute Welt der Waren, in der immer aufs Neue bestätigten Gewißheit, daß eben doch die *eigene* Lösung die beste ist, an seinen *eigenen* Plänen weiterschmieden, die gesammelten Ideen mit *seinen* Funktionalitätsvorstellungen abgleichen und die für ihn persönlich (natürlich) funktionalste Lösung kreieren.[114] Denn es sind ja, wie gesagt, die räumlichen Gegebenheiten des eigenen Heims und die Bedürfnisse seiner Bewohner, die vorgeben, was funktional ist. Das hat zur Folge, daß eine einmal *selber* gefundene Lösung nur noch in einer besseren *selber* gefundenen 'aufgehoben' werden kann. Für Herrn Dr. Dübel-Lust jedenfalls *ist* die von ihm gefundene Lösung zum Zeitpunkt ihrer jeweiligen Kreation eben immer auch die (relativ) beste. Das heißt bei ihm nun aber nicht, daß die funktionalste Lösung auch eine handwerklich perfekte zu sein hat, so zum Beispiel wenn für ein großes Dachgiebelfenster ein Vorhang konstruiert werden soll und die 'einzige professionelle Lösung' (Vertikaljalousie) als zu teuer und unästhetisch verworfen wurde (ebenso wie eigenkreative 'Variationen' dieser Lösung), so daß schließlich 'irgendwie' die Idee aufkam, das Prinzip der 'Segelkonstruktion chinesischer Dschunken' zu übertragen. Die bei der Realisierung dieser Lösung aufgetretenen 'kleinen Mängel' in der Handhabung des fertigen Vorhangs werden gelassen hingenommen und treten in den Hintergrund angesichts der originellen Idee, die zugleich als die funktionalste Lösung der räumlichen Vorgaben betrachtet wird.

Derlei ausgefallene Einfälle zu produzieren und vor allem zu *operationalisieren*, also *konzeptionelle* Arbeit zu leisten, planend kreativ sein, ist für Herrn Dr. Dübel-Lust einer der bedeutsamsten Aspekte des Selbermachens

---

114 'Knausrigkeit' hat für ihn hier also vor allem die Bedeutung, die eigenen Ansprüche zu bewahren und somit Eigenaktivitäten anzuspornen.

164

überhaupt. Üblicherweise arbeitet er nach einem regelrechten Dreiphasen-Modell: Die erste Phase mündet in einem "Überblicksplan" (III, S. 28, 24), bei dem er versucht, sich klar zu machen, welche "ganz konkreten Bedürfnisse und Funktionen" (III, S. 28, 27-28) realisiert werden sollen. Die zweite 'Planungsphase' konzentriert sich auf "Detailzeichnungen" (III, S. 30, 12), anhand derer die Verbindungen der Einzelwerke bedacht werden, und in der letzten 'Phase' schließlich werden die jeweils aufeinander folgenden Arbeitsschritte nachvollzogen, um sich auf engem Raum, wie z.B. in einem Wohnmobil, nicht selber den Arbeitsplatz zu verbauen. Nun erfordert zwar der Wohnmobilbau "Spitzenleistungen" (I, S. 11) in jeder Hinsicht, so auch der Planung, während ansonsten nicht *jedes* Werk von Herrn Dr. Dübel-Lust sozusagen bis zum letzten Handgriff vorab entworfen werden muß. Aber die intensive planende Einvernahme des künftigen Werks in der ersten, der Hauptplanungsphase charakterisiert seine Arbeitsweise durchaus in ihrer Gesamtheit, denn das ist *die* Schaffensperiode, die seiner Ansicht nach vom 'Nichtheimwerker, der nur das Produzieren sieht, unterschätzt' wird, was ihren zeitlichen Anteil am ganzen 'Produktionsprozess' anbelangt, den er auf 'mindestens ein Drittel' veranschlagt.

Angesichts dieser Freude am Planen und Entwerfen, am Verwerfen ungeeigneter Ideen und an der weiteren Suche nach dem funktionalen Optimum, mutet die von Dr. Dübel-Lust bekundete "*Lust an der Improvisation*, die Zufriedenheit mit dem Vorläufigen, Unfertigen" (I, S. 3) widersprüchlich an. Könnte man doch annehmen, daß einerseits die ausgiebige Planung gerade zu verhindern sucht, daß Unvorhergesehenes überhaupt eintritt. Und wenn es doch eintritt, daß es dann zumindest nicht als 'lustvoll', sondern als störend, als irritierend erlebt wird. Und daß andererseits das angestrebte Ziel der funktional optimalen Lösung gerade umgekehrt Ausdruck der *Un*zufriedenheit mit dem Vorläufigen, Unfertigen ist. Nun, in Dr. Dübel-Lusts Werkbeschreibung tauchen 'Improvisationen' typischerweise in zwei Kontexten auf: einmal, wenn sich so viel 'Abfall' und 'Reparaturbedürftiges' angesammelt hat, daß er sich veranlaßt sieht, 'aufzuräumen', und dabei entdeckt, daß sich manches zweckfremd zur Reparatur verwenden läßt, und er das Materiallager zugleich für zu evozierende 'Kreativitätsversuche' seiner Kinder sortiert. Und zum zweiten, wenn er optimale Lösungen durch

"Umwidmung" (I, S. 4) von Material und Ideen kreiert.[115] Das heißt, für Dr. Dübel-Lust zielen Improvisationen ebenso wie sein Sparsamkeitsideal vor allem auf *schöpferisches* Tun ab. Improvisationen bedeuten weniger situative Notbehelfe, um Mißgeschicke und Pannen 'auszubügeln', sondern eher 'gezielte' Kreationen. 'Kreativität', 'Knausrigkeit' und 'Improvisation' sind mithin die positiven Werthaltungen, die er fraglos mit Selbermachen verknüpft, und sozusagen jede nicht in diesem Sinne verbrachte Minute seines Lebens ist vertane, verlorene Zeit, ebenso wie (wie wir noch sehen werden) ein nicht bearbeiteter Winkel seines Heims toter, nutzloser Raum ist. Und die kreative Lösung zielt in seinem Verständnis vor allem ab auf ein Optimum dessen, was man machen kann.

Zu dem jeweiligen Zeitpunkt, an dem ein anstehendes Problem gelöst werden muß, ist die selber gefundene Lösung die bestmögliche, weil sie die Funktionsansprüche der Familie an ihr Heim nach Auffassung des heimwerkenden Familienvaters optimal einholt. Immer wenn sich deren Ansprüche verändern, muß eine alte Lösung durch eine neue ersetzt werden - und in einem Sieben-Personen-Haushalt ist dieser stete Handlungs- und Wandlungsbedarf sozusagen der Normalzustand. Und deshalb muß sich Herr Dr. Dübel-Lust, der als Heimwerker das funktionale Optimum schafft, damit 'zufrieden' geben, daß auch die besten Lösungen in seinem Heim immer nur 'vorläufige' sein können. Relevant für *sein* Selbermachen ist das Haus der Familie, für die er ein Optimum an funktionaler Raumausnutzung zu kreieren sucht. Und diesen Gesamtraum im Blick und bearbeitend, schafft Herr Dr. Dübel-Lust aus einem Haus ein Heim, dessen Bewohner in seine vielfältigen Werkeleien verwoben sind und von ihm als Mitglieder 'seiner' Selbermacher-Familie verstanden werden.

6.3.4 Raum ist grundsätzlich widerständig

Den Raum aber in diesem eigenen Heim betrachtet Dr. Dübel-Lust eben folgerichtig als grundsätzlich knappes, begrenztes Gut. Darum ist er vor allem anderen stets darauf bedacht, (nutzlos) *vor*handenen Platz auszunutzen

---

115 Also zum Beispiel, wenn er zu einer Zeit entdeckt, daß man mit billigen Korkplatten auch Tapezieren kann, als sie im Handel noch nicht für diesen Zweck angeboten wurden, oder eben, daß sich das erwähnte Dschunken-Segelprinzip auch auf ein Giebelfenster übertragen läßt.

und zu einem für die oder Teile der Familie *zu*handenen Platz zu machen. Raum als knapp, als begrenzt zu erfahren, bedeutet für den Heimwerker, der Raum sozusagen bewirtschaften will, Raum als *widerständig* zu erfahren. Deshalb kann es für Dr. Dübel-Lust auch nicht in Frage kommen, sich auf Lösungen einzulassen, die ihn entweder dazu nötigen, Raum 'ungenutzt' zu verschenken oder ihm prinzipiell verfügbaren Raum 'wegnehmen'. Denn seine "Grundeigenschaft" als Heimwerker sieht er, und das ist immer wieder zu betonen, ja darin, "möglichst spitzfindige und optimale Lösungen auszutüfteln." (I, S. 2) Und wenn er doch ausnahmsweise einmal bereit ist, dem Drängen seiner Ehefrau, die ihm "dauernd im Ohr liegt, doch nicht alles selber zu machen" (III, S. 15, 5-6), nachzugeben und sich für den *Kauf* eines Einrichtungsgegenstandes zu interessieren, so stellt er eben, wie gesehen, in aller Regel fest, daß keines der Angebote eine wirkliche Lösung für sein spezielles Problem darstellt, denn eine Lösung, die ihm trotzdem noch Arbeit aufhalst, kann keine 'echte' Lösung sein. Schon garnicht, wenn damit der vorhandene 'Platz nicht ausgenutzt' wird, sondern 'deutlich' mehr Raum ungenutzt beläßt. Aber auch im sozusagen umgekehrten Fall erweisen sich 'käufliche' Lösungen als nicht adäquat für die Badezimmerausstattung, wie das Thema 'Handtuchhaken' für seinen Sieben-Personen-Haushalt zeigen mag: "... das nimmt mir aber *wahnsinnig* viel Platz weg, ja. Und dann gehst halt *doch* her und sagst, naja, also, dann mach du das eben selber, ned. Dann nutzt den Platz optimal aus." (III, S. 15, 30-33) 'Optimal genutzt' aber hat er einen Raum erst, wenn er dessen Widerständigkeit in einem Maße bewältigt hat, das seinen Ansprüchen gerecht wird, wenn er sozusagen den Raum überlistet hat, mehr herzugeben als eigentlich da ist, wenn er - quasi analog zur Rede vom 'time deepening' - ein 'space deepening' macht. Womit er den 'objektiv' vorhandenen Raum zwar nicht erweitert, aber sozusagen entfaltet und somit dessen bislang verborgene, für ihn aber relevante Möglichkeiten ausschöpft.

Raum optimal auszunutzen, seinen Widerstand zu überwinden, ist Herrn Dr. Dübel-Lust aber nun nicht etwa nur gelegentlich und bei Bedarf relevant sondern als überzeugtem Heimwerker eine allgegenwärtige Aufgabe. Richten sich doch seine Relevanzen auf *den* Raum, in dem er mit seiner großen Familie lebt, auf sein *Heim*. In diesem Raum-Zeit-Kontinuum, in dem auch eine qualitativ andere, nicht meßbare Zeit existiert, tritt Raum als wichtige Größe ins Bewußtsein durch die subjektiven Relevanzen der dort Lebenden, denen oberste Priorität zukommt. Und insbesondere wegen der vier Kinder im Haushalt, vom Schulanfänger- bis zum Übergang ins Erwachsenenalter, verändert der begrenzte Raum auch ständig seine Widerständigkeit, weil immer neue Relevanzen mit dem immer gleichbleibenden 'Gehäuse' zur Deckung gebracht werden müssen. Als Heimwerker orientiert sich Dr. Dübel-Lust stets am jeweiligen Platzbedarf von insgesamt sieben Personen. Um aber deren je individuellen Raumbedarf aufeinander abstimmen und ausbalancieren zu können, muß er den Gesamt-Raum 'im Griff' haben und von diesem aus planen und arbeiten.

Nun heimwerkt Dr. Dübel-Lust jedoch keineswegs nur, weil er einer großen Familie Wohnraum verschaffen muß, sondern zugleich liefert ihm die Familie auch die kaum noch problematisierbare Rechtfertigung, seine Heimwerker-"Grundeigenschaft" zur Geltung kommen zu lassen. Diese besteht darin, den vorhandenen, begrenzten Raum dadurch zu bewältigen, daß er ihm 'optimale Lösungen abpreßt'. Und solche Lösungen "auszutüfteln", macht auch das aus, was Herr Dr. Dübel-Lust "spitzfindig" nennt: sich mit seinen Einfällen gegen den widerständigen Raum durchzusetzen. Infolgedessen wird es ihm natürlich zum Problem, wenn er sieht, daß der von ihm 'optimal' geschaffene Raum von den Familienmitgliedern nach eigenem Gusto gehandhabt wird: "weil i eh so wenig Platz hab" (VI, S. 7, 39). Denn sein ideales heimwerkerisches Endziel ist, daß es keinen ungenutzen Raum geben darf, und sein familienväterliches Bestreben ist es, daß der von ihm nutzbar gemachte Raum eben auch *richtig* genutzt wird. Wobei *er* natürlich setzt, was 'richtige' Raumnutzung ist: Er unterscheidet z.B. eine Art Verkehrs- bzw. Lebensraum, in dem sich die Menschen bewegen und aufhalten von einer Art von Stauraum, in dem sich die Menschen eben nicht bewegen. Und diesen zweiten Raum muß man maximal verbauen, um dadurch die Verkehrswege der Menschen und ihren Lebensraum relativ zu optimieren.

Zwar bietet das Haus seinem Besitzer das 'wohl größte Betätigungsfeld' als Heimwerker, doch ist es Herrn Dr. Dübel-Lust nicht darum zu tun, einen möglichst *großen* Raum zu haben, den er bearbeiten kann. Denn sein Ideal, die optimale Raumnutzung, wäre unter solchen Bedingungen ebenso gut oder schlecht realisierbar; es bezöge sich dann nur auf ein größeres Betätigungs-feld. Wichtig ist, daß der Raum *ihm* gehört, daß er in seinem Gehäuse tun und lassen kann, was er will, und daß ihm (fast) niemand dreinredet. In den so definierten Grenzen seines Heims bleibt ihm als Heimwerker nur noch das Problem des knappen, widerständigen Raumes, den er mit aller ihm möglichen Spitzfindigkeit zu überlisten trachtet.

Der andere Raum, der Dr. Dübel-Lust nochmals das gleiche Unabhängig-keitsgefühl vermittelt und zugleich "die Chance zu Spitzenleistungen bei Finkelei, ausgefuchsten und spitzfindigen Lösungen" (I, S. 11) eröffnet, das ist das *Wohnmobil*. Genau genommen ist das Wohnmobil nichts anderes als eine Art von beweglicher Exklave des Dübel-Lustschen Gehäuses - und eine Radikalisierung des Raumnutzungsproblems.[116] Das Wohnmobil ist also eine verkleinerte Ausgabe seines Heims, das er nunmehr auch auf Reisen nicht mehr wirklich verlassen muß. Auch hier ist der Raum widersetzlich und muß 'bewältigt' werden, denn "ein Ding ist da natürlich, Platz auch optimal auszunutzen" (III, S. 28, 29). Und der 'objektiv' kleinere Raum des Wohnmobils ist Herrn Dr. Dübel-Lust nicht problematisch, denn jeder Raum hat seine Grenzen - und um die weiß er. Die Grenzen eines Wohnmobils sind eben die Grenzen eines Wohnmobils, und erst *innerhalb* dieser Begrenzung setzt er Relevanzen an: "Ich mach meinetwegen da hinten eine Klappe hin, mit einem Fach, ja, wo man also Kochlöffel oder was dann reintun kann. Da hat ein anderer Wohnmobilbauer, ein professioneller, ganz einfach zugemacht, basta. Das ist nur ein kleiner Platz, das rentiert sich nicht, ned. Ah, *ich* überleg mir, was hab ich alles ..." (III, S. 28, 30-35). Während 'andere' Wohnmobilisten also Raumbegrenzungen sozusagen achselzuckend bagatellisieren, entdeckt er auch hier Widerständigkeiten, die es zu überwinden gilt. Weder problematisiert er die tatsächliche Größe seines Hauses noch die seines Wohnmobils. Vielmehr akzeptiert er vorhandenes Gesamtvolumen quasi schicksalhaft und befaßt sich damit, den Raum, der wohl andere 'überlisten' kann, aber *ihn* eben nicht, solange zu bearbeiten, bis er ihm auch den kleinsten Nutzwinkel entlockt hat. Es geht ihm also nicht darum, einen möglichst *großen* Raum zu haben, in dem man sich betätigt, sondern jedem Raum abzuringen, was er 'hat'. Indem also dessen Widerständigkeit, die sich als "komischer Platz" (III, S.29, 13) und in "blödsinnigen Proportionen" (I, S. 2) dem Heimwerker zu widersetzen scheint, mit 'Spitzfindigkeit', mit List und Tücke gebrochen und bewältigt wird.

---

116 Darüberhinaus symbolisiert das Wohnmobil für Dr. Dübel-Lust übrigens noch eine Reihe von "Werthaltungen" wie: "Freiheit, Flexibilität, etwas auf eigene Faust unternehmen, Abneigung gegen Massenphänomene und gegen Eingepreßtsein in Konventionalität" (I, S. 11). Was immer er im einzelnen mit diesen "Werthaltungen" noch verbinden mag, bezogen auf seine Raumerfahrung ist wichtig, daß ihm das Wohnmobil ermöglicht, sich dem bei 'konventionellen' Reisen durch andere vor-normierten Raum zu entziehen, selber zu bestimmen, wann und wo er (und die Seinen) Halt machen und schlafen möchte(n).

6.3.5 Der 'universalistische' Heimwerker

Der Idealheimwerker im Deutungssystem von Herrn Dr. Dübel-Lust ist (folgerichtig) der "universelle Typ" (IV, S. 31, 9), der alles selber macht und "ungeheuer begabt und auch gscheit und auch *flexibel*" (IV, S. 31, 22) ist. Dr. Dübel-Lust rechnet sich selber zwar *noch nicht ganz* den 'Universalisten' zu, aber den "Anspruch" (IV, S. 33, 5) formuliert er bereits, denn 'Universalisten' verkörpern für ihn "scho irgendwo so an Schritt zum wirklich noch mehr selber machen, Selbständigkeit Unabhängigkeit" (IV, S. 33, 9-10). Der 'Universalist' ist also nicht bloß eine gleichberechtigte Heimwerkerkategorie neben anderen, sondern er repräsentiert letztlich eine Form heimwerkerischer Omnipotenz. Er ist hier sozusagen der 'wirkliche' Heimwerker: In ihm vereinigen sich Begabung, Wissen, 'Flexibilität', 'Kreativität', 'Improvisationstalent', also all die von Dr. Dübel-Lust hochgeschätzten Werte, zum autonomen und autarken Individuum, das seine Heimwerker-Welt im Besitz hat, so daß es - im Unterschied etwa zum "Peniblen" (I, S. 12) - souverän mit "Unordnung oder Ordnung" (II, S. 6, 12) umgehen und humorvollgelassen auf 'Unfertiges' reagieren kann. Der "Rigide", der "nur Einlegearbeiten (macht)" (III, S. 33, 38 / 30-31), hingegen bildet sozusagen die Negativschablone zum 'Universalisten'. Was nun aber nicht heißt, daß der 'Universalist' keinen Wert auf "große Genauigkeit beim Arbeiten" (II, S. 6, 19) legt, denn handwerkliches Können und Wissen ist im 'Universalisten' impliziert.[117] Gemessen wird der 'Rigide' vor allem am Kreativitätsmaßstab – und er wird (natürlich) als 'zu leicht' befunden. Trotzdem gehört auch er zum 'weiten Feld' der Heimwerker, ebenso wie die "Modellbauer", "Gartler", solche die "Uhren bauen", die "Holzheimwerker" (IV, S. 32/ 30, 19/ 20/ 30/ 26), usw.[118]

Und schließlich: "*Wir*, die Heimwerker", in ""gehobener Karriereposition"" befindlich und mit einem ""Wirgefühl"" (I, S. 13) ausgestattet: Wer sich 'hier' als Heimwerker kenntlich macht, von dem darf angenommen werden, daß er "ein *brauchbarer* Typ ist", der eine der eigenen "ähnliche

---

117 Weshalb sich Herr Dr. Dübel-Lust dieses Etikett ja auch *noch* nicht für sich selber beanspruchen mag, kennt er doch unter seinen Heimwerkerfreunden den 'wirklich universellen Typ'.

118 Eine "ganz *spezielle* Clique von Heimwerkern" (IV, S. 30, 25-26) sieht Herr Dr. Dübel-Lust übrigens im Auto-"Motorbauer", den er eher unter "Unterschichtleut" (IV, S. 30, 18) vermutet.

Ideologie" vertritt und einen "sinnvollen Erfahrungsaustausch" (I, S. 13)
ermöglicht, so daß Heimwerken den Grundstein dauerhafter Freundschaften
legen kann. Und diese "spezifische Gruppe" (I, S. 13) von Heimwerkern
verfügt auch über einen "Bestand an Spezialwissen", dessen Kern in den
"Tricks" besteht, die einen "im Grunde nur langwierig erwerbbaren
Wissensbestand" ausmachen (I, S. 14). Neben dem Wissens- und Erfahrungsaustausch kommt es auch zu ganz praktischer, gegenseitiger Hilfe, allerdings
sind das eher Ausnahmen als die Regel. Schließlich hat doch jeder seine je
spezifische, quasi (lokal-) idiosynkratische Problemstellung, für die 'optimale
Lösungen' gefunden werden müssen.

Kniffe und Tricks, sozusagen ein wenig 'Zauberei', gehört demnach dazu,
erhöht es doch die Aufmerksamkeit potentieller Novizen, so, wie es
vermutlich Dr. Dübel-Lust in seiner ungewöhnlichen 'Heimwerkerkarriere'
selber fasziniert hat. So vermischt sich auch sein berechtigter Stolz auf seine
bisherigen Leistungen mit dem Bestreben, interessierte Nichtheimwerker nicht
durch 'Spezialwissen' vorab zu entmutigen. Wenn er etwa seine Problemlösungen zunächst als 'simpel-genial' charakterisiert, dann bemüht er sich doch
sogleich auch, seine außergewöhnlichen Fähigkeiten zu relativieren - z.B.
indem er eine Problemlösung als letztlich doch "*ganz einfach* zu machen"
(III, S. 16, 24) einstuft. Bei seinen (fast missionarisch anmutenden)
Versuchen, Anhänger für die Idee des Selbermachens zu werben, ebenso wie
bei seinem ausdauernden Bemühen, zu verhindern, daß durch die Gesprächs-
partnerin womöglich eine nicht sachgemäße Darstellung des Heimwerkens
geschieht, ist seine Geduld nahezu unbegrenzt, selbst wenn seine Zuhörerin
sich als besonders begriffsstutzig erweist:
"I: Also das ist auch in einer Lade drin?
D-L: das ist eben nicht in einer Lade drin äh das ist in ah in ah, die Tür ist
         eine Schiebetür nach unten.
I: Eine Schiebetür nach unten?
D-L: Eine Schiebetür nach unten
I: So schräg?
D-L: Ne, ne, das geht-das hat ganz einfach eine seitliche Führung, ja, und
         ah das nimmst so und ziehst nach unten, ja, so daß dann nachher, ned,
         also das irgendwie und dann nachher hängt die Tür hier, und hängt das
         hier unten, ned, und dann da ist halt die Lade zugänglich.
I: Ad-also das ist praktisch so zum runterklappen?
D-L: Nicht klappen, nicht klappen, eben nicht, na, na, *ziehen*, das hat eine
         ganz normale *Nut*, da hier eine *Nut*.

I: Ahm, mein Vorstellungsvermögen (.) Dieses seitliche Ding da, diese
       Führung und die, die ist schräg?
D-L: Das ist so, das hier ziehst nach vor, aber genauso gut könntest du-
       damit, (um) da hineinzukommen, dir hier und hier eine Nut machen,
       ja, also so, so ne Führung und dann nimmst du diesen Teil und
       schiebst ihn so hinunter.
I: Ach jetzt
D-L: jetzt kommst auch hinein
I: jetzt ja
D-L: ja
I: jetzt
D-L: ned, und so ist das ..."
(III, S. 17, 4-32).

Nun, wer soviel Geduld aufbringt, der muß wohl überzeugt *sein* und auch
andere überzeugen *wollen* vom Heimwerken. Sich dem wirklich Wichtigen
zuwenden und sich lernend bemühen, ein 'brauchbarer Typ' zu werden,
lieber anfänglich ein bißchen herumstümpern, als es garnicht erst zu
versuchen und sich damit der Chance zu begeben, eventuell durch Mi-
lieubedingungen verstellte Befähigungen zu entdecken, das entspricht so im
wesentlichen dem 'missionarischen Credo' von Herrn Dr. Dübel-Lust. Wenn
sich ein Mensch allerdings durch "Grundungeschicklichkeit" (II, S. 2, 18)
auszeichnet, wird selbst Dr. Dübel-Lust gelegentlich ein wenig spöttisch,
denn "das muß ja nun fast eigentlich wirklich ein *jeder* können" (III, S. 2,
4-5). Aber da ihm, auf seinem Weg zum 'Universalisten', auch schon die
'viel gleichgültigere' Haltung der 'breiten Heimwerkerschicht' gegenüber
ihrem Tun kaum mehr nachvollziehbar ist, verwundert es nicht, wenn ihm
das Novizenstadium zwischenzeitlich weitgehend fremd geworden ist. So
bemüht sich Herr Dr. Dübel-Lust auf der einen Seite, auch andere Menschen
zum Mitmachen, zum Lernen zu animieren, und auf der anderen Seite pflegt
er doch auch unübersehbar eine Art von elitärem "Gruppenbewußtsein" (IV,
S. 30, 14).

Wenn Dr. Dübel-Lust seine 'universalistische' Vorstellung, 'alles
mögliche selber zu machen', als "irgendwie auch so a bißchen ne *Manie*"
(VI, S. 15, 30) bezeichnet, dann problematisiert er damit keineswegs sein
Ideal, sondern er unterstreicht damit im Gegenteil seine 'Überzeugung', "daß
des richtig is, ja, ne ne sagnwermal *Lebensgrundhaltung*" (VI, S. 15, 33-34).
Und da sich seine Do-It-Yourself-Aktivitäten auf sein 'Heim' richten und
damit für ihn untrennbar mit seiner Familie verbunden sind, tritt auch sein
missionarischer Eifer üblicherweise weniger nach 'außen' zu Tage, als

vielmehr nach 'innen', auf die Familie gerichtet. Zumindest Frau Dübel-Lust ist auch durchaus begeistert 'bei der Sache' und spielt manchmal auch lieber den "Lehrbub als daß i drinnen staubsaug" (III-A, S. 1, 5). Ihre eigenen, eher kunsthandwerklichen Unternehmungen charakterisiert sie jedoch selbstbescheiden als "dilettantisch" (III-A, S. 1, 15), was allerdings ihre älteste Tochter für 'garnicht wahr' hält. Trotzdem teilt Frau Dübel-Lust die 'Lebensgrundhaltung' ihres heimwerkenden Ehemannes nicht *restlos*, denn "er macht schon mehr, als notwendig wäre." (III-A, S. 2, 12) Aber *ihr* ist eben vor allem wichtig, daß er in der 'körperlichen Betätigung einen Ausgleich zum Beruf hat'. Während der jüngste Sohn der Familie Dübel-Lust noch keine rechte Neigung zum Heimwerken erkennen läßt, hat offenbar der älteste Sohn die existentielle Idee seines Vaters auch (schon) begriffen: "... also was die *Ungewöhnlichkeit* bestätigt, wie weit des eigentlich bei uns geht, ja. Für ihn ((den ältesten Sohn)) is des irgendwo auch a Art Lebensbestandteil, ah, alles mögliche, ja. Also obs jetzt des *Umwidmen* von Materialien is, obs außergewöhnliche Lösungen sann, obs spinnerte Idee sann oder - und er hat also unlängst amol erzählt, daß er also *weit und breit* der einzige is, und *ka: Mensch macht* sowas, und *alle* andern haben *völlig* andere Hobbys, ned. Und dann is dieses, *ja*, eigentlich selbermachen, oder dieser Typ, ja, der *vereinsamt* dann nahezu, weil er doch a *sehr* exklusives Unternehmen is, ned." (VI, S. 15, 36-45)

Aber 'kreative', von einer Idee überzeugte Menschen, die 'Un-und Außergewöhnliches' vollbringen, müssen nun einmal oft unter der Ignoranz ihrer Umwelt leiden, wodurch ihre Besonderheit sich ja erst richtig abzeichnet. Bei der fast 'religiösen' Inbrunst, mit der Herr Dr. Dübel-Lust die Idee des Selbermachens vertritt, ist es nur folgerichtig, daß er auch ständig den Eindruck hat, wegen seiner Leidenschaft fürs Heimwerken angegriffen zu werden und diese infolgedessen nicht nur 'accounten' sondern richtiggehend verteidigen zu müssen. Und da offensichtlich nur wenige Menschen die seiner Meinung nach dahinterstehende Idee begreifen können, benutzt Dr. Dübel-Lust eben seine Kritik am sozialen Normalvorurteil eines unökonomischen Verhältnisses von Kosten und Zeitaufwand beim Heimwerken zur Rechtfertigung. Er sagt nun aber nicht, *weil* Heimwerken soviele Vorteile habe, also *doch* Zeit, Kosten und Ärger erspare, *deshalb* sei es sinnvoll und wichtig. Vielmehr 'setzt' er das Selbermachen apriori als sinnvoll und wichtig voraus und versucht, *deshalb* die Vorteile herauszustellen. Seine Kostenargumente haben die gleiche Qualität, wie seine Aussagen über die von Heimwerkern und Wohnmobilisten geteilten 'Werthaltungen': Es sind *seine* Relevanzen, die er als allgemeingültig propagiert. *Er* hat etwas als richtig und gut erkannt und *deshalb* muß es auch Vorteile haben. Fraglos: Heimwerken ist Dr. Dübel-Lusts zentrale 'Heimatwelt', und unlösbarer Teil dieser 'Heimatwelt' ist die Familie und zwar *die* Familie, die ihr (Zusammen-) Leben selber gestaltet.

6.3.6 *Die Zeit darf man auch anders nicht rechnen*

Heimwerken ist für Herrn Dr. Dübel-Lust "*extrem* sinnvoll" verwendete Zeit. Als "Freizeitbetätigung" macht das Selbermachen ihm einerseits 'subjektiv' "Spaß" und verkörpert ein "Gegengewicht" zum Beruf, andererseits betrachtet er Do-It-Yourself auch als für ihn selber "durchaus rentables Unternehmen" (V, S. 2). Allerdings darf man diese Zeit natürlich nicht mit den üblichen ökonomischen Maßstäben rechnen, weil es sich um 'frei verfügbare' Zeit handelt, in der "ohne Zeitdruck ... etwas was Wert hat, gemacht" wird (V, S. 2). Mit derlei praktischen Erklärungen zur Werkel-Zeit wartet Herr Dr. Dübel-Lust im übrigen vor allem dann auf, wenn er sich unter Rechtfertigungsdruck wähnt oder von seinem Gegenüber mißverstanden fühlt. Daß auch ihm selber diese Rechtfertigungen nur die halbe Wahrheit sind, daß er mit Heimwerken auch noch ein anderes Zeitverständnis verknüpft, macht er, der wiederholt das Zeitthema aufgreift und als eines der "wichtigsten Dinge" markiert, nur an einer Stelle deutlich: "Zum Problem Zeit überhaupt, ja, man empfindet ja vordergründig, faßt Zeit immer als ah *Uhr*zeit auf. Ja, ah, Zeit setzt sich ja in andere Dinge um, kann das jetzt schlecht sagen, was ich da mein (..) Ich mein da noch eine andere, irgendwo grundsätzlichere Überlegung, ja. Also Zeit und Raum zum Beispiel hängt eng damit zusammen = eng miteinander zusammen. Du brauchst, um Raum zu überwinden, brauchst meinetwegen Zeit. Zeit und Raum sind in bestimmter Weise immer gekoppelt und so, ahm, (..) vordergründig bleib ich nämlich jetzt sehr stark bei dieser objektiven Zeit und, ahm, dem Zeitbedarf fürs Heimwerken, oder diesem subjektiven Zeitempfinden" (III, S. 19, 20-30).
Das besagt, daß man die Zeit nicht rechnen darf, und zwar deshalb nicht, weil's da garnicht um Uhrzeit geht, man aber überhaupt nur Uhrzeit rechnen *kann*. Nur meßbare Zeit ist demnach (be)rechenbare Zeit. Und einen dergestalt kalkulierten und investierten Zeitbedarf anzusetzen, bedeutet deshalb: entweder eine Außensicht aufs Heimwerken zu übernehmen, oder im Rekurs darauf eine 'bis auf Weiteres' zufriedenstellende Erklärung für praktische Zwecke abzugeben. Aber auch das subjektive Zeitempfinden erschöpft sich offenbar nicht in der 'Planung' des Aufwands, den ein Heim-

174

Werk verkörpert. Also weder 'objektives' noch 'subjektives' Zeitempfinden entspricht genau der Zeit, die Dr. Dübel-Lust als für das Heimwerken essentiell betrachtet. Da er aber mit 'subjektivem Zeitempfinden' nur Planung assoziiert, erfolgt die entscheidende Aussage eher beiläufig: "Zeit setzt sich ja in andere Dinge um" und "Zeit und Raum sind in bestimmter Weise immer gekoppelt" (III, S. 19, 21-22 / 26-27). Das grundlegende Zeiterleben, das für ihn mit Heimwerken verbunden ist, ist ein spezielles Raum-Zeit-Kontinuum: Es ist eine Zeit für einen bestimmten Raum, und dieser *Raum* 'hebt' Zeit in gewisser Weise auf.[119] Diese im Haus 'aufgehobene' Zeit ist gelebte Zeit. Man ist *in* diesem Raum und existiert *in* dieser speziellen Raum-Zeit. Zwar entwickelt Dr. Dübel-Lust keine expliziten Vorstellungen über diesen Zusammenhang, sondern er (er)lebt ihn, doch ist ihm klar, daß hier 'die Stoppuhr' wahrhaft fehl am Platze wäre. Beim Heimwerken geht es ihm um inneres Zeiterleben und allenfalls ganz 'vordergründig' um Uhrzeit, um soziale Zeitkategorien.

Wichtig ist Herrn Dr. Dübel-Lust nicht, ob sein Tun nach der Uhrzeit gesehen lang oder kurz dauert, vielmehr ist ihm wichtig, ob er Zeit kurzweilig und sinnvoll verbracht hat, ob die Zeit 'verfliegt' (was übrigens keineswegs ausschließt, daß lästige Arbeiten gelegentlich Unlust hervorrufen und ein frisch lackiertes Teil einem eine nicht genehme Wartezeit auferlegt). Denn Heimwerken erachtet er eben *insgesamt*, wie gesagt, als 'extrem sinnvoll verwendete Zeit'. Und genau hierin, in der Frage der *sinnvollen* Zeitverwendung, liegt für Dr. Dübel-Lust das 'Problem der Zeit'. Deutlich wird dies z.B., wenn er davon berichtet, daß er einen Teil der Dinge, die sich so ansammeln, weil sie 'irgendwo zu schad sind zum Wegschmeißen' als 'Spielmaterial' für die Kinder reserviert: "... das ist das Thema, wie solche Eigenschaften sozialisiert werden, also weitergegeben werden an die Kinder, daß dann doch durch das Sammelsurium des nicht Weggeschmissenen, ned, ah, das nur sehr *diffuse* Anregungen bietet, ja, ah, aber eigentlich dadurch du deine Kinder veranlaßt, *auch* kreativ mit Abfällen umzugehn, ned. Das füllt Zeit aus ned, also da hast das, die Gegenstände werden vielleicht so (.) also die bieten dir eben Anregungen, mit denen sollst *irgendwas* anfangen. Du mußt *drauf*kommen, was du damit machen kannst, und das, ah (.) ja, diese

---

119 Dieses Zeitempfinden teilte sich übrigens auch der Besucherin mit, die zumeist, wenn sie die 'ewige Baustelle', die das Dübel-Lustsche Heim ja ist, betrat, den 'merkwürdigen' Eindruck gewann, daß sie von diesem Haus aufgenommen und quasi vereinnahmt wird, und daß dieses Haus die Außenwelt seltsam belanglos macht.

Kreativitäts*versuche* ned, werden zur Freizeitbeschäftigung." (III, S. 6, 18-29)

Neben dem pädagogischen Augenschein zeigt sich hier eine ganz bestimmte Argumentationslogik: Wenn Herr Dr. Dübel-Lust sagt, daß es gut ist, wenn die Kinder kreativ sind und somit eine Freizeitbeschäftigung haben, dann hat er auch eine Vorstellung davon, auf was für Ideen die Kinder in der Freizeit sonst noch kommen oder gebracht werden könnten, die er eben nicht so gut findet wie 'kreativ mit Abfällen umgehen'. Offensichtlich ist primär von Bedeutung, daß das Kreativitätstraining eine sinnvolle Art sei, mit Zeit umzugehen. Sein zentrales Problem ist, aus der Zeit etwas zu machen, und seine Abneigung richtet sich auf sinnlos verplemperte, kaputtgemachte, langweilige Zeit. (Was für ihn offensichtlich hochgradig korreliert mit Zeit, in der man etwas tut, was er 'nicht gut' findet.) Und optimal genutzt wird Zeit bei dem, was er Kreativitätsversuche nennt, und wozu er seine Kinder 'veranlaßt'. Auch diese sollten damit am besten garnichts grundsätzlich anderes machen, als er selber, nämlich sich mit Problemen befassen, daran 'herumknobeln', Lösungen (er)finden. Durch derlei 'sachliches' Engagement erwirbt und erhält man sich sozusagen seine geistige (und eben auch materielle) Unabhängigkeit: Man lebt, nach seinem Dafürhalten, ein le-benswertes Leben.

Wenn Herr Dr. Dübel-Lust also wiederholt auf ein scheinbares Zeit-Dilemma, nämlich auf seine "permanente Fehleinschätzung des Zeitbedarfs" (I, S. 9) hinweist, weil "normalerweise immer mit unvorhergesehenen Komplikationen" zu rechnen sei (I, S. 6), dann ist ihm dies nicht nur kein wirkliches Problem, sondern sozusagen gerade der reizvolle Aspekt am Heimwerken, weil diese Komplikationen eine Herausforderung an seine Kreativität sind - und damit eben 'extrem sinnvoll verwendete Zeit' repräsentieren. Zwar kennt auch Dr. Dübel-Lust Tage, an denen er sich 'vom Unglück verfolgt' sieht, wenn also - sozusagen nach dem Domino-Prinzip - irgendein Mißgriff eine ganze Kettenreaktion auslöst und somit die Kom-plikationen ein Ausmaß annehmen, das Stress verursacht. Dann ist auch Heimwerken nicht mehr 'lustig'. *Grundsätzlich* aber ist ihm solch eine Komplikation garnicht problematisch, weil sie eben Kreativität evoziert. Und das wiederum ist ja ein positiver Effekt, weil man dann das erfahrungs-relevante Raum-Zeit-Kontinuum sinnvoll gestaltet. Dies schafft, über die aktuellen Relevanzen hinaus, sogar noch "die Sicherheit, nach Versetzung in den Ruhestand keinerlei Probleme mit der Verwendung von Zeit zu haben." (I, S. 9)

176

Die vorgeblich 'völlig unrealistischen Zeitvorstellungen' (III, S. 1, 2-3),
die insofern dann doch wieder durchaus realistisch sind, als "du vorweg
nimmst, daß das nicht stimmen wird" (III, S. 1, 6), werden von Dr. Dübel-
Lust aus Prinzip nicht revidiert oder auch nur modifiziert - eben weil die
(berechenbare) Zeit nicht bedeutsam ist. Und sie ist deshalb nicht bedeutsam,
weil eben in diesem Raum-Zeit-Kontinuum, das sein Heim ist, eine *besondere*
Zeit existiert.[120] Innerhalb dieser anderen Raum-Zeit, die man nicht mit der
Uhr rechnen kann, differenziert sich Zeit entlang der Ansprüche der dort
Lebenden. Das heißt, Zeit wird überhaupt nur relevant im Verhältnis zu den
von Dr. Dübel-Lust vermuteten Wünschen und Ansprüchen der verschiedenen
Familienmitglieder. Er bemüht sich, das Heim so zu gestalten, daß sich die
Familie immer optimal wohlfühlen kann. Orientiert an den biographisch sich
verändernden Wohnbedürfnissen der nachwachsenden Generation, definiert
er Notwendigkeiten und Vordringlichkeiten, 'jetzt' zunächst dies und jenes
zu machen, und sich dann um jenes und dieses zu kümmern. Und diese
gelebten Zeiten sind es auch, die die Heimwerkelzeit letztlich doch knapp
werden lassen.

Aus seinem speziellen Raum-Zeitverständnis heraus erscheinen Dr. Dübel-
Lust auch mögliche 'Chancen externer Tätigkeiten', anstelle seiner Werkelei,
wenig attraktiv, weil mit 'Aufwand' verbunden. Deshalb rechnet, ja
verrechnet er höchst detailliert auch *jeden* Zeitaufwand, der einem unter
Umständen als Konsument auferlegt ist (An- und Abfahrtswege, Parkplatzsu-
che, Wartezeit in den Geschäften und bei Reparaturen, usw.), um dann
daraus zu schließen, daß das Selbermachen nicht nur Ärger und Kosten
erspart sondern eben auch Zeit, oder doch zumindest ('wirklich') keinerlei
Mehraufwand bedeutet. Hingegen ist ihm der innerhäusliche Aufwand eben
kein Aufwand, sondern 'extrem sinnvoll verwendete Zeit', weil hier für ihn
der Ort ist, an dem es etwas zu tun gilt, das *Sinn* macht. Mithin 'darf man
nicht nur die Zeit natürlich nicht rechnen', sondern "man darf (*hier*) die Zeit
auch anders nicht rechnen" (V, S. 1).

---

120 Dieses Gehäuse ist wesentlich sein Lebensinhalt. Deshalb verläßt er es auch nur ungern -
und das Wohnmobil ist hier in der Tat als eine Mobilisierung des Wohnraums zu begreifen.

6.4 Grundlegende Orientierungsschemata

6.4.1 Die Orientierung am Familien-Funktionalen

Herrn Dr. Dübel-Lust betrachte ich, sozusagen antipodisch zu dem pragmatischen Herrn Bohrfest und in deutlicher Absetzung auch zu dem handwerksmeisterlich affizierten Herrn Hobelfroh, als den Prototyp des wirklich von der Idee des Do-It-Yourself durch und durch *überzeugten*, des sich 'für die Sache' engagierenden Heimwerkers, also sozusagen als den 'Ideologen' des Selbermachens. Er ist der 'bekennende', freizeitaktive 'Bastler und Bohrer' schlechthin - auch wenn er sich nicht gerne als 'Bastler' bezeichnen läßt. Für ihn liegt der Wert des Selbergemachten eben vor allem darin, *daß* es selber gemacht ist: "... weil, wenn du selber was machst, dann hast ja immerhin die Chance, das auf die ganz konkreten Bedürfnisse und Funktionen abzustimmen, ned, das heißt - und Platz, also Platz auch optimal auszunutzen, ned" (I, S. 28, 26-29). Triebfedern der Do-It-Yourself-Aktivitäten dieses Typs sind einerseits 'Kreativität' und 'Lebensfreude' bzw. 'Lebensqualität', andererseits aber auch eine explizite 'Knausrigkeit': Als sich als besonders *sparsam* stilisierender Konsument stellt er nicht nur Preisvergleiche an, nutzt er nicht nur Sonderangebote und erhandelt er nicht nur Rabatte, außerdem und nicht zuletzt wird ihm auch der Heimwerker-Markt und das Möbelfachgeschäft zur Fundgrube für kostenlose Ideen - auch und vor allem, was praktikable Lösungswege für konkrete Realisationsprobleme angeht. D.h., er eignet sich, ohne irgendwelche Bedenken, Know-How an, wo immer er es finden kann. Mithin erscheint ihm Selbstgemachtes natürlich allemal kostengünstiger und fast immer auch 'funktionaler' als Gekauftes (wobei man die innerhäuslich investierte Frei-Zeit natürlich nicht rechnen darf). Er hat auch immer (immer noch und immer wieder) etwas zu tun: Bereits Gemachtes läßt sich verbessern, Liegengebliebenes gilt es weiterzubearbeiten, noch nicht Begonnenes muß (endlich) in Angriff genommen werden, und selbst augenscheinlich Funktionierendes ist natürlich nie vollkommen: "Du mußt halt draufkommen, was Du machen kannst" (I, S. 6, 27).

Das ungeschriebene Credo des Hardcore-Heimwerkers läßt sich in den folgenden drei Punkten zusammenfassen: 1. Kaufe nichts, was Du auch selbermachen kannst, denn das Selbstgemachte ist (allemal) besser als das Gekaufte! 2. Suche und schaffe Dir mannigfaltige Gelegenheiten zum Selbermachen, denn Selbermachen fördert Deine Kreativität und dient somit Deiner Selbstentfaltung und Selbstverwirklichung! 3. Wirf nichts weg ohne Not, denn Du könntest es noch einmal brauchen, da man aus allem noch etwas machen kann! - Für den überzeugten Heimwerker, dem DIY zu einer Weltauffassung, zu einer Ideologie geworden ist, ist Heimwerken also weit mehr als ein Hobby, das nur 'nebenher' betrieben wird. Heimwerken ist ihm nicht-entfremdetes Arbeiten, ist ein zentraler Lebensbereich, eine konkrete, eine im Wortsinne *praktische* Gegenwelt zu seinem Berufsleben, die er "als einen von Arbeit verschiedenen Lebensbereich braucht, in dem er von den Zumutungen des Berufes befreit ist und in dem er seine 'eigentlichen', persönlichen - damit aber auch berufsfremden - Interessen verwirklichen kann" (Bollinger/Hohl 1981, S. 446f). Seine besondere Qualität gewinnt dieser Lebensbereich vor allem durch seine 'Sinnlichkeit', durch seine 'Hand-festigkeit', die sich letztlich in mannigfaltigen Heim-Werken manifestiert, also in materialen Lösungen für Probleme in Haushalt, Garten - und Wohnmobil, welche als die besseren Alternativen gelten zu käuflichen und in der Regel unzulänglichen Fertigprodukten. Die gelingenden und ins-besondere die gelungenen Heim-Werke wiederum motivieren immer neue, immer 'verwegenere' Ideen und Projekte des Selbermachens. Kurz: Die freizeitlichen Aktivitäten brechen, erst einmal in Schwung gebracht, kaum je noch ab.

Das 'Ideal' dieses 'echten', vom Selbermachen überzeugten Heimwerkers ist es, die *funktionalste* Lösung eines - wodurch auch immer - gegebenen Wohn(raum)problems überhaupt zu finden. Und eine optimale Lösung ist *dann* gefunden, wenn ein Heim-Werk unter maximaler Nutzung räumlicher Gegebenheiten und mit minimalem materiellem Aufwand technisch machbar erscheint und größtmögliche Funktionalität verspricht. Das (ideale) Ziel ist also stets das funktionalste Produkt, und der beste Weg ist stets der möglichst kostengünstigste. Das Ideal der Sparsamkeit impliziert die kreative, die originelle Lösung. Die originelle Lösung wiederum aber kann es nicht geben ohne Improvisationen, die dazu dienen, Materialmängel, Pannen und Mißgeschicke welcher Art auch immer 'aufzufangen'. Maschinen können dabei nützliche Hilfsmittel sein. Sie zu benutzen und einzusetzen, ersetzt jedoch keinesfalls die Erfahrung und Kompetenz, das Wissen und die Geschicklichkeit des Do-It-Yourself-Überzeugten selbst. Die eigenen händischen Fertigkeiten erst garantieren den Erfolg, ermöglichen die Herstellung eines wirklich schönen Werkstückes: "A jedes hat seine eigene Qualität, oder. Ich muß, ned, also ich kann bestimmte Dinge mit dem Handwerkszeug machen, was mit der Maschine unmöglich geht. Ich kann meinetwegen Unebenheiten, kleine, in einem Werkstück mit dem Handhobel beseitigen. Mit dem Maschinenhobel mach ich nur eine größere Delle noch hinein, ned. Ned, ich kann mit dem Schmirgelpapier mit der Hand Feinheiten erledigen. Mit dem Sander komm ich da garnicht *hin* an das Eck, ned. Ich kann mit der Bohrmaschine Schrauben eindrehen, ja, äh, aber richtig ganz festziehen, mit *Gefühl*, kann ich's immer nur mit der Hand, ja." (II, S.26, 4ff).

Mit der Formel "das muß ja nun fast eigentlich wirklich ein jeder können" (II, S.2, 4f) zieht der Ideologe des kreativen Selbertuns sozusagen gegen das von ihm als stereotyp empfundene Vorurteil zu Felde, Heimwerken zahle sich im Grunde nicht aus, weil der Aufwand an Zeit, Energie und Können sowie an Material, Werkzeugen und Maschinen, im Verhältnis zum Ersparten bzw. zum - wie auch immer zu bewertenden - Ertrag einfach zu hoch sei. Die Ideologie des Selbermachens will es nämlich, daß die vielfältigen (und durchaus nicht nur technischen) Probleme, die das Heimwerken mit sich bringt und auch nach sich ziehen kann, heruntergespielt, ja tunlichst negiert werden, während die kleinen Widrig- und Lästigkeiten, die mit dem *Erwerb* von Waren und Dienstleistungen verbunden sind, nachdrücklich betont und herausgestellt werden. Jede Suche nach einer Kaufgelegenheit, die man vielleicht als 'günstig' akzeptieren könnte, gestaltet sich, jedenfalls in der späteren Darstellung, zu einer sinnlosen 'Odyssee', bei der sich das Gewünschte (natürlich) nicht finden läßt, weil "wir auch irgendwo fixiert sind auf eine bestimmte *Art*. Also ich möcht, ah, entweder Vollholzmöbel, ja, ah, oder, ah, mindestens eine ordentliche, ah, ordentliche Furniere, echt holzfurniert halt, kombiniert mit Vollholz oder sowas, ned" (II, S.8, 21ff).

So wird jeder, ohnehin mit größten Vorbehalten unternommene und dementsprechend 'ins Leere' gehende, Ausflug in die äußerst gering geschätzte Welt der Konsumartikel zu einer weiteren Bestätigung dafür, daß es sich nicht nur nicht lohnt, Geld für etwas auszugeben, was 'ja nun fast eigentlich wirklich ein jeder können' muß, sondern daß es sich, genau genommen, noch nicht einmal lohnt, überhaupt den *Versuch* zu unternehmen, etwas dem Selbergemachten Adäquates zu kaufen. Das 'eigentliche' Problem des Do-It-Yourself-Ideologen ist also garnicht so sehr die Unzulänglichkeit des *einzelnen* Fertigangebotes. Sein 'eigentliches' Problem ist vielmehr seine ganz grundsätzliche, schier unüberwindliche Abneigung dagegen, überhaupt etwas zu kaufen, das man 'gerade so gut' auch selbermachen kann. Deshalb scheut der Hardcore-Heimwerker natürlich auch vor keiner Reparatur zurück: "Tapezieren, Fußböden verlegen (Korkparkett, Teppichböden, Fliesen auf insgesamt zweihundert Quadratmetern, eine zweifach gewendelte Kellertreppe fliesen, bei der *alle* Fliesen geschnitten werden mußten, mehrere Wände in zwei Stockwerken einziehen, Türen einbauen", usw. (I, S. 9). Vor allem das Eigenheim, sei es nun Altbau oder Neubau, bietet eine "unvergleichlich breitere 'Gelegenheitsstruktur' mit intensiven Anreizen" und die Möglichkeit, "dermaßen aus dem Vollen schöpfen zu können... Vor allem hat man das Gefühl, nicht nur Kleckerles-Arbeiten zu machen, sondern zu 'produzieren', Werkschöpfung zu betreiben." (I, S. 8).

Das Problem *entsteht* also zwar durch die Unzulänglichkeit von Fertigprodukten, es wird jedoch durch die Möglichkeit des Selbermachens sozusagen auf eine andere, höhere Funktionalitäts-Ebene verlagert, wo es dann gilt, die optimale Version schlechthin zu kreieren. Und damit konstatiert der überzeugte Heimwerker letztlich immer auch, ohne daß er dies explizit sagen würde, daß jeder, der nicht möglichst Vieles selber macht, ein wenig 'deppert' oder zu faul oder eben beides sei. D.h. ganz schlicht: Er produziert Ideologie.

6.4.2 Die Orientierung am handwerklich Perfekten

Herr Hobelfroh, der, vor allem im Gegensatz zu Herrn Bohrfest, sehr großen Wert auf *manuelles* Arbeiten und auf von ihm als 'perfekt' empfundene Werke legt, wehrt sich vehement gegen das Ansinnen, er habe ein *romantisches* Handwerkerideal. Dabei liegt ihm allerdings garnicht erst an einer Klärung dieses Begriffes. Er weist vielmehr sofort zurück, womöglich zu irgendwelchen Verklärungen zu neigen. Ein Romantiker ist in seinen Augen eben jemand, der (ein bißchen) verdreht ist, "weil er, eins, auf die Welt nicht sie:ht (.) wie sie ist, sondern wie er sie möchte" (III, S. 34, 21-22). Herr Hobelfroh unterlegt also sowohl dem Begriff 'Heimwerker' als auch dem Begriff 'Romantiker' sogleich Konnotationen, die er dann wieder als 'Angriff' gegen sich deutet und mithin zurückweist. Im Grunde bezieht er sich aber eben auf eine Art von 'mittelalterlichem' Handwerksideal - und eben *nicht* dezidiert auf die heutige Realität des Handwerkers (so wie z.B. Herr Bohrfest sie erlebt). Ein Werk, auch ein Heim-Werk zu schaffen, ist für Herrn Hobelfroh stets eine Art handwerkliches Meisterstreben. Seine relevante 'Bezugsgruppe', das sind die (fiktiven) Handwerksmeister, die 'Eingeweihten'. Mithin also doch: ein Romantiker?

Nun, jedenfalls tritt für ihn z.B., ganz anders als bei Herrn Dr. Dübel-Lust, das Motiv der Kostenersparnis durch Do-It Yourself deutlich in den *Hintergrund* seiner motivationalen Relevanzen. Er heimwerkt sozusagen 'im Geiste' eines Ideals manueller Könnerschaft. Um aber sein anderes Ideal, das der Perfektion, realisieren zu können, benötigt er zum einen viel Zeit (die er aber als 'optimal investiert' empfindet, und die deshalb das Heim-Werk

besonders wertvoll macht). Zum anderen benötigt er doch auch Maschinen
- und zwar die besten, die am exaktesten arbeitenden und somit zumeist auch
die teuersten. Da wird dann auch durchaus zusätzliche Erwerbsarbeit geleistet, um das Hobby zu finanzieren. Gespart wird eigentlich nur am Material,
aber auch hieran eher aufgrund ökologisch-kreativer als aufgrund ökono-
misch-funktionaler Überlegungen, eher, um (sich selbst gegenüber) den
Nachweis zu erbringen, aus allem etwas 'Schönes und Nützliches' machen zu
können, als um Ausgaben zu vermeiden.

Folgerichtig repariert er z.B. im und ums Heim auch nur ungern und
eigentlich nur auf 'Druck' seiner Familie hin. Mit Vorliebe bewegt er sich
eben auf den Spuren traditioneller Handwerkskunst: "Wenn ich zum Beispiel
so eine Möbelstück habe, dann muß ich das nachvollziehen, wie hat der das
gemacht. Da ich kein Schreiner bin, weiß ich nicht, was da fehlt an dem
Stück, sondern muß das alles wieder nachvollziehen, nachdenken." (I, S. 10,
29-32). Oder er kreiert schöne Dinge - wobei 'Kreativität' hier allerdings
wesentlich *mimetisch* zu verstehen ist (vgl. dazu Schuster/Woschek 1985): als
Applikation von in Vergessenheit geratenen Kunstfertigkeiten im Umgang mit
'zufällig' zuhandenem Material: "Ich arbeite fast grundsätzlich nur aus
Abfall. Die Platte habe ich geschenkt gekriegt von einem Umzug her ... und
das sind einfach Dachlatten, und das von der Seite, das Seitenteil, ist aus
Profilbretterabfall zusammengeleimt." (I, S. 4, 32-36).

Herr Hobelfroh schätzt also weniger das Selbergemachte als solches, wie
das eben Herr Dr. Dübel-Lust tut, als vielmehr das manuell Gefertigte, das,
wenn es nicht dilettantisch sondern 'professionell' realisiert ist, vielfältige
erkennbare, aber auch eine Reihe verborgener Qualitäten aufweist, die es
gegenüber allem industriell und massenhaft Produzierten auszeichnen. Sein
Ideal ist das Meister-Werk. Realisieren läßt sich dieses sein - in der Tat wohl
die Idee des 'Heimwerkens' im engeren Sinne transzendierende - Ideal aber
für ihn offenbar doch noch am ehesten *beim* Heimwerken. Und insofern
repräsentiert er eben insbesondere jenen Heimwerker-Typus, der weitgehend
dem entspricht, was Robert A. Stebbins (1979) als charakteristisch für den
Amateur herausgearbeitet hat: Der Amateur betrachtet seine Freizeitbeschäftigung typischerweise als eine sehr ernsthafte Angelegenheit, und eben nicht
als ein 'Hobby'. Deshalb neigt er dazu, sich möglichst viel Zeit dafür zu
reservieren und sich eben an professionellen statt an Laien-Standards zu
orientieren.

Nach Stebbins ist dies eine Konsequenz daraus, daß niemand *mehr* von
professionellen Standards beeindruckt ist als der nichtprofessionelle aber
einschlägig Interessierte, der infolge eigenen Bemühens über das, was es

professionell zu wissen und zu können gibt, gut Bescheid weiß. Dieser nicht-professionelle Interessent tendiert dazu, das, was er selber kann und tut, in Relation zu den professionellen *Idealen* zu setzen und es infolgedessen abzuwerten. Um also mit seinen eigenen Fähigkeiten und Kenntnissen leben zu können, muß er entweder irgendwann die Bedeutung dieser Ideale für ihn selber relativieren, oder er muß sehr viel 'investieren', um sie so vielleicht doch irgendwann 'einholen' zu können. Wer sich für die erste Möglichkeit entscheidet, deklariert sich damit - zumindest implizit - als 'Dilettant'; wer die zweite Möglichkeit wählt, wer sich also sozusagen 'in die Pflicht' nimmt und systematisch an der Erreichung professioneller Standards arbeitet, der verkörpert nun eben das, was man einen 'Amateur' nennen könnte.

Der Amateur läßt sich also einerseits in Relation zum Professionellen und andererseits in Relation zu anderen thematisch mehr oder weniger Inter-essierten, also sozusagen zum 'Publikum' definieren: Beide, der Professionel-le wie der Amateur, unterscheiden sich vom 'Publikum' deutlich u.a. dadurch, daß sie nichtstandardisierte Artefakte produzieren, daß sie über einen thematisch einschlägigen, mehr oder weniger systematisierten Sonderwissensbestand und über so etwas wie 'subkulturspezifische' Traditionen verfügen, daß sie die Qualität ihrer Arbeit und deren Resultate nach ('subkulturspezifisch') institutionalisierten Maßstäben beurteilen, daß sie eher 'inhaltlich' als durch die Aussicht auf materiellen Gewinn motiviert sind, und daß das Publikum ihre fachliche Kompetenz (mehr oder weniger) anerkennt. Allerdings gelingen diese 'Besonderungen' dem Professionellen in der Regel besser ('problemloser') als dem Amateur. Das wiederum hat seinen Grund darin, daß sich der Professionelle innerhalb seines fachlichen Rahmens normalerweise nochmals relativ stark spezialisiert, während es sich der Amateur 'leisten' kann, sich ein relativ breites Interessenfeld offenzuhal-ten. Der Professionelle ist stärker als der Amateur darauf angewiesen, auch dann 'am Ball' zu bleiben, wenn er *keine* Neigung dazu verspürt; er fühlt sich seiner Tätigkeit dauerhafter verpflichtet; er ist routinierter, und er hat mehr rollenspezifische Selbstsicherheit.

Die relevantesten Spezifika des Amateurs gegenüber dem Professionellen bestehen aber wohl darin, daß der Amateur sich auf dem infrage stehenden Gebiet *nicht* erwerbsarbeits-orientiert, und das heißt typischerweise: freizeitlich betätigt. Schließlich: Auch das Publikum, das der Amateur wahrnimmt, und von dem der Amateur wahrgenommen wird, ist im Normalfall begrenzter als das des Professionellen (es besteht typischerweise aus Verwandten, Bekannten und 'Gleichgesinnten'). Und all diese Merkmale

des Amateurs treffen, so meine ich, hochgradig speziell auf Herrn Hobelfroh,
wie wir ihn hier kennengelernt haben, zu.

6.4.3 Die Orientierung am Kulturstandard

Herr Bohrfest schließlich, der jenen vermutlich weit verbreiteten Typus
vertritt, den ich naheliegenderweise als 'Pragmatiker' bezeichnen möchte,
zielt, im Gegensatz zu den anderen beiden Herren, darauf ab, prinzipiell *nur
so viel, wie unbedingt nötig*, selber, und ansonsten das Selbergemachte als ein
solches möglichst unkenntlich zu machen. Es ist ihm darum zu tun, möglichst
den Standard *gekaufter* Dinge zu erreichen, zu bewahren oder zumindest zu
inszenieren. Der Pragmatiker betreibt, anders als der Amateur und der
Hobbyist, Do-It-Yourself mit der Fraglosigkeit und Routine des professionellen Handwerkers (der er oft ist), dem eigenhändig durchgeführte Reparaturen
im Haushalt z.B. so selbstverständlich sind, daß sie ihm überhaupt nicht
erwähnenswert scheinen (vgl. auch Schlösser 1981, S. 142ff): "Das weiß man
halt, und so ist das, genau so ... Es sind vielleicht Tausende genau gleich wie
ich, aber ich sag mir halt, wer aus dem Handwerk irgendwie rauskommt, der
hat auch Ambitionen dazu." (II, S. 31, 12-17).
Der Pragmatiker kennt auch die Grenzen seiner 'naturwüchsigen'
Fähigkeiten ziemlich genau. D.h., er weiß, was er ohne weiteres kann, und
was zu tun ihm dagegen schwerfallen würde: "Wenn heut was ist, das
machen wir alles selber. Wir brauchen da keinen Handwerker. Außer
natürlich: eine Tür machen oder ein schönes Möbelstück, das kann ich
natürlich nicht; aber was so anfällt, das schon." (I, S. 5, 21-24). Da macht
man eben selber, was man kann und weil man sich sonst manches nicht
leisten könnte, was den Vorstellungen von (klein-)bürgerlich gemütlichem und
insbesondere repräsentativem Wohnen entspricht: "Früher hat man Einfachstwohnungen gehabt, bloß mit der Rauhfasertapete oder mit Steroporplatte,
dann kam die Holzdeckengeschichte..." (II, S. 5, 22-24). Da es ihm also
durchaus nicht ums Heimwerken zu tun ist sondern um die Anhebung bzw.
die Anpassung des Wohn-'Niveaus' an seine (steigenden) Statusambitionen,
greift der Pragmatiker, anders vor allem als der romantische Amateur, sehr
gerne auf das Angebot der Baumärkte an Fertigteilen, sogenannten System-
Elementen und - möglichst vielseitig verwendbaren - Geräten zurück.
Er läßt sich also eigentlich nie 'so richtig' in den ansonsten für das
Heimwerken wohl symptomatischen Strudel aus ständiger Intensivierung des
Selbertuns und expansiver Technisierung des Heimwerkeltags hineinziehen.

Er ist einer von den vielen, die nur soviel heimwerken, 'wie es eben sein muß', und die gerade soviel an Gerätschaften besitzen, wie *sie* 'halt so brauchen', und die das auch tatsächlich gebrauchen, was sie besitzen. Als gelerntem Handwerker, der nach 23jähriger Tätigkeit als Reparaturelektriker zum Angestellten avancierte, ist es dem pragmatischen Herrn Bohrfest eben selbstverständlich, seine Fähigkeiten nutzenorientiert einzusetzen, sei dies für den eigenen, privaten Bedarf oder, wie in früheren Jahren, im Sinne familialer und kollegialer 'Hilfe zur Selbsthilfe' beim Eigenhausbau. Ein spielerischer Umgang mit seinen handwerklichen Fertigkeiten liegt ihm fern. Selbstgemachtes hat für ihn kaum einen *Eigen*-Wert. Allenfalls eignet ihm jener sozusagen 'trotzige' Stolz des aufsteigenden Arbeiters, der seine berufliche Kompetenz auf den Freizeitbereich überträgt, weil seine Lohnarbeit allein nicht die für seine (klein-)bürgerlichen Wohn-Ambitionen nötigen finanziellen Ressourcen liefert.

Er betreibt Do-It-Yourself als Substitut für den Kauf von Waren und Dienstleistungen, also aus Gründen der Kostenersparnis, und nicht, weil es ihm besonderen Spaß machen würde, etwas selber zu machen, oder weil er gar besonders stolz wäre auf das, was er eigenhändig produziert hat. Als wirklicher Pragmatiker versteht er es aber, fehlendes ökonomisches Kapital durch soziales zu ersetzen (vgl. Bourdieu 1983), insbesondere indem er auf stabile verwandtschaftliche oder kollegiale Netzwerke rekurriert. Außerdem hat er vor allem in der sogenannten Wiederaufbau- und wirtschaftlichen Aufschwungsphase der BRD, ebenso wie seine Kollegen damals, die 'Kontrollücken' bzw. die 'Toleranzspanne' in der Firma, in der er arbeitete, für durchaus betriebsfremde, nämlich je eigene Zwecke genutzt: Man hat damals die 'verkaufte' Arbeitszeit sozusagen 'reprivatisiert', und man hat das Wissen und Können von Kollegen ebenso während der Arbeitszeit teilabsorbiert wie in der Firma vorhandene, Do-It-Yourself-zweckdienliche Maschinen. Sowenig es aber dem Pragmatiker ein moralisches Problem war, diese Zusatzversorgungsquelle, so lange sie floß, auszubeuten, so wenig war ihm das Versiegen der Quelle Anlaß zu irgendwelchen kämpferischen Aktivitäten oder auch nur zu subversiven Überlegungen, denn seine Lebensphilosophie ist 'Anpassungsfähigkeit'.

Dementsprechend neigt der Pragmatiker auch dazu, sich an Wohn-Moden zu orientieren und die Kulissen und Requisite seines Haushaltes dem anzugleichen, was er bzw. sein Milieu als den jeweils 'legitimen Zeit-Geschmack' empfindet (vgl. Bourdieu 1974, vgl. dazu auch Schilling 1979). Dabei ist es nun nicht so, daß er womöglich garnicht anders könnte als sich in ein *bestimmtes* wohnkulturelles Sozialmilieu 'einzuklinken'. Als Typus jedenfalls kann sich der Pragmatiker natürlich auch dezidiert *gegen* einen bestimmten, von ihm abgelehnten Geschmack 'einrichten'. Das ändert aber nichts daran, daß er sich eben immer noch an einem oder mehreren der zu einer bestimmten Zeit je vorgegebenen Kulturstandards *orientiert*. Man muß also durchaus differenzieren zwischen der empirischen Feststellung, daß der Pragmatiker sich auf Geschmacksvorgaben bezieht, und der 'kritischen' Unterstellung, er sei von bestimmten Geschmacksvorgaben abhängig.[121] Auf den 'Punkt' gebracht: Dem Pragmatiker geht es vorwiegend um eine 'ordentliche Fassade', um Aufgeräumtheit, Sauberkeit und Reputierlichkeit. Zum Selbermacher geworden bzw. ein Selbermacher geblieben ist er eben aus schierem Daseins-Pragmatismus und nicht etwa aus irgendeiner 'inneren Überzeugung' - wie das etwa beim von der Ideologie des Do-It-Yourself Überzeugten der Fall ist. D.h., er holt bei Bedarf einfach solche Ressourcen sozusagen schattenwirtschaftlich ein, die er sich erwerbswirtschaftlich nicht aneignen kann.

---

121 Bourdieu (1982b) etwa argumentiert hier m.E. eindeutig zu deterministisch, während Peter
   Gross (1993) z.B. das Moment der sozusagen (klassen-)schrankenlosen Optionalität
   besonders hervorhebt.

7. Strukturen der Heimwerker-Welt

Die fallweise Pointierung und thematische Auffächerung heimwerkerspezifischer Wissensbestände im Vorhergehenden ist natürlich schon mit einer gewissen Abstraktion von den vielfältigen Sinnkonfigurationen, die am Material selber zu entdecken sind, einhergegangen. Allfällige Zitationen aus Interviewtexten konnten auch auf dieser Interpretationsstufe nur noch 'illustrativen', sozusagen den Leser anekdotisch unterhaltenden Charakter haben. Im Folgenden soll nun die bisherige Binnendifferenzierung 'des' Heimwerkers in die drei m.E. markanten, gegeneinander profilierten und somit ein relativ weites Feld für allerlei Mischformen aufspannenden Typen des *Pragmatikers*, des *Amateurs* und des *Überzeugten* nochmals 'reduziert' werden: hin auf einige noch allgemeinere, noch abstraktere Wissens-Strukturen der kleinen Lebens-Welt des Heimwerkers als einem 'idealen' sozialen Typus.

7.1 Thematische Konvergenzen

7.1.1 Die unberechenbare Zeit

Heimwerken ist tätiges Alltagsleben jenseits der beruflichen Arbeitssphäre. Die Praxis des Heimwerkens ist eine Tätigkeits- und Ausdrucksform des Individuums im Alltag, durch die es sich einerseits einer gesellschaftlichen Gruppierung von 'Gleichgesinnten' zugesellt, und durch die es sich andererseits gegen kollektive Lebensstile anderer sozialer Formationen abgrenzt.[122] Und es ist, zumindest subjektiv, eine Form der Selbstverwirklichung und der selbstbestimmten Gestaltung des freizeitlichen Privatbereichs. Die individuelle Verfügbarkeit über freie Zeit dürfte deshalb wesentlich die im Heimwerken

---

122 Zur Lebensstil-Debatte verweise ich hier exemplarisch auf Michailow 1989, sowie auf Berking/Neckel 1990.

sich realisierenden Aneignungsstrukturen und Wertorientierungen mitbestim-
men.

Für Herrn Dr. Dübel-Lust z.B. ist Werkel-Zeit eine 'extrem sinnvoll'
genutzte, ja überhaupt die sinnvoll verbrachte Zeit schlechthin. Heimwerk-
Zeit ist 'aparte' Zeit, Sonderzeit, und deshalb garnicht an Kriterien zu
messen, die ansonsten für Zeit gelten mögen. Heimwerken konstituiert ein
eigenes Raum-Zeit-Kontinuum, und in diesem *darf man die Zeit auch anders
nicht rechnen*; auch nicht so, daß man etwa zeitverbrauchsintensive
Komplikationen (welcher Art auch immer) als problematisch, als die
'Vernünftigkeit' des Do-It-Yourself möglicherweise infragestellend ansieht.
Zeit-Räume im Raum-Zeit-Kontinuum des Heimes und des permanenten
Werkelns in diesem werden überhaupt nur relevant in Bezug auf legitime
Ansprüche der Familie. (Zeiten, die außerhalb dieses Kontinuums auf-
gewendet werden müssen, hingegen gelten per se als problematisch und
lästig.) Auch Herr Hobelfroh läßt sich *die Zeit nicht vorrechnen*, die er in
seiner Werkstatt verbringt - allerdings auch nicht von Angehörigen seiner
Familie -, denn es braucht eben 'seine' Zeit, wenn eine Arbeit sachgemäß,
ja 'perfekt' gemacht werden soll. Im Gegensatz zum 'typischen' Heimwerker,
der nur eines will: möglichst schnell fertig werden, und der deshalb dazu
neigt, ständig nur 'Pfusch' zu machen, geht es Herrn Hobelfroh nämlich vor
allem darum, zu lernen, wie man es 'richtig' macht. Der Vorgang des
Lernens aber absorbiert 'natürlich' zusätzlich Zeit, weil ein Problem erst
gelöst ist, wenn es auch praktisch umgesetzt ist. Außerdem: Unter Zeitdruck
steht man schon bei der Berufsarbeit, man sollte nun den 'Stress' nicht auch
noch im Privatbereich weitertreiben. Herr Bohrfest hingegen vertritt durchaus
die Auffassung, daß Zeit 'eigentlich' schon etwas ist, was man veranschlagen
sollte, wenn man überlegt, wie man 'zu etwas kommt', aber andererseits:
Zeit, die nicht bezahlt wird, braucht man nicht zu rechnen. Solche Zeit hat
man eben ('übrig'), sie bringt an sich nichts ein, was man berechnen könnte.
Wichtig ist die Zeit, die man bezahlt bekommt. Deshalb ist Erwerbsarbeit
allemal die beste Möglichkeit zur Ressourcenbeschaffung. Die zweitbeste
Möglichkeit besteht in gegenseitiger Hilfeleistung auf der Basis heterogener
beruflicher Kompetenzen. Und schließlich kann man eben, wenn man ohnehin
Zeit hat, natürlich auch noch selber heimwerken, weil man ja doch vieles
'vom Beruf her' einfach selber machen kann.

Herr Bohrfest ist also das, was man einen 'Zeitkonventionalisten' nennen
könnte: Für ihn ist Zeit-haben 'an sich' mehr oder weniger wertlos. Zeit, die
man nicht mit einer sinnvollen Beschäftigung zubringt, ist überflüßige oder
vielmehr verschwendete Zeit. Das heißt einerseits, daß solche Zeit subjektiv

tatsächlich keinen Sinn hat, und andererseits, daß man es sich nicht oder nur unter Entbehrungen leisten kann, Muse-Zeit überhaupt zu haben. Herrn Hobelfroh hingegen haben wir auch schon einmal (vgl. Honer/Unseld 1988) als 'Zeitromantiker' bezeichnet: Er räumt einem 'ästhetischen' Bedürfnis mehr oder weniger selbstverständlich Vorrang ein vor der Möglichkeit, seine freie Zeit auch anders, und nicht unbedingt 'nützlich' zu verbringen. Die eigene Zeit ist dann 'gut' investiert, wenn sie in wertrationalem Tätigsein aufgeht. Hier vor allem gilt also, daß das Heim-Werk gerade deshalb so wertvoll wird, *weil* es soviel Zeit absorbiert. Und Herr Dr. Dübel-Lust kommt in diesem Kreise wohl dem am nächsten, was Karl H. Hörning, Anette Gerhard und Matthias Michailow (1990) als 'Zeitpionier' etikettiert haben: Für ihn ist Werkel-Zeit ein Selbstwert, weil er sozusagen den Sinn des (eigenen) Lebens daran festmachen kann. Heimwerken ist *seine* subjektiv optimale Nutzungsmöglichkeit von Zeit.[123]

Was also drücken Heimwerker aus, wenn sie sagen, "die Zeit darf man natürlich nicht rechnen"? Offensichtlich nicht, daß Zeit garkein Faktor des Do-it-yourself wäre. Vielmehr weist die Verwendung des argumentativen Topos 'die Zeit nicht rechnen zu dürfen' Fragen nach dem Zeitaufwand als gegenüber der 'Sache' unangemessen zurück. Der Topos signalisiert, sozialstrukturell relevante Zeit- und Wertordnungen zu suspendieren, er macht aufmerksam darauf, daß Heimwerken eine sinnprovinzielle Zeitenklave *im* Alltag bildet, die diesen in mancher Hinsicht auch transzendiert und in der nicht einfach mit ansonsten gewohnten Maßstäben 'gemessen' werden dürfe. Andererseits 'rechnet' der Selbermacher Zeit durchaus, aber eben nicht im Sinne von verkaufter Zeit, sondern von subjektiv sinnvoll genutzter Frei-Zeit. Das heißt, die Relevanzen der Werkel-Zeit werden vom Selbermacher typischerweise als freiwillig und nicht als auferlegt betrachtet (vgl. dazu Schütz/Luckmann 1979, S. 224ff). Sein Zeiterleben beim Heimwerken löst sich mithin ab vom dominanten Zeiterleben im modernen Alltag, das im Sinne offener Linearität bestimmt ist durch Termine, Verpflichtungen, Erledigungsgeschwindigkeiten (vgl. Rammstedt 1975, Hitzler 1987). Metaphorisch gesprochen: Wenn er seine Werkstatt betritt, verläßt der

---

123 Bezeichnenderweise wendet sich ja auch der appellierende Charakter der Parole 'Do it yourself!', die weniger eine Erfindung von Konsumenten als das Produkt ausgefuchster Marketingstrategen im Ursprungsland aller Selbstbedienungsläden ist, an das Selbst, an die Tatkraft des einzelnen, und knüpft somit einen assoziativen Strang mit der längst im Dickicht funktional-spezialisierter Bereiche untergegangenen Pionierzeitmentalität.

Selbermacher die soziale Standardzeit und 'versenkt' sich in eine sinnprovinzielle Zeitenklave.

Soziale, milieuspezifische Relevanzen, z.B. familiale Verpflichtungen, zusammen mit System- bzw. Organisationszeiten, setzen dann sozusagen die äußeren Eckpunkte des Zeit-Rahmens (vgl. Bardmann 1986), innerhalb dessen er seine Wirklichkeit gestalten kann. Diese freiwillig gestaltete Zeit aber *erlebt* er, er mißt sie nicht. Er werkelt eben *nicht* in einem sozial objektivierten Zeit-Takt von Minuten oder Stunden, sondern in Rhythmen der Konzentration und Entspannung, der Anstrengung und 'Erschöpfung'. Trotzdem ist es aber nicht so, daß sich der Heimwerker prinzipiell nicht dafür interessieren würden, die fürs Heim-Werk aufgewendete Zeit auch zu messen. Man will durchaus wissen, wie lange 'sowas' dauert, wenn nichts dazwischen kommt und man sich geschickt anstellt. Doch die angefragten oder selber geäußerten Zeitangaben für die eigene Produktion bleiben ausgesprochen vage, verglichen mit der in unserer Kultur möglichen Präzision der Zeitmessung (vgl. dazu Elias 1984). Genauer betrachtet bedeutet dies aber, daß Heimwerken in der Tat nur im Rahmen von 'Überschuß'-Zeiten stattfinden kann. Die derart 'gerahmte' Zeit ist demnach also 'an sich' wertlos, weil sie nicht verkauft wird. Aber indem ihre prinzipielle Sinn- und Nutzlosigkeit transformiert wird, indem ihr Bedeutung zugeschrieben werden kann, durch sozial akzeptierte Ziel- und Zwecksetzungen, wird sie auch selber wertvoll. Die für das Heimwerken verfügbare Kann-Zeit wird zum erstrebten, zum subjektiv begehrten Gut.

7.1.2 Der begrenzte Raum

Raum ist etwas, in dem man sich bewegt, in dem man lebt, den man be-lebt. Ebensowenig, wie Zeit in dem aufgeht, was sich mit der Uhr messen läßt, geht der Raum darin auf, daß man den Meterstab an ihn anlegt. Raum ist - zumindest auch - eine Erfahrungsqualität. Kaum jemand wird sagen, er habe zuviel Raum, oder auch nur, um Raum müsse er sich nicht kümmern. Raum wird vielmehr fast immer als knapp empfunden, und fast unumgänglich stößt man (womit auch immer) ständig an seine räumlichen Grenzen. Die Erfahrung, daß Raum begrenzt ist, ist mithin ein generelles, nicht etwa ein heimwerkerspezifisches Phänomen. Heimwerkerspezifisch ist hingegen, wenn die Knappheit des Raumes als *Widerständigkeit* wahrgenommen wird, die durch spezifische, einschlägig fokussierte Aktivitäten zu brechen, zu bewältigen ist. Dadurch wird Raum dann als etwas begriffen, was man funktional ausnutzen und rational bewirtschaften kann.

Auch Herr Bohrfest begreift, ganz entsprechend seiner Grundeinstellung, Raum als etwas, was *grundsätzlich knapp*, aber eben keineswegs als etwas, was notwendigerweise Gegenstand seiner heimwerkerischen Zuwendung zu sein hätte. Vielmehr empfindet er seinen gesamten Wohn- und Lebensraum als knapp bemessen - allerdings durchaus entsprechend seiner allgemeinen Ressourcenlage. In diesem ihm verfügbaren Raum versucht er sich eben (so gut es geht) 'einzurichten'. Und nur wenn er neue Bedürfnisse entdeckt oder entwickelt, wird ihm der Raum gelegentlich zu einem speziellen Thema des Selbermachens. Auch Herrn Hobelfroh, der ja nicht 'mit Blick auf das Heim' werkt, ist der Raum üblicherweise kein besonders relevantes Thema. Er empfindet den Raum als sozusagen *situativ widerständig*: z.B. dann, wenn seine Werke einen 'Platz' brauchen, insbesondere aber im Hinblick auf die Nutzungsmöglichkeiten seiner Werkstatt. Gleichwohl: Er befasst sich mit dem Raum als einem Problem auch unter solchen Gesichtspunkten lediglich 'punktuell', nicht aber 'prinzipiell'. Ganz anders ist das bei Herrn Dr. Dübel-Lust, der Raum eben als etwas ansieht, was *grundsätzlich widerständig* ist, was sich also seiner 'optimalen' Nutzung gegenüber sozusagen sperrt, und was es mithin zu überwinden, zu bezwingen, 'in den Griff' zu nehmen gilt. Der Gesamt-Raum als ein gegen alle seine Eigenheiten durch heimwerkerische Finessen funktional zu bewältigender und maximal auszubeutender ist ihm im Hinblick auf die Bedürfnisstrukturen seiner Familie ein basales Dauerthema.

Man kann also nicht behaupten, *jeder* Heimwerker sei unentwegt damit befasst, den Raum optimal auszunutzen. Aber man kann wohl sagen, daß in dem Maße, *wie* dem Heimwerker der Raum zum Thema wird, dieser auch sein Interesse an einer stärkeren bzw. besseren Nutzung wachruft. Welche *Art* von Nutzung 'angesagt' ist, welche *Qualität* von 'Begrenztheit' überhaupt thematisch wird, kurz: welche Form von Widerständigkeit praktisch erfahren wird, das ergibt sich natürlich aufgrund je bestimmter subjektiv-situativer Relevanzen: Eine Grenze, an die ich nicht stoße, die mich in meiner Entfaltung nicht tangiert, erfahre ich in aller Regel auch nicht als einen Widerstand.[124] Die Unterschiede in der Bedeutung des Raumes für verschiedene Heimwerker resultiert also aus den Differenzen zwischen deren

---

124 Grenzen sind nicht per se problematisch, sondern sie können problematisch werden, wenn sie mit meinem (wodurch auch immer motivierten) Expansionsdrang konfligieren.

jeweiligem subjektiven Relevanzsystem. Gleichwohl läßt sich wohl fallübergreifend feststellen: Die Begrenztheit des Raumes wird, wenn man sich ihm mit heimwerkerischem Interesse zuwendet, nicht einfach hingenommen, sondern als etwas erfaßt, dessen Widerständigkeit zu überlisten ist. Dadurch schafft man zwar 'objektiv' nicht mehr Raum, aber man schafft 'subjektiv' mehr Raum. D.h., man macht, mittels einschlägig geeigneter Maßnahmen, so etwas wie 'space deepening'.

7.1.3 *Die faszinierenden Maschinen*

Neben der unberechenbaren Zeit und dem prinzipiell begrenzten Raum haben Heimwerker - außer ihren je individuellen Begabungen und Befähigungen zum Selbermachen, ihrem je individuellen Lerneifer, Tatendrang und Durchhaltevermögen - natürlich auch unterschiedlich viele Ressourcen für den Kauf *von* und unterschiedlich günstige andere Zugriffsmöglichkeiten *auf* Werkzeug und Maschinen, die sie ihrer Meinung nach für ihre Aktivitäten benötigen. Wenn man die Grundstruktur der Einstellung des Heimwerkers schlechthin auch zu seinen Maschinen verstehen will, muß man also zunächst wiederum 'zurück zu den Fällen selbst', um die jeweiligen Konnotationen dessen, 'was man halt so braucht', zu erfassen:

Herr Hobelfroh z.B. orientiert sich auch beim Erwerb seiner Werkzeuge und Maschinen an seinem Perfektionsideal und folgt deshalb dem *Prinzip der professionellen Ausstattung*: Nur er selber weiß, 'was er - zu einem bestimmten Zeitpunkt und unter bestimmten Gesichtspunkten - halt so braucht', nämlich 'professionellste und teuerste' Maschinen als Kompensation eines 'manuellen Unvermögens' - stets gemessen natürlich am 'perfekten Meisterwerk'. Und obendrein faszinieren ihn optimale Einzweck-Maschinen auch noch in ästhetisch-emotionaler Hinsicht. Herr Bohrfest hingegen wendet das *Prinzip des geringstmöglichen Aufwandes* an. Er kauft nur solche und so viele Maschinen, wie er unbedingt je aktuell benötigt, denn er heimwerkt ja ohnehin unter der Prämisse, von dem, was zu machen ist, eben das zu machen, was er kann. Maschinen sind für ihn lediglich relativ kostengünstig einsetzbare Mittel, um fehlende Ressourcen zum Kauf von Waren und Dienstleistungen zur Erlangung eines je gewünschten 'Wohn-Niveaus' durch entsprechende Do-It-Yourself-Aktivitäten zu kompensieren. Seinen Maschinenpark rüstet er nur dann gelegentlich nach, wenn es sich auch wirklich 'rechnet'. 'Rechnen' muß sich eine Investition in Maschinen und Werkzeug auch bei Herrn Dr. Dübel-Lust - allerdings nicht unbedingt kurzfristig,

192

sondern eher nach dem *Prinzip der langfristigen Rentabilität*, da er sehr gern und viel heimwerkt und immer wieder (kaum vorhersehbar) Neues 'ausprobiert'. Und dazu braucht er eben eine relativ umfangreiche Werkzeug- und Maschinenausrüstung (sozusagen 'für gehobene Ansprüche'), die ihm hilft, 'flexibel' potentiell neue, nicht geplante Situationen zu bewältigen.

'Was man halt so braucht', das ist also immer gerade das, was man im Verhältnis zu seinen Ansprüchen und Absichten an einem bestimmten (Zeit-) Punkt seiner 'Laufbahn' als Heimwerker braucht. Und wir erkennen - am Beispiel der Herren Bohrfest, der nur hat, was *er* tatsächlich braucht, und kaum mehr braucht, als er hat, Dr. Dübel-Lust, der auch nicht mehr hat, als *er* im Prinzip braucht, der aber immer mehr braucht, als er tatsächlich hat, und Hobelfroh, der alles hat, was 'man' braucht, und der doch nicht (mehr) alles gebrauchen kann, was er hat -, *wie unterschiedlich* das technische Anspruchsniveau von Heimwerkern ist, die doch allesamt 'zeitgemäß' werken. Gleichwohl gibt es m.E. einen sozusagen *fallunabhängigen* 'Schlüssel' zur Klärung des Topos 'was man halt so braucht': Dieser 'Schlüssel' ist das Prinzip der *Sogwirkung*, das besagt, daß der Heimwerker, durch *praktische* Übung, im Verlauf seiner 'Karriere' typischerweise Fähigkeiten entwickelt, deren Realisierung das Zuhandensein von immer mehr Werkzeugen und Maschinen voraussetzt. D.h. er gibt Geld für die Erweiterung seines Gerätebestandes aus und erweitert durch die bessere Ausstattung potentiell seine Bewältigungskapazität, erlangt in der Verwendung der neuen Maschinen neue Fertigkeiten, die wiederum nach einer Ausweitung der technischen Ressourcen verlangen, *usw*. So nimmt die Dialektik von Sein und Sollen, von Gemachtem und Machbarem, von Investition und Applikation, von Maschine und Kompetenz in der Sinnprovinz des Do-It-Yourself in aller Regel - wenngleich, wie wir gesehen haben, auf durchaus unterschiedlichem finanziellem Niveau - ihren expansiven Lauf als 'unendliche Geschichte'.

Das Prinzip der 'Sogwirkung', als dynamisches Wechselspiel zwischen Vergrößerung und Verteuerung des Gerätebestandes und wachsender Kompetenz des Heimwerkers, spiegelt *und* strukturiert *zugleich* die Heimwerkerkarriere (vgl. dazu auch Hitzler 1989). Denn zwar konsumiert der Heimwerker typischerweise tatsächlich nach dem Grundsatz, nur *die* Maschinen zu kaufen, die er 'wirklich' braucht. Das aber heißt praktisch, daß er eben einige tausend bis mehrere zehntausend D-Mark in das Geräte-

Arsenal seines Hobbykellers bzw. seiner Werkstatt investiert.[125] Inzwischen werden nämlich drei Viertel aller Elektro-Werkzeuge an Heimwerker verkauft. Und dabei werden professionelle Standards hinsichtlich der Anforderungen an die Maschinen-Technik natürlich immer mehr 'veralltäglicht'. D.h., durch die Massenproduktion von Geräten, die zunächst einmal den Bedürfnissen von Berufshandwerkern genügen müssen, werden diese auch für den freizeitlichen Selbermacher erschwinglich, interessant und mit der Zeit schließlich - jedenfalls für sie selber - selbstverständlich.

Als *rationalisierender* Alltagsakteur (mehr denn als ein *rationaler*) bedient sich der Heimwerker nun des Topos der 'Sogwirkung', um sich und seiner Umwelt seine (Maschinen-) Kauf-Entscheidungen 'praktisch zu erklären' (vgl. Scott/Lyman 1976). D.h. unter Verweis auf den faktischen Nutzen und, mehr noch, auf potentielle Nutzungschancen durch das Ineinandergreifen von Kompetenz und Technik rechtfertigt er gern den Kauf zusätzlicher, besserer und - vor allem - teurerer Geräte, bzw. er wiegelt damit etwaige häusliche Kritik am Verhältnis von technischem Aufwand und 'Wertschöpfung' durch seine Do-It-Yourself-Aktivitäten ab. Das stereotype accounting-Muster 'Sogwirkung' verweist auf die in der kleinen sozialen Lebens-Welt des Heimwerkers 'geltende' Zweck-Rationalität: Zum Beispiel kann man sich selber als unter Produktionszwang stehend darstellen, um die technische 'Hochrüstung' des Hobby-Kellers zu erläutern, oder man 'erklärt' sich mit dem 'Schnäppchen'-Prinzip, mit der - mehr oder minder - 'einmaligen Gelegenheit', die sich durch (unvermutete) Sonderangebote im Handel nicht nur gebo-

---

125 Und der gute Baumarkt-Fachberater zeichnet sich dadurch aus, daß er 'mit etwas Geschick' den technikfaszinierten Kunden von der funktionelleren, leistungsfähigeren und natürlich auch 'etwas teureren', möglichst elektronisch gesteuerten Maschine zu überzeugen versteht. Denn daß eine einprägsame Werbung, verbunden mit kluger Preisgestaltung, nachhaltige strategische Vorteile gegenüber der Konkurrenz verschaffen kann, läßt sich an Beispielen wie dem der Firma 'Black & Decker' augenfällig aufzeigen: 'Black & Decker' hat es verstanden, sich sozusagen als Pionierunternehmen für Do-It-Yourself-Geräte im Kopf des Normal-Konsumenten zu installieren. Dabei ist dann z.B. völlig in Vergessenheit geraten, daß etwa der schwäbische Familienbetrieb 'Metabo' dem (Radio-)Bastler bereits in den Zwanziger Jahren einen seriell gefertigten Meta(ll)bo(hrdreher) angeboten hat (vgl. Metabo-Magazin. Festzeitschrift zum 50jährigen Bestehen des Unternehmens. Nürtingen 1974).

ten, sondern förmlich aufgedrängt hat, oder man verweist darauf, Rabatte erhandelt zu haben, usw.[126]

7.1.4 *Die gelungenen Werke*

Beim Gebrauch von Artefakten unterscheidet Stephen Harold Riggins (1990) generell zwischen *praktisch-pragmatischen* und *symbolischen* Aspekten. Die auffälligste Übereinstimmung bei den ansonsten recht heterogenen Intentionen, die die Heimwerker, mit denen ich ausführlich gesprochen habe, gegenüber ihren Werken entwickelten, war nun aber, daß sie durchgehend Wert darauf legten, die Werke müßten nützlich *und* schön, schön *und* nützlich sein, also sowohl praktisch-pragmatischen als auch ästhetisch-symbolischen Ansprüchen genügen.

Ansonsten sind für Herrn Bohrfest z.B. Heim-Werke nichts anderes als 'Substitute' für gekaufte Güter, als Ersatz-Lösungen zur Erlangung eines gewissen Wohn- und Lebensstandards, der dem jeweiligen *Anspruchsniveau des zeitgemäßen Man* entspricht. Heim-Werke erscheinen ihm mithin dann sinnvoll, wenn sie in Relation zum Einsatz von Material, Zeit, Maschinen und Know How effizient (d.h. kostengünstig) realisiert werden können - wobei es eben nicht darum geht, das, was dabei zu tun ist, tatsächlich selber zu machen. Ebenso oder besser gelingt das Werk, wenn man dazu die Hilfe qualifizierter Kollegen und Verwandter in Anspruch nehmen kann. Herr Hobelfroh hingegen heimwerkt nun seinem Selbstverständnis zufolge keineswegs, um etwa das, was 'man' als je zeitgemäß erachtet, möglichst kostengünstig einzuholen. Ihm ist es vor allem darum zu tun, das Werk selber, eigenhändig zu schaffen. Es geht ihm ohnehin nicht um das ästhetisch ansprechende Endprodukt, sondern: *Das handwerklich Perfekte ist 'per se' schön und nützlich.* Und 'perfekt' ist eben, was den 'Regeln der Handwerker-Zunft' entsprechend gemacht ist. Jedes einmal fertiggestellte Werk aber dokumentiert auch das (kaum vermeidbare) relative praktische 'Versagen' gegenüber dem idealen Prinzip. Deshalb verhindern die aufgrund zunehmender Kenntnisse und Fertigkeiten ständig steigenden Selbst-Ansprüche

---

126 Dabei sollte nicht übersehen werden, daß bei der Entscheidung zum Gerätekauf auch der Name des Herstellers eine nicht unerhebliche Rolle spielen kann: Der typische Selbermacher hat in der Regel eine 'Vorliebe' für eine oder zwei 'Marken' und lehnt jeweils die Produkte wenigstens *eines* Herstellers nachdrücklich ab mit der Begründung, daß sie zu teuer oder von schlechter Qualität oder auch beides seien.

tendenziell die Beendigung von Werken überhaupt. 'Fertig' wird auch Herr Dr. Dübel-Lust 'so gut wie nie', allerdings aus einem ganz anderen Grund als Herr Hobelfroh: Weil für ihn stets *das funktionale Optimum nützlich und zugleich schön* ist, jedes Optimum aber ein relatives, ein Optimum zu einem ganz bestimmten Zeitpunkt und bezogen auf ganz bestimmte Bedürfnisse und Wünsche seiner Familie ist, deshalb ist er unentwegt auf der Suche nach neuen, besseren Lösungsmöglichkeiten. Das Heim-Werk ist für ihn, anders als für Herrn Hobelfroh, der eben nicht 'heimorientiert' arbeitet, das gesamte Heim als 'ewige' Herausforderung. Das Werk ist der planende Zugriff auf den verfügbaren Raum schlechthin.

Ein Heim-Werk 'transportiert' also stets verschiedene Bedeutungen: Subjektive, die nur von dem her verständlich sind, der es gemacht, der es geschaffen hat; okkassionelle, die nur nachvollziehbar sind, wenn man den Entstehungskontext rekonstruieren kann; und objektive, die jedes kompetente Kulturmitglied zu entschlüsseln in der Lage ist.[127] In jedem Heim-Werk, das einmal geschaffen ist, ist also ein Beitrag zum Know-How des Selbertuns, ist eine Lösung 'objektiviert'. Jedes getane Heim-Werk zeigt an, wie ein Problem 'dieses Typs' zu bewältigen ist - als gelungenes im Sinne einer 'Modell-Lösung', als mißglücktes im Sinne eines künftig zu vermeidenden bzw. zu modifizierenden 'Weges'. Im Heim-Werk symbolisiert sich das Welt- und Selbstverständnis des Heimwerkers, appräsentiert sich seine Handlungs- und Problemlösungskompetenz und repräsentieren sich kollektive (Wert-) Vorstellungen von funktionaler und ästhetischer Wohnqualität.

7.1.5 Das präsentierte Selbst

Erfahrungsstrukturell gesehen ist Heimwerken also zunächst einmal eine Teilzeit-Welt *unter anderen*. Aber in dem Maße, in dem das Selbstverständnis des Heimwerkers thematisiert wird, zeigt sich, daß Heimwerken auch zu einer jener für die Stabilität persönlicher Identität zentralen 'Heimatwelten' werden kann, von denen Benita Luckmann (1970/1978) gesprochen hat. Nun kann man aus dem vorliegenden Material zwar nicht einfach (kurz-)schließen, Heimwerken *sei* mit Sicherheit eine zentrale ('positiv' oder 'negativ' besetzte) Komponente des Selbstverständnisses von Heimwerkern, weil dieses

---

127 Das Verstehensproblem verbirgt sich hier natürlich in der Frage, wie und aufgrund welcher 'Qualitäten' man ein kompetentes Mitglied der Heimwerker-Kultur ist bzw. werden kann.

196

vorliegende Material eben vom Thema 'Heimwerken' her erhoben ist und damit in Bezug auf eine *generelle* Identitätsfrage einen systematischen 'Bias' aufweist, aber aufgrund der ja sozusagen 'spontanen' biographischen Rückgriffe, bis hin zur frühen Kindheit, kann man wohl sagen, daß Heimwerken als - wie auch immer - persönlichkeitsrelevant begriffen wird. Denn wer ein aktuelles 'Engagement' entwicklungslogisch bis in die eigene Kindheit verlängert und über die Frage nachdenkt, ob und inwiefern es dort schon 'angelegt' gewesen ist, der sieht dieses 'Engagement' wohl auch als wichtigen Teil seiner selbst an.

Wenn man sich nun die *Erfolgsgeschichte* von Herrn Dr. Dübel-Lust vor diesem Hintergrund so anschaut, dann erkennt man im wesentlichen einen Typus, der 'Bescheid weiß', der den Sinn des Heimwerkens erfaßt hat. Das ist keine Normalbiographie, was hier entworfen wird, sondern die ganz individuelle Entfaltung eines 'händischen' Selbstverwirklichungs-Spielraums - sozusagen gegen alle akademischen Milieuvorgaben und groß-strukturellen Rahmenbedingungen. Herrn Hobelfrohs *Bildungsgeschichte* hingegen präsentiert eher die 'Einlösung' genealogischer Traditionsbestände durch einen Typus, der parahandwerkliche Kompetenzen hat und keinesfalls ein stümperhafter Autodidakt ist, sondern ein Liebhaber 'der Sache': Orientiert am alten handwerklichen Ideal von einer 'richtigen' Arbeit einerseits und am bäuerlichen Prinzip 'nützlicher' weil 'notwendiger' Arbeiten andererseits. Die *Entwicklungsgeschichte* des Herrn Bohrfest schließlich erzählt von einem professionellen Handwerker, der seine Kompetenzen völlig selbstverständlich einsetzt, um 'weiter zu kommen'. Dieser Typus heimwerkt, um allmählich zu dem zu kommen und sich das leisten zu können, was andere auch (schon) haben.

In diesen, wie gesagt: im wesentlichen von meinen Gesprächspartnern initiierten, biographischen Selbstverortungen wird also jeweils ein themaspezifischer Ausschnitt der personalen und sozialen Identität (vgl. Goffman 1975) präsentiert, je nachdem, wie 'man' (von der Gesprächspartnerin) *als Heimwerker* gesehen und verstanden werden möchte. In den dabei erzählten Lebensgeschichten appräsentiert sich somit ein Bedürfnis zur Selbstdarstellung, wie es Hans-Georg Soeffner (1988b) als symptomatisch für den modernen, lutherisch-freudianisch geprägten Individualitätstypus charakterisiert hat, der eben in besonderem Maße selbstreflexiv und 'auskunftsfreudig' sozialisiert ist. Das 'Von-sich-selber'-Erzählen ist also kein heimwerkerspezifisches Phänomen, interessanterweise kommt es aber eben *auch* in diesem thematischen Kontext 'sofort' zum Tragen: 'Man' versucht auch in solchen Interviews ständig, ein bestimmtes 'Bild' von sich zu vermitteln und dadurch

die Art und Weise, wie man von seinem Gegenüber, in diesem Falle also von
der Interviewerin, wahrgenommen wird, 'positiv' zu beeinflussen (vgl. dazu
auch Jones/Pittman 1982). Denn wir sehen uns eben 'im Spiegel' des
anderen. Und deshalb setzen wir alle möglichen Mittel ein, um den anderen
dazu zu animieren, sich mit uns zu befassen, sich uns (interessiert) zuzuwenden. Erzählt werden *hierbei* vor allem verschiedene Varianten von Kom-
petenzgeschichten (vgl. dazu Schlenker 1980), die geeignet scheinen, den
Erzähler als Do-It-Yourself-sachverständig, handwerklich (hinlänglich) befä-
higt und alltagspraktisch 'vernünftig' zu charakterisieren.

7.1.6 Der relevante Andere

Menschen orientieren sich also bei dem, was sie tun - zustimmend oder
ablehnend - an anderen (vor allem an anderen *Menschen* - vgl. dazu
Luckmann 1980, S. 56-92, sowie Hitzler 1991d). Sie orientieren sich in
Bezug auf je bestimmte Themen typischerweise aber nicht an *irgendwelchen*
anderen, sondern an *bestimmten* anderen bzw. an einem bestimmten *Typus*
von anderen. Seit Tamotsu Shibutani (1955) wird dieses Phänomen in der
sozialwissenschaftlichen Literatur als 'Bezugsgruppen-Orientierung'
bezeichnet. Die Frage ist nun: Was ist die relevante Bezugsgruppe bzw. was
sind die relevanten Bezugsgruppen eines Heimwerkers?

Nun, Herr Hobelfroh, *der Solitär mit einer romantischen Idee*, z.B.
orientiert sich an der imaginären 'Bezugsgruppe' der 'alten' Handwerksmeister, der 'Eingeweihten', der 'Könner'. Im Grunde pflegt er ein fast
'mittelalterliches' Handwerksideal, dessen Traditionen er quasi als eine Art
'Meisterschüler' zu bewahren sucht. Weder der 'typische' Heimwerker, der
in seinen Augen ohnehin nichts als 'Pfusch' macht, noch der heutige Normal-
Handwerker, der ihm zufolge auch nur 'stümpert', sind für ihn irgendwie
interessant oder gar relevant. Er sieht sich, auch was die eigene Familie und
deren Anmutungen angeht, sozusagen von schierer Inkompetenz umgeben
(weshalb er seine ideale Welt hauptsächlich in Fachbüchern sucht - und
offenbar auch findet). Er empfindet sich als eher 'verkannt' und weist deshalb
Einmischungen in seine solitäre Werkelenklave prinzipiell zurück. Ganz
anders hingegen Herr Bohrfest, *der opportunistische Gesellschaftsmensch*, der
sich im wesentlichen nach dem richtet, was 'man' zu je gegebener Zeit so tut
und hat, der sich und sein Leben den 'Verhältnissen' entsprechend an den
ihm geläufigen Kulturstandards mißt: Er bemüht sich, ein sozial angenehmer
Mensch zu sein, auf andere Leute zuzugehen, mit ihnen nach dem do-ut-des-

Prinzip zu verkehren. Aus seiner Sicht scheint das Leben lebenswerter und leichter zu bewältigen, wenn die Verhältnisse zwischen den Menschen geregelt sind und sich jeder (einigermaßen) an diese Regeln hält. Was 'mit Fug und Recht' von ihm erwartet wird, das kann er, und das macht er auch – und mehr will er nicht für sich beanspruchen, mehr will er sich aber auch nicht beanspruchen lassen. Während für Herrn Hobelfroh also das relevant ist, was die 'alten Meister' wissen und können, und für Herrn Bohrfest das, was ein heutiger professioneller Handwerker eben beherrscht, rekurriert Herr Dr. Dübel-Lust, *der 'universalistische' Heimwerker*, auf die 'Trick-Kiste' des kreativen Selbermachers, der, ständig auf der Suche nach möglichst spitzfindigen Problemlösungen, sozusagen aus allem etwas zu machen versteht. Das gibt ihm und seiner Familie, an deren Lebens- und Wohnbedürfnissen er sich vor allem orientiert, vielfältige Chancen zu dem, was er 'Unabhängigkeit', 'Freiheit', 'Selbstbestimmung' nennt. Der Universalist steht somit für eine Reihe von Werthaltungen (Kreativität, Autonomie, Autarkie, usw.). Und von dieser von ihm als 'ideal' empfundenen Lebensweise versucht er nach Möglichkeit auch andere Menschen zu überzeugen, sie zum Mitmachen beim Selbermachen zu animieren.

Die Bezugsgruppen, an denen sich Heimwerker orientieren, sind also zum einen durchaus unterschiedlich - und hängen zumindest ebenso stark von je individuellen biographischen Entwicklungsprozessen ab, wie vom Interesse am Heimwerken -, und zum anderen auch als *Gruppen* (im Sinne von Friedhelm Neidhardt, vgl. 1979 und 1983) in sehr verschiedenen Realitäts-Versionen erfahrbar: Herr Dr. Dübel-Lust bezieht sich auf seine Familie, auf Heimwerker schlechthin (insbesondere auf einen bestimmten 'Schicht-Typus') und auf potentielle 'Proselyten'; Herr Bohrfest bezieht sich auf seine Verwandten und Bekannten, auf den zeitgenössischen (Industrie-)Handwerker und vor allem auf ein unbestimmtes 'Man', das für ihn so etwas wie den jeweiligen 'Zeitgeschmack' repräsentiert; und Herr Hobelfroh schließlich bezieht sich ablehnend auf eine unverständige Mit- und Umwelt sowie auf 'typische' Heimwerker, und zustimmend auf seine eigenen Familientraditionen und insbesondere auf die imaginäre Gemeinschaft von 'Handwerksmeistern'.

Alle drei haben also ihre je fraglosen relevanten Anderen, die ihnen jeweils ganz differente Orientierungs- und damit auch praktische Handlungsmuster vermitteln. D.h., andersherum ausgedrückt, daß sich Heimwerker eben nicht einfach danach richten, was eben Heimwerker tun, sondern daß sich der subjektive Wissensvorrat des je individuellen freizeitlichen Selbermachers aus überaus heterogenen 'Versatzstücken' aller möglicher, sozial vorrätiger Wissensbestände zusammensetzen kann. Das aber wiederum heißt, daß man sich bei allen 'Konstruktionen zweiten Grades' zu 'dem' Wissen 'des' Heimwerkers stets im klaren sein sollte, daß man hier im Versuch, so etwas wie gemeinsame, 'essentielle' Elemente zu beschreiben, eben (zwangsläufig) wirklich 'blutleere', übersimplifizierte Abstraktionen produziert.

7.2 Zur Perspektive des Heimwerkers

7.2.1 Typische Aktivitäten

'Heimwerken' ist sozusagen der Sammelbegriff für alle jene handwerklichen Tätigkeiten, die man im Haushalt unter Nutzung seines Freizeitbudgets und unter Verwendung durchaus unterschiedlicher Geräte, Materialien und anderer Hilfsmittel selber ausführt, statt einen professionellen Handwerker, welcher Art auch immer, damit zu beauftragen. Heimwerken bedeutet: bauen, installieren, befestigen, wiederherstellen, erhalten und vieles andere mehr. Heimwerken umfaßt alle möglichen Arten, am, im und ums Heim herum zu arbeiten, sich handgreiflich mit Dingen zu befassen, die noch nicht, nicht mehr, nicht richtig funktionieren, aussehen, passen, usw. Heimwerken reicht so ungefähr vom Anstreichen eines Holzbrettchens übers Tapezieren des Schlafzimmers bzw. das Reparieren des Kinderfahrrades bis hin zu Möbelrestauration und -eigenbau, zu Badezimmer-Installationen und Dachkonstruktionen. Kurz: Es gibt kaum noch etwas im häuslichen Bereich, das nicht prinzipiell selbst renoviert, repariert, verschönert, verbessert, verändert werden kann - und das nicht auch tatsächlich zunehmend selbst gemacht wird (vgl. Kerbusk 1983).

Im wesentlichen dient Heimwerken der Beseitigung von als solchen - warum auch immer - empfundenen materialen Mißständen und Unzulänglichkeiten im eigenen Lebensraum und der Herstellung und Erhaltung - warum auch immer - erwünschter Wohnverhältnisse bzw. eines bestimmten Wohn-'Niveaus'. Heimwerken beginnt, kurz gesagt, in aller Regel mit dem Reparieren, mit der Instandhaltung oder Wiederinstandsetzung von bereits vorhandenen, als - wozu auch immer - nützlich geltenden Dingen. Reparaturen haben den Zweck, funktionale Defizite in der engeren und weiteren Wohnumwelt zu beseitigen und so ein arbiträres Normalitätsniveau der Requisiten und Kulissen des täglichen Lebens zu erhalten bzw. zu erlangen. Eine ähnliche Funktion haben auch Restaurationen, die sich von Reparaturen

200

dadurch unterscheiden lassen, daß sie den Zweck haben, ästhetische Defizite zu beheben. Kreationen hingegen dienen dazu, ästhetische Überschüsse in der engeren und weiteren Wohnumwelt zu erzeugen, also ein arbiträres Normalitätsniveau der Requisiten und Kulissen des täglichen Lebens zu transzendieren. Und Konstruktionen schließlich bewirken - immer ausgehend von jenem gegebenen Normalitätsniveau - funktionale Überschüsse.

Heimwerken findet also vor allem dann statt, wenn irgendetwas im Haushalt schadhaft (geworden) ist oder einfach dem gewünschten Wohn-'Niveau' nicht mehr genügt; kurz: wenn irgendetwas als 'nicht (mehr) in Ordnung' befindlich betrachtet wird (vgl. dazu auch Böhringer 1984). Die 'Ordnung' bzw. die 'Ordentlichkeit' des Haushaltes zu erhalten, wiederherzustellen oder zu verbessern, erfordert - wenn es nicht 'nach außen' delegiert wird - vielfältige praktische Maßnahmen und nimmt, genau genommen, nie eine Ende. Das Heim des Heimwerkers ist so gesehen im Prinzip (wenngleich in sehr unterschiedlichen Ausprägungen) eine 'ewige' Baustelle - insbesondere dann, wenn der freizeitliche Selbermacher den Ehrgeiz hat oder entwickelt, tatsächlich (möglichst) *alles* selber zu machen und sich dadurch nicht zuletzt den (Ärger mit dem) Handwerker zu (er-)sparen.

Das *Reparieren* von Dingen ist allerdings prinzipiell die unbeliebteste, wohl nicht zuletzt weil auch die unscheinbarste, die am wenigsten 'repräsentative' Art, heimzuwerken, wenngleich es doch ein essentieller Bestandteil der Do-It-Yourself-Aktivitäten ist. Reparaturen werden in der Regel als langweilig, uninteressant, reizlos empfunden und (wenn überhaupt, dann) normalerweise als 'eben notwendig' thematisiert. Als das wahre, das wirkliche, das eigentliche Heimwerken hingegen gilt das Erschaffen des Heim-Werks (welcher Art auch immer), also die Herstellung oder wenigstens die sichtbare Erweiterung, Verbesserung, Verschönerung eines repräsentationsrelevanten Objektes; eines Objektes, das im Sinne des jeweiligen - d.h., an den je unterschiedlichen 'Normen' orientierten - Repräsentationsbedürfnisses etwas 'vorstellt', also den ('guten') Geschmack des Heimwerkers bzw. des Familienmilieus des Heimwerkers einem potentiellen Besucher symbolisch vermittelt. Im Heim-Werk manifestieren sich Idee, Originalität, Kreativität, Begabung, Geschicklichkeit, Sachverstand, Fleiß und Ausdauer des Selbermachers eben in aller Regel weitaus augenfälliger und vorzeigbarer als in der Reparatur, die - und sei sie noch so kompliziert, aufwendig und 'gekonnt gemacht' - doch nur jene 'Ordnung' wiederherstellt, die der Heimwerker als die betrachtet, die zu sein, die in seinem Haushalt (und damit im Haushalt schlechthin) zu herrschen hat.

Wer eine zerbrochene Fliese auswechselt, einen tropfenden Wasserhahn abdichtet, einen beschädigten Zaun flickt oder eine vergilbte Tapete erneuert, der gleicht 'Defizite' in seinem Lebensraum aus, die eher 'Erklärungen' erfordern, solange sie bestehen, weil sie als - wie auch immer - wahrnehmbare das Repräsentationsbedürfnis stören. Aber derlei Aktivitäten werten den Status des Selbermachers nur ungenügend auf - im einzelnen allenfalls kurzfristig, im allgemeinen allenfalls prinzipiell. Der selbstgeschreinerte Schrank, das handgeschmiedete Gartentor, der gemauerte Holzofengrill, ja selbst das rustikalisierte Schinkenbrett hingegen haben in den Milieus, in denen sie entstehen, in den Umwelten, für die sie gemacht werden, einen repräsentativen 'Mehrwert', finden zumeist - wenigstens nach mehr oder minder dezenten 'Vorführungen' - wohlwollende Beachtung bis stürmischen Applaus, fördern, allgemein gesprochen die Reputation des Freizeit-Produzenten.[128]

Dergestalt erfundene Lösungsprinzipien transformieren das 'Wissen, was man tut' (die pragmatische Sicht des Handelnden) in das 'Wissen, was man wie zu tun hat, und warum' (in ein kulturelles Know-How des Handelnden, das - jedenfalls prinzipiell - auch an andere vermittelt, auch von anderen übernommen werden kann). Aber damit ist natürlich eher ein 'logischer' als ein empirischer Vorgang thematisiert. Empirisch gesehen weiß der Normal-Heimwerker in aller Regel selbstverständlich (immer) schon das Lösungsprinzip für ein Do-It-Yourself-Problem, vor das er sich gestellt sieht. D.h., ehe er das konkrete Problem selber zu bewältigen versucht, weiß er in aller Regel, 'was (typischerweise) zu tun ist', denn normalerweise steht er eben keineswegs vor *grundsätzlich* neuen Problemen, sondern vor längst von anderen Heimwerkern - zumindest aber von Handwerkern - gelösten Problem-Typen, deren individuelle Bewältigung somit durch Abschauen oder durch die Kenntnisnahme von Erläuterungen - sei es nun in direkter oder medial (etwa durch Bastel-Bücher und Do-It-Yourself-Magazine) vermittelter Form (also eben durch Partizipation an der Kultur des Do-It-Yourself) - erleichtert wenn nicht überhaupt erst ermöglicht wird.

Typischerweise also erfindet der Heimwerker keine *prinzipiellen* Problemlösungen. Aber die Widerständigkeit des Materials, die Unzulänglichkeit der Geräteausstattung, die Besonderheit der räumlichen und zeitlichen

---

128 Insgesamt gesehen dient Heimwerken also der Herstellung, Aufrechterhaltung oder Ausgestaltung eines behaglichen bzw. wohnlichen Lebens-Raumes (nach dem es so etwas wie ein menschliches Grundbedürfnis zu geben scheint - vgl. Bollnow 1980).

Gegebenheiten, derlei untypische, unvorhergesehene und oft unvorhersehbare Rahmen-Bedingungen verursachen wiederum auch ein stets vom Einzelnen auslegungsbedürftiges 'Lag' zwischen Aneignung und Anwendung, bilden den (im allgemeinen ungewollten und ungeliebten) Grund für die Abwandlung tradierter, ja gelegentlich eben sogar für die Erfindung neuer Deutungs- und Bewältigungs-Schemata. D.h., prinzipiell findet und erfindet der Heimwerker *typische* Lösungen für *seine* je konkrete Variante eines Problems, die er eben sozusagen im Schnittpunkt von prinzipieller Problemlösung (die ihm auf einer Palette von völlig exaktem bis zu völlig vagem Wissen bekannt bzw. vertraut sein kann), von konkreten Rahmenbedingungen und von individuellen Voraussetzungen situativ definiert. D.h., er macht im Grunde *nach*, was er an Lösungsmöglichkeiten kennt. Er macht diese solange nach, wie ihm die technischen, materialen, finanziellen, räumlichen, handwerklichen und geistigen Voraussetzungen zuhanden sind, um den typisch erfolgreichen Lösungsweg zu wiederholen. Er repetiert, wenn es möglich ist, die Innovationen anderer und seine eigenen aus der Vergangenheit. Aber einerseits sind die vorgenannten Voraussetzungen in aller Regel *so* eben nicht zuhanden, und andererseits muß er ohnehin die als erfolgreich vorgegebenen Lösungswege auf seine jeweiligen konkreten Rahmen-Bedingungen übertragen.[129] Kulturinnovative Leistungen solcher Art erbringt der Normal-Heimwerker also sozusagen routinemäßig (durch Probieren und Tüfteln) und gemeinhin weniger auf der Suche nach Selbst-Verwirklichung im Reich kreativer Freiheit als getrieben vom schieren Pragmatismus im Bereich banaler Notwendigkeit.

7.2.2 *'Eigene' Motive*

Das Wissen, das Können, die Kompetenz des Heimwerkers reicht typischerweise vom dilettantischen Banausentum bis hin zur *quasi-professionellen* Problemlösungsfähigkeit. Gleichwohl: Der Heimwerker ist per Definition *kein* professioneller Handwerker. Gewisse Unterscheidungskriterien zwischen dem Liebhaber des Handwerklichen und dem Berufshandwerker bleiben stets und notwendigerweise erhalten: Zum Beispiel absolviert der Heimwerker - als Heimwerker - keine formelle Ausbildung. Der Heimwerker ist - als

---

129 Z.B.: größer als, kleiner als, ein wenig länger, ein bißchen schmäler, seitenverkehrt, usw., usf. (vgl dazu auch LaCoe 1977).

Heimwerker - auch kein Lohn- sondern eben Eigen-Arbeiter. Der Heimwerker schöpft mithin auch keine im Bruttosozialprodukt ausgewiesenen Werte. Und Heimwerken geht per se immer mehr oder weniger mit zumindest situativem Dilettantismus, mit 'Fummelei' und 'Wurstelei' und 'Improvisation' einher. Gleichwohl oder gerade deshalb gilt der Heimwerker in seinem unmittelbaren sozialen Umfeld zumeist als (oft ein wenig 'merkwürdiger') 'Tüftler', als 'Bastler', als 'Problemlöser' und 'findiger Kopf', der mit seiner (Frei-) Zeit 'etwas Richtiges', etwas 'Vernünftiges' anzufangen weiß. Der Heimwerker macht aus seiner (Frei-)Zeit wenn schon nicht 'das Beste', so doch auf jeden Fall etwas sehr Sinnvolles, weil Nützliches: Er verschönt, bereichert, 'kultiviert' den Haushalt, zur - vorausgesetzten bzw. nachhaltig erwarteten - Freude seiner Familie und zur - durchaus ein wenig neidvollen - Bewunderung seiner Gäste.[130]

Vor diesem Hintergrund betrachtet lassen sich zunächst einmal die grundlegenden Motive zum Heimwerken, wie sie sich in den Fallgeschichten jeweils besonders 'ausgeprägt' appräsentieren, vielleicht in den folgenden drei Punkten zusammenfassen:

1. Man heimwerkt, weil man damit Kosten spart, weil es billiger ist, als wenn man etwas kauft, weil man sich Sachen leisten kann, die man sich nicht leisten könnte, wenn man sie kaufen müßte.
2. Man heimwerkt, weil einem Selbergemachtes besser gefällt als Gekauftes, weil es ordentlicher gemacht ist, weil das Selbergemachte den eigenen ästhetischen Vorstellungen besser entspricht.
3. Man heimwerkt, weil man sich dabei selber verwirklichen kann, weil es Spaß macht und entspannt, weil man es als guten Ausgleich zum beruflichen Stress empfindet.

Dies sind nun aber keineswegs sich ausschließende Motivlagen. Sie prägen vielmehr typischerweise *gemeinsam* das Relevanzsystem 'des' Heimwerkers und treten lediglich bei verschiedenen konkreten Heimwerkern jeweils unterschiedlich deutlich zutage bzw. werden in unterschiedlichem Maße zur 'praktischen Erklärung' der je eigenen Do-It-Yourself-Aktivitäten eingesetzt. 'Irgendwie' spielt z.B. der Aspekt der Kostenersparnis immer eine Rolle, wenn auch typischerweise oft nicht mehr als gegenwärtig relevantes, so doch als den Entschluß zum Heimwerken initiierendes Motiv: Man realisiert seine

---

130 Darum wird auch gerne auffällig bzw. 'unübersehbar' plaziert, was dem Selbermacher als besonders 'gelungen' erscheint.

(Wohn-)Ideen und spart damit, so scheint es, auch noch 'gutes Geld'.[131] Jedenfalls der *Entschluß,* eigenhändig aktiv zu werden, kann also durchaus seine Ursache im Ärger über steigende Handwerkerlöhne und Fertigwarenpreise haben. Aber auch wenn der Entschluß begründet war in der Absicht, seine Frei-Zeit zu investieren, um Geld zu sparen, so lösen sich diese Start-Motivationen im gelingenden Vollzug des Do-It-Yourself typischerweise doch zunehmend ab zugunsten von Wertorientierungen wie 'etwas Nützliches tun', 'kreativ sein', 'sich verwirklichen', usw.

Mehr und mehr keimen im und aus dem gelingenden Werken dann Spaß, Freude, Erholung. Und das erst einmal vollbrachte (und hinlänglich gelungene) Heim-Werk motiviert wiederum nicht nur zu neuen und auch komplizierteren Vorhaben, sondern auch zur Anschaffung von mehr und differenzierteren Werkzeugen, Materialien und vor allem von Maschinen, die nicht nur Funktionsanforderungen befriedigen, sondern eben eine Art *Sogwirkung* provozieren: Man entwickelt, wie gesagt, immer mehr Fähigkeiten, die sowohl weitere Werkzeuge als auch mehr Zeitaufwand 'fordern'. Man kauft die Werkzeuge und weitet durch die bessere Ausstattung seine praktische Kompetenz wie auch das zu veranschlagende Zeitbudget potentiell aus. Man erlangt in der Verwendung neuer Maschinen neue Fertigkeiten, die wiederum nach einer Ausweitung der technischen Ressourcen und der investierten Zeit verlangen, usw.

Als 'ungelernter' freizeitlicher Selbermacher muß man aus Fehlern lernen können und wollen, und man muß fähig sein, wenigstens im Notfall zu improvisieren und zu substituieren (Material, zuhandene Geräte, nicht selten auch Lösungen), denn selbst die beste Anleitung (woher sie auch immer kommt, und wie sie auch immer vermittelt wird) erspart - ebenso wie die teuerste Ausstattung der Hobbywerkstatt - dem Selbermacher *nicht* die kreative Applikation auf seine je konkreten Probleme: Zwar ist einerseits das, 'was zu tun ist', zumeist doch 'irgendwie' *das Gleiche,* andererseits aber ist das, 'was zu tun ist', kaum je, ja im Grunde nie wirklich *dasselbe.* Der typische Heimwerker steht typischerweise immer wieder - jedenfalls nachgerade jedesmal, wenn er etwas 'Neues' beginnt - vor der schlichten Frage, wie jene auch für ihn selbstverständlich gültige Alltagsweisheit des 'first-things-first' (vgl. Schütz/Luckmann 1979, S. 75 ff) denn nun jeweils

---

131 Zumindest vordergründig hat Heimwerken, das kann man immer wieder nachlesen (z.B. bei Hepp 1971, Heinze/Hilbert 1988, Martin 1988), sehr viel mit der Absicht bzw. mit der schieren Notwendigkeit zu tun, Geld zu sparen.

praktisch umzusetzen ist, angesichts dessen, daß sein konkreter individueller Lebensraum kaum je den 'sterilen' Bedingungen von Handbuch-Schemata und Magazin-Anleitungen gerecht zu werden vermag. Und außerdem: Was ist denn überhaupt 'das Wichtigste', das zuerst zu tun ist, wenn der ganze Haushalt ohnehin als 'permanente Baustelle' gesehen und begriffen wird?

Auch die (woher und wodurch auch immer inspirierten) Vorstellungen des Heimwerkers davon, wie es im, am und um sein Haus herum aussehen sollte, welche Dinge man braucht und in welcher Form, Farbe, Ausführung und Qualität, welchen Grad von Funktionalität und Ästhetik seine räumliche Lebenswelt-in-Reichweite haben sollte, sind ja nicht konsistent - weder in synchroner noch in diachroner Hinsicht. Das Normalitätsniveau weist, wie ich zu zeigen versucht habe, in der Zeit ebenso wie von Heimwerker zu Heimwerker Unterschiede, Schwankungen auf, die nicht 'ohne weiteres' mit irgendwelchen vorgängigen Klassen- bzw. Schichtzugehörigkeiten korrelieren. Vielmehr spielen in der Regel (auch) beim Heimwerker hinsichtlich seiner je subjektiven ästhetischen und funktionalen Normalitätsvorstellungen mannigfaltige biographische Relevanzen eine wesentlich Rolle, die wiederum sowohl auf individuelle Sozialisationerfahrungen als auch auf milieuspezifische Gewißheiten und Erwartungen und auf etwelche idiosynkratischen Bezugsgruppenorientierungen verweisen.

Damit soll nun nicht in Frage gestellt werden, daß irgendwelche sozialen 'Großwetterlagen', in die er strukturell eingebunden ist, den Geschmack des Heimwerkers mit- und vor-prägen können.[132] Auch gibt es wohl so etwas wie ein Do-It-Yourself-'typisches' Geschmacksniveau, das nicht zuletzt durch einschlägige Fachmagazine über die mediale Konstruktion von so etwas wie 'Idoltypen' reproduziert und stabilisiert wird (vgl. Eckardt 1987). Aber der 'Klassengeschmack', so es ihn geben sollte, ist das eine, und die individuelle, eigenhändige *Applikation* desselben durch den Heimwerker ist noch einmal etwas ganz anderes. Und auch der - empirisch eher erkennbare - 'Heimwerkergeschmack' ist, soweit er sich eben distinguieren läßt, zum einen relativ amorph, deutlichen Modeschwankungen unterworfen - und läßt sich allenfalls mit solch diffusen Orientierungswerten wie dem der Gemütlichkeit, d.h. dem Streben nach problemlosem Wohlbefinden, das sich räumlich als 'Behaglichkeit' und 'Wohnlichkeit' manifestiert, und dem der Repräsentativität, d.h. der Inszenierung eines statusförderlichen Einrichtungs-Niveaus, eines

---

132 Allerdings bezweifle ich entschieden den simplen Determinismus, wie ihn vor allem Pierre Bourdieu (1982a und 1982b) und manche seiner Anhänger pflegen.

ambitionierten Wohnkultur-Standards umschreiben -, und er ist zum anderen, wie wir deutlich gesehen haben, keineswegs für *den* Heimwerker schlechthin von irgendeiner Bedeutung.

7.2.3 *'Andere' Relevanzen*

Nicht-Heimwerker sind ja nun - mehr oder weniger - *Fremde* im Wirklichkeitsbereich des Do-It-Yourself, mithin reichlich naiv, prinzipiell ein wenig desorientiert, handlungspraktisch etwas 'vernagelt' und deshalb auch unter dem Gesichtspunkt von Legitimationsbedürfnissen genau genommen von eher ephemerer Relevanz.[133] Dies mag seltsam, ja hyperskrupolös anmuten, denn wir alle wissen ja nicht nur, daß es Heimwerker 'mitten unter uns' gibt, wir alle 'wissen' auch ganz selbstverständlich (wenigstens so ungefähr), was es mit dem Heimwerken auf sich hat, was den Heimwerker 'auszeichnet' gegenüber dem Nicht-Heimwerker. Dieses 'Wissen' reicht alltäglich durchaus hin, um Heimwerken als normales Phänomen unserer Kultur anzusehen, und es reicht auch durchaus hin, um bei Bedarf den Entschluß fassen zu können, selber *praktisch* damit zu beginnen, heimzuwerken. Aber je genauer wir aus theoretischer Distanz über das Heimwerken und den Heimwerker nachdenken, umso deutlicher erkennen wir, daß der Heimwerker ein seltsamer, ja ein geheimnisvoller 'Geselle' in unserer Nähe ist, daß sein spezifisches Wissen und Handeln einer Erfahrungswelt zugehört, die sich absondert von dem, was uns allen, als Mitglieder einer Kultur, an Wissen und Praktiken ganz selbstverständlich gemeinsam ist. Der Heimwerker lebt *als Heimwerker* - also

---

133 Bei Nicht-Heimwerkern lassen sich grob vor allem *zwei* Einstellungen unterscheiden: Eine, die das 'handwerkliche' Geschick des freizeitlichen Selbermachers bewundert und beneidet, und eine andere, die im Heimwerker den kleinkariert und unökonomisch denkenden Menschen schlechthin verkörpert sieht. Sicherlich wäre es auch interessant, etwas über die soziale Verteilung dieser Vor-Urteile zu erfahren. Ich will hier damit jedoch nur andeuten, daß Heimwerker möglicherweise mit Außenperspektiven konfrontiert werden, z.B. durch Sozialforscher, die immer wieder versucht sind, nachzurechnen, wieviel Zeit, Material, Werkzeug, Arbeitskraft und sonstige (etwa soziale) Aufwendungen ein Heimwerk *tatsächlich* gekostet hat. Solcherlei Untersuchungen mögen zwar vielleicht 'Munition' für Handwerkerinnungen und Heimwerkerhandel im Propagandakampf um Marktanteile liefern, sie verstellen aber vor allem und erst einmal den Blick für den *Eigensinn* des Heimwerkers und seiner Handlungs-'Logik' im Verkehr mit anderen - heimwerkenden wie nicht-heimwerkenden - Zeitgenossen und Mitmenschen, mit Familienmitgliedern, Verwandten, Nachbarn, Freunden. - Vgl. dazu auch Unruh 1979, S. 116-118.

immer dann, wenn er in die 'Rolle' des Heimwerkers schlüpft - in *seiner* Welt, die, so war die Vermutung, zumindest strukturell keine individuell erfundene, sondern eine teilgesellschaftlich (vor-)konstruierte, auf den Zweck des Heimwerkens hin geordnete Sinnwelt, eine 'kleine soziale Lebens-Welt' ist.

In dieser kleinen sozialen Lebens-Welt des Heimwerkers gilt, was - aufgrund der Pluralität der Orientierungen - für die alltägliche Lebenswelt des modernen Menschen insgesamt zumindest problematisch geworden ist, nämlich: daß jedenfalls dieser *Ausschnitt* aus der Welt (innerhalb einer beschreibbaren - und hier in einigen exemplarischen Punkten auch be- schriebenen - Variationsbreite) vom einen Heimwerker typisch 'gleich' erfahren wird, wie vom anderen, daß die jeweiligen Relevanzsysteme hinlänglich kongruent und daß mithin die verschiedenen subjektiven Perspektiven fokussierbar sind. Innerhalb der kleinen sozialen Lebens-Welt des Heimwerkers können bewährte Deutungs- und Handlungsmuster auch relativ fraglos aktuell und zukünftig erfolgreich angewandt werden - und zwar sowohl dann, wenn sie aus eigenen Erfahrungen resultieren, als auch dann, wenn sie sozial (wie auch immer) vermittelt sind: Normalität heißt hier Normalität einer *besonderen* Perspektive - eben des Heimwerkers; Geltung heißt hier Geltung für einen *bestimmten* Kontext - eben den des Do-It- Yourself; Typik heißt hier Typik einer *begrenzten* Erfahrung - eben der des freizeitlichen Selbermachens.

Die kleine Lebens-Welt des Heimwerkers ist ein sozial 'organisierter', diffuser (Be-)Deutungszusammenhang, eine Welt ohne formale 'Grenzen', ohne offizielle Mitgliedschaften und ohne klare räumliche Verortbarkeit (vgl. in diesem Sinne auch nochmals Shibutani 1955). Die kleine Lebens-Welt des Heimwerkers ist ein intentionales Geflecht von Handelnden, Handlungen, Phänomenen und Ereignissen, von Erfahrungen und Praktiken, das unter der Perspektive eines ganz bestimmten Zweckes, nämlich der Erbringung des Heim-Werks, um den einzelnen 'Teilnehmer' sich verspinnt (vgl. dazu Unruh 1980). Die Rede von der kleinen sozialen Lebens-Welt des Heimwerkers impliziert somit *vor* allen sich hieran knüpfenden *soziologischen* Überlegun- gen ein Verständnis des Heimwerkers als einem handelnden Subjekt, das selber (mundan-)phänomenologisch zu reflektieren ist.[134] Und das hat für

---

134 "Das menschliche Subjekt ist ein Handelnder, eingelassen in eine Welt, die seine Welt ist. Es ist ein leibliches Subjekt." (Taylor 1986, S. 194) - Lebensweltlich betrachtet ist Handeln eine besondere Form der Erfahrung, nämlich eine *vorentworfene* Erfahrung. Indem das

meine Interpretationsarbeit hier vor allem bedeutet, dem Heimwerker die letztinstanzliche Kompetenz für den *Sinn* seines Wissens, seines Tuns und Lassens zuzubilligen (vgl. Schütz 1974, S. 13). Und dies wiederum heißt eben, (vor-)schnelle externe 'Erklärungen' seines Verhaltens zu stornieren zugunsten des vielleicht schlicht anmutenden Versuchs, *seine* Sicht der Dinge zu rekonstruieren, ihn also erst einmal zu *verstehen*. [135]

Grundsätzlich versteht man den Heimwerker 'besser', d.h. seinem typisch gemeinten subjektiven Sinn nach adäquater, wenn man ihn *pragmatisch desinteressiert* beschreibt. Was ich also in diesem Bericht über den Heimwerker und das Heimwerken an einzelnen 'Fällen' ethnographisch zu reportieren gesucht habe, das war *alltäglich* immer schon 'irgendwie' Verstandenes. Anders gesagt: Die vorgelegten, pragmatisch desinteressierten Deskriptionen, wie auch die in diese einfließenden Second-Hand-Erklärungen, sind nichts anderes als rekonstruktive Hilfsmittel, um das mitmenschliche, quasi-natürliche Verstehen zu transformieren in ein 'künstliches' (d.h. 'Kunstregeln' beachtendes) Verstehen, das als theoretisches dazu beitragen mag, sich in die Welt des Heimwerkers hineinzuversetzen und sich gegebenenfalls auch praktisch in dieser Teilzeit-Wirklichkeit zu orientieren. Und so gesehen ist diese typologische Bilanz hier quasi das Resultat meiner Annäherung an die mir alltäglich zwar 'immer schon' bekannte aber eben keineswegs vertraute und damit mir als Soziologin eben 'fremde' (bzw. methodisch 'entfremdete')

Subjekt eine Erfahrung entwirft und den Entwurf 'einholt', handelt es. Der gemeinte Sinn des Handelns ist identisch mit dem Um-zu-Motiv des Handelnden. D.h., er kann vom Hier und Jetzt aus eine Handlung als ausgegrenzt abgeschlossen entwerfen und handelt dann, um zu diesem projizierten Handlungsergebnis zu gelangen. Er kann aber auch nach den Entstehungsbedingungen seines aktuellen Entwurfes fragen, kann auf das ihm zugrundeliegende Erlebnis bzw. auf die ihm zugrundeliegende Einstellung reflektieren. Er entwirft dann eine Handlung, weil diese oder jene Erfahrung ihn dazu bewegt. Das echte Weil-Motiv ist ein Rückgriff auf ein abgeschlossenes, vorausliegendes Erleben (vgl. dazu Schütz/Luckmann 1979, bes. S. 253ff). Phänomenologisch relevant aber ist vor allem, daß der tatsächlich gemeinte Sinn des Handelns immer nur in Selbstdeutung und kontextrelativ gegeben ist, denn: Sinn ist Sinn-für-ein-Subjekt.

135 Dabei, daran sei hier nochmals erinnert, ist natürlich zu berücksichtigen, daß jeder Sinn, den ich dem Heimwerker als *seinen* Sinn unterstelle, abweichen kann von *dem* Sinn, den er selber seinen Erfahrungen verleiht. Ich erfasse stets nur Fragmente seines tatsächlichen Erlebens, und ich verstehe stets nur möglicherweise und näherungsweise den von ihm subjektiv tatsächlich gemeinten Sinn, denn der tatsächlich gemeinte Sinn eines Handelnden und das, was von einem Interpreten als 'gemeinter Sinn' gedeutet wird, ist *prinzipiell* nicht identisch. Letzteres ist nur ein Näherungswert zum ersteren (vgl. hierzu auch nochmals Eberle 1984, S. 45ff).

kleine Welt des freizeitlichen Selbermachers. Ich habe versucht, meine systematischen Erhebungen ebenso wie auch meine vielfältigen 'Impressionen' zu einem Sinn-Bild, zum Sinn-Bild des Heimwerkers und des Heimwerkens, zusammenzufügen. Und ich hoffe, damit eine nicht-reifizierende Sichtweise gegenüber diesem Gegen-Stand und seinen *immanenten* 'Regelhaftigkeiten' eröffnet zu haben.

Dabei läßt sich zwar ein allgemeiner Deutungs-Rahmen erkennen, innerhalb dessen bestimmte Handlungsweisen und -vollzüge als 'Heimwerken' erscheinen. Und es läßt sich auch konstatieren, daß dieser allgemeine Deutungs-Rahmen Heimwerken vom Nicht-Heimwerken für den Heimwerker - grosso modo - ähnlich abgrenzt wie für den Nicht-Heimwerker. Aber man entdeckt dabei z.B. *auch*, daß das, was dabei thematisiert ist, nur eine Grob-Markierung darstellt, die individuell stets überschritten und unterlaufen wird, daß die Wissens- und Handlungsareale des einzelnen Heimwerkers tatsächlich nie so ganz in den allgemeinen Deutungs-Rahmen passen, daß er also nicht nur als *genereller* Typus eine soziale Teilkultur repräsentiert, sondern daß er eben stets auch als *individueller* Typus sich zwischen den Strukturen einnistet und - wortwörtlich - *seine* eben *ihm* entsprechende kleine Welt zusammenbastelt, deren Sinn manchesmal 'querliegt' zur kollektiv gültigen Bedeutung.

Diese 'Abweichungen' sind aber wieder verstehbar als Konsequenzen der Applikation von in der Heimwerker-Welt vorhandenen Deutungsmustern auf konkrete Lebens- und Handlungssituationen, die ihrerseits aus subjektiv zuhandenen, biographisch 'gewachsenen' Relevanzsystemen resultieren. D.h. das Sonderwissen des Heimwerkers ist, wie sein individuell verfügbares Wissen überhaupt, zum größten Teil über und durch andere vermittelt; es ist sozusagen sozial 'abgeleitet'. Abgelagert, erinnert und angewandt allerdings wird es aufgrund *subjektiver* Relevanzen, also entsprechend dem, was eben ihm - warum auch immer - mehr, weniger, kaum oder gar nicht dringlich, wichtig, bedeutsam erscheint. Aber auch wenn das, was er subjektiv weiß, empirisch vor allem aus dem aufgebaut wird, was in der Heimwerker-Welt an Wissen verfügbar ist, so setzt sich andererseits logisch doch auch dieser Teil des sozialen Wissensvorrats aus - vergangenen und gegenwärtigen - individuellen Bewußtseinsleistungen zusammen. Individuelle, lebenspraktisch bewährte Erfahrungen werden an andere Selbermacher vermittelt und allmählich teilkulturtypisches 'Allgemeingut' (vgl. auch Berger/Luckmann 1969, bes. S. 63).

Die 'Kultur' des Do-It-Yourself besteht·demnach vor allem aus - von Mitglied zu Mitglied unterschiedlich angesammelten und sedimentierten -

Gewißheiten darüber, wie und warum man Dieses und Jenes womit und unter Berücksichtigung wovon selber 'machen' kann und - dem normativen Anspruch nach - auch selber 'machen' sollte.[136] Allgemeiner formuliert: Was als Do-It-Yourself-Problem zu gelten und wie 'man' es prinzipiell zu bewältigen hat, das steckt die sozial approbierten Grenzen dieser 'Kultur' ab. Aber das wichtigste Ordnungsprinzip des *individuellen*, heimwerkerspezifischen Wissensvorrates ist eben das der subjektiven *Relevanz* einschlägigen Wissens. D.h., der einzelne Heimwerker rekurriert in dem Maße auf die 'Kultur' des Do-It-Yourself, wie er sie zur Bewältigung seiner Handlungs- und Deutungsprobleme braucht. Damit leistet er aber immer auch einen - üblicherweise nicht als solchen intendierten - Beitrag zur Existenz dieser 'Kultur'. Denn die soziale Konstruktion auch dieser kleinen Wirklichkeit beruht auf sinnkonstitutiven subjektiven Bewußtseinsleistungen, die sich durch Handeln vergegenständlichen und zu 'Tatsachen' verfestigen, welche ihrerseits in Sozialisationsprozessen vermittelt werden und wiederum die hingenommenen oder verinnerlichten Bedingungen sinnkonstitutiver Akte der vergesellschafteten Einzelnen bilden.

---

136 'Kultur' meint hier also eine "handlungsorientierende Sinnkonfiguration" (Luckmann 1988c, S. 38), einen "Bedeutungsrahmen, in dem Ereignisse, Dinge, Handlungen, Motive, Institutionen und gesellschaftliche Prozesse dem Verstehen zugänglich, verständlich beschreibbar und darstellbar werden" (Soeffner 1988c, S. 12), und der uns "bindet, obwohl er Ausdruck einer tendenziellen Freiheit gegenüber uns unmittelbar auferlegten Handlungszwängen ist" (vgl. zu diesem Kulturverständnis z.B. auch Geertz 1983b). Oder, in Anlehnung an Goodenough (1957; vgl. auch Holland/Quinn 1987): Kultur ist das, was man 'haben' muß, um in einer akzeptablen Art und Weise handeln, um eine übernommene Rolle spielen zu können.

8. Nachwort (auch der Hoffnung)

Gerade am Beispiel des Heimwerkers, der so garnichts Geheimnisvolles an sich zu haben, in dem sich die ganze Banalität des Alltags nicht nur widerzuspiegeln, sondern sozusagen zu verdoppeln scheint, zeigt sich m.E. (einmal mehr) augenfällig, daß 'wir' eben wirklich *nicht* in *einem* Sinnhorizont leben, sondern 'hinter' vielen, deren jeweilige Verbindungen erst noch aufzuklären sind. D.h., jede Welt versteht sich zwar *in sich selber* sozusagen *von selber*, stellt aber nach 'außen' ein Darstellungsproblem dar: Im Prinzip, wenn auch nicht in jeder Konkretion, tangiere, irritiere, ärgere ich andere Menschen mit dem, was ich mache - ebenso wie andere Menschen mit dem, was sie machen, meine 'Kreise' stören. Um koexistieren und im Hinblick auf diese und jene pragmatischen Notwendigkeiten gegebenenfalls auch kooperieren zu können, ist deshalb jeder Mensch darauf angewiesen, die Welt, wie er selber sie sieht, soweit zu abstrahieren, daß sie als etwas erscheint, was hinlänglich mit dem korrespondiert, was eben der andere sieht.[137]

Während die Ethnologen längst begriffen (und beherzigt) haben, daß man fremde Kulturen nicht dadurch versteht, daß man ihre 'Eigenwilligkeiten' in die Denkschablonen der eigenen Kultur übersetzt, betrachten Soziologen die mannigfaltigen sozialen 'Veranstaltungen' im Rahmen moderner Gesellschaften immer noch als selbst-verständliche, als mit dem normalen Alltagswissen zumindest des hellwachen Erwachsenen bereits hinlänglich erfasste, mithin besonderer Auslegungsanstrengungen *nicht* bedürftige Tatsachen. Je mehr man sich aber mit irgendwelchen dieser fraglosen Kultur-Enklaven auseinandersetzt, umso mehr erinnert einen diese Einstellung an die ethnozentrische Selbstgewißheit, mit der in frühen ethnologischen Zeichnungen und Lithographien allerlei exotische Menschen und deren Sitten und Gebräuche auf der Basis vager Erzählungen verwegener 'Reisender'

---

137 Dabei muß nochmals deutlich darauf hingewiesen werden, daß Heimwerken eben vor allem eine händische Angelegenheit ist und viel weniger eine sprachliche, und daß deshalb Vieles, was dabei 'wichtig' ist, kaum verbalisiert werden kann.

dargestellt worden sind: Die fremden 'Wilden', sie sehen alle aus - und benehmen sich auch - wie *wildgewordene Europäer* (vgl. z.B. Bry 1990, Lafitau 1987).

Ob nun den Künstlern 'europäisierende' Darstellungsformen so selbstverständlich und unhintergehbar waren, ob sie sich einfach an einem vielleicht vorherrschenden Publikumsgeschmack orientiert haben, ob die Erzählungen 'aus fernen Ländern' schlicht ungenau waren, oder ob die 'Reisenden' selber die fremden Menschen schon als (seltsame) Quasi-Europäer *gesehen* haben, das ist eine ethnologiegeschichtlich höchst interessante Frage. Wie immer sie zu beantworten ist, Soziologen sind m.E. schon durch das Vorliegen der *Frage* aufgefordert, sich (endlich) auf *die Perspektiven der 'Wilden'* einzulassen, mit denen sie es (bislang oft, ohne es überhaupt zu bemerken) ständig zu tun haben. Denn: Es sind fremde und seltsame Welten um uns herum - sobald man anfängt, sie (in ihrem 'Eigensinn') zur Kenntnis zu nehmen. Und es sind fremde und seltsame Welten, in denen wir selber leben - sobald man sie mit anderen Augen betrachtet.

Fängt man aber erst einmal damit an, Perspektiven (als) wahr (und ernst) zu nehmen, dann erkennt man 'objektiv Wirkliches' als Bewußtseinsphänomen, das auch empirisch nur über subjektives Bewußtsein zu erfassen ist. Die Rekonstruktion der subjektiven Perspektive wird somit zumindest dann zu einer unabdingbaren Aufgabe der Soziologie, wenn wir von einem 'handlungsmächtigen' und nicht von einem sozio-historisch determinierten Subjekt ausgehen wollen. Um aber nicht 'unter der Hand' wieder Rekonstruktionen sozialer Wirklichkeit durch sozialwissenschaftliche Konstruktionen zu ersetzen, bedarf es eben auch der phänomenologischen Klärung der Frage, *wie* subjektive Wirklichkeitserfahrung gegeben ist - also der Analyse der invarianten Strukturen der Lebenswelt und speziell die der alltäglichen Orientierung anhand des subjektiven Wissensvorrats, der komplex verschränkt ist mit gesellschaftlichen Wissensbeständen.

Ronald Hitzler (1993a) schreibt: "Seit die mit sozialen Ungleichheiten befassten Soziologen sich immer schwerer tun, gesellschaftliche Phänomene (Ereignisse, Prozesse, Interaktionsformen, individuelle Handlungsweisen) zu 'erklären', seit nach den klassischen (marxistischen und bürgerlichen) Klassentheorien mehr und mehr auch die zeitgenössischen Schichtungstheorien immer obsoleter werden, entdecken die Ungleichheitsforscher den Lebensstil (wieder)". Wenn und in dem Maße, wie diese (Wieder-)Entdeckung einhergeht mit der Einsicht, daß man das, was hier "Lebensstil" genannt wird, erst einmal (wieder) jeweils von seiner *immanenten* Sinnstruktur her beschreiben und verstehen muß, dann mag man die Rekonstruktionen kleiner sozialer

Lebens-Welten gegebenenfalls auch als Beiträge zur (aktuellen?) Lebensstil-Forschung ansehen. Vielleicht erweist sich irgendwann die (aktuelle) Lebensstil-Forschung aber auch als ein Zwischenschritt in der Entwicklung der Soziologie von der normativen Sozialmetaphysik (in all ihren etablierten Varianten) hin zur interpretativen *Erfahrungs*-Wissenschaft.

> *"It's a strange world, isn't it?" (Blue Velvet)*
> *"Es ist eine fremde und seltsame Welt" (Der Plan)*[138]

---

138 Übrigens (zur Fußnote 18): "Die Maske war blau. Und so hat Logo das herausgefunden: Es gab zwei gelbe Masken. Logo konnte jedoch sehen, daß eine davon ein Mitbewerber trug. Wenn er selbst die verbliebene andere gelbe Maske getragen hätte, wäre der dritte Kandidat sofort in der Lage gewesen, seine Maske als blau zu identifizieren. Dies war aber nicht der Fall. Also blieb nur eine Möglichkeit übrig: Logos Maske war blau." - Aus: Sandoz AG (Hrsg.): 'Wie man böse Geister vertreibt'. Nürnberg (Sandoz) 1989.

Literatur

Adler, Patricia A./Adler, Peter: The Past and the Future of Ethnography. In: Journal of Contemporary Ethnography, Vol. 16, No. 1/1987, S. 4-24

Adler, Patricia A./Adler, Peter/Rochford, E.Burke: The Politics of Participation in Field Research. In: Urban Life, Vol. 14, No. 4/1986, S. 363-376

Agar, Michael H.: Speaking of Ethnography. Beverly Hills et al. (Sage) 1986

Albert, Hans: Probleme der Wissenschaftslehre in der Sozialforschung. In: König, René (Hrsg.): Handbuch der Empirischen Sozialforschung. Band 1. Stuttgart (Enke) 1967, S. 57-102

Anderson, Robert J./Sharrock, Wes W.: Analytic Work: Aspects of the Organisation of Conversational Data. In: Journal for the Theory of Social Behavior, Vol. 14/1984, S. 103-124

Arnold, Rolf: Deutungsmuster. In: Zeitschrift für Pädagogik, 29. Jg., H. 6/1983, S. 893-912

Atkinson, J. Maxwell/Heritage, John (eds.): Structures of Social Action. Studies in Conversation Analysis. Cambridge et al. (Cambridge University Press) 1984

Aufenanger, Stefan /Lenssen, Margrit (Hrsg.): Handlung und Sinnstruktur. München (Kindt) 1986

Bardmann, Theo: Die mißverstandene Freizeit. Stuttgart (Enke) 1986

Beck, Ulrich: Jenseits von Stand und Klasse? In: Kreckel, Reinhard (Hrsg.): Soziale Ungleichheiten (SB 2 von 'Soziale Welt'). Göttingen (Schwartz) 1983, S. 35-74

Beck, Ulrich: Risikogesellschaft. Auf dem Weg in eine andere Moderne. Frankfurt a.M. (Suhrkamp) 1986

Beck, Ulrich: Individualisierung sozialer Ungleichheit. Kurseinheit 1 und 2. Hagen (Studienbrief der Fernuniversität) 1987

Beck, Ulrich/Beck-Gernsheim, Elisabeth: Das ganz normale Chaos der Liebe. Frankfurt a.M. (Suhrkamp) 1990

Beck-Gernsheim, Elisabeth: Freie Liebe, freie Scheidung. Zum Doppelgesicht von Freisetzungsprozessen. In: Weymann, Ansgar (Hrsg.): Handlungsspielräume. Stuttgart (Enke) 1989, S. 105-119

Becker, Christa/Böcker, Heinz/Matthiesen, Ulf/Neuendorff, Hartmut/Rüssler, Harald: Kontrastierende Fallanalysen zum Wandel von arbeitsbezogenen Deutungsmustern und Lebensentwürfen in einer Stahlstadt. Dortmund (Studien des Instituts für Empirische Kultursoziologie, Bd. 1) 1987

Becker, Christa/Matthiesen, Ulf/Neuendorff, Hartmut: Alleinernährer und Aufklärer: Deutungsstrukturen Dortmunder Stahlarbeiter. In: Schmiede, Rudi (Hrsg.): Arbeit und Subjektivität. Bonn (Informationszentrum Sozialwissenschaften) 1988, S. 233-271

Becker, Howard S./Geer, Blanche: Participant Observation and Interviewing. In: McCall, George J./Simmons, J.L. (eds.): Issues in Participant Observation. Reading, Mass. et al. (Addison-Wesley) 1969, S. 322-331

Behrwind, Heinz/Flader, Dieter/Griep, Hans-Joachim: Kritische Thesen zum Anspruch der 'Objektiven Hermeneutik'. In: Zeitschrift für Semiotik, 6. Jg., H. 1-2/1984, S. 71-81

Benedict, Ruth: Patterns of Culture. Boston (Houghton Mifflin) 1961

Berg, Bruce L.: Qualitative Research Methods. Boston et al. (Allyn and Bacon) 1989

Berger, Peter L./Berger, Brigitte/Kellner, Hansfried: Das Unbehagen in der Modernität. Frankfurt a.M., New York (Campus) 1975

Berger, Peter L./Kellner, Hansfried: Für eine neue Soziologie. Frankfurt a.M. (Fischer) 1984

Berger, Peter L./Luckmann, Thomas: Die gesellschaftliche Konstruktion der Wirklichkeit. Frankfurt a.M. (Fischer) 1969

Bergmann, Jörg R.: Der Beitrag Harold Garfinkels zur Begründung des ethnomethodologischen Forschungsansatzes. München (Diplomarbeit) 1974

Bergmann, Jörg R.: Interaktion und Exploration. Eine konversationsanalytische Studie zur sozialen Organisation der Eröffnungsphase von psychiatrischen Aufnahmegesprächen. Konstanz (Dissertation) 1980

Bergmann, Jörg R.: Ethnomethodologische Konversationsanalyse. In: Schröder, Peter/Steger, Hugo (Hrsg.): Dialogforschung (Jahrbuch 1980 des Instituts für deutsche Sprache). Düsseldorf (Schwan) 1981a, S. 9-51

Bergmann, Jörg R.: Frage und Frageparaphrase: Aspekte der redezug-internen und sequentiellen Organisation eines Äußerungsformats. In: Winkler, Peter (Hrsg.): Methoden der Analyse von Face-to-Face-Situationen. Stuttgart (Metzler) 1981b, S. 128-142

Bergmann, Jörg R.: Schweigephasen im Gespräch - Aspekte ihrer interaktiven Organisation. In: Soeffner, Hans-Georg (Hrsg.): Beiträge zu einer empirischen Sprachsoziologie. Tübingen (Narr) 1982, S. 143-184

Bergmann, Jörg R.: Flüchtigkeit und methodische Fixierung sozialer Wirklichkeit. In: Bonß, Wolfgang/Hartmann, Heinz (Hrsg.): Entzauberte Wissenschaft. (SB 3 von 'Soziale Welt'). Göttingen (Schwartz) 1985, S. 299-320

Bergmann, Jörg R.: Klatsch. Zur Sozialform der diskreten Indiskretion. Berlin, New York (de Gruyter) 1987

Bergmann, Jörg R.: Haustiere als kommunikative Ressourcen. In: Soeffner, Hans-Georg (Hrsg.): Kultur und Alltag (SB 6 von 'Soziale Welt'). Göttingen (Schwartz) 1988, S. 299-312

Bergmann, Jörg R.: Konversationsanalyse. In: Flick, Uwe u.a. (Hrsg.): Handbuch Qualitative Sozialforschung. München (Psychologie Verlags Union) 1991, S. 213-219

Bergmann, Jörg R.: "Studies of Work"/Ethnomethodologie. In: Flick, Uwe u.a. (Hrsg.): Handbuch Qualitative Sozialforschung. München (Psychologie Verlags Union) 1991, S. 269-272

Berking, Helmuth/Neckel, Sighard: Die Politik der Lebensstile in einem Berliner Bezirk. In: Berger, Peter A./Hradil, Stefan (Hrsg.): Lebenslagen, Lebensläufe, Lebensstile (SB 7 von 'Soziale Welt'). Göttingen (Schwartz) 1990, S. 481-500

Bliesener, Thomas/Köhle, Karl: Die ärztliche Visite. Chancen zum Gespräch. Opladen (Westdeutscher) 1986

Bloor, David: Klassifikation und Wissenssoziologie. In: Stehr, Nico/Meja, Volker (Hrsg.): Wissenssoziologie (SH 22 der KZfSS). Opladen (Westdeutscher) 1980, S. 20-51

Blumer, Herbert: Sociological analysis and the 'variable'. In: American Sociological Research, Vol. 21, No. 6/1956, S. 683-690.

Boas, Franz: General Anthropology. New York 1938

Böhringer, H.: Stil und Sachlichkeit. Gedanken zum Ornament. In: Merkur, H. 6/1984, S. 609-618

Bogdan, Robert/Taylor, Steven J.: Introduction to Qualitative Research Methods. New York et al. (Wiley) 1975

Bohner, Heinrich: Im Lande des Fetisches. Basel (Missionsbuchhandlung) 1905 (2. Aufl.)

Bohnsack, Ralf: Alltagsinterpretation und soziologische Rekonstruktion. Opladen (Westdeutscher) 1983

Bohnsack, Ralf: Rekonstruktive Sozialforschung. Opladen (Leske + Budrich) 1991

Bollinger, Heinrich/Hohl, Joachim: Auf dem Weg von der Profession zum Beruf. Zur Deprofessionalisierung des Ärzte-Standes. In: Soziale Welt, 32/1981, S. 440-464

Bollnow, Otto Friedrich: Mensch und Raum. Stuttgart u.a. (Kohlhammer) 1980

Borucki, R.: Psychologische Untersuchungen über Heimwerker. Köln (Diplomarbeit) 1977

Bourdieu, Pierre: Künstlerische Konzeption und intellektuelles Kräftefeld. In ders.: Zur Soziologie der symbolischen Formen. Frankfurt a.M. (Suhrkamp) 1974, S. 75 - 124

Bourdieu, Pierre: Sozialer Sinn. Kritik der theoretischen Vernunft. Frankfurt a.M. (Suhrkamp) 1982a

Bourdieu, Pierre: Die feinen Unterschiede. Kritik der gesellschaftlichen Urteilskraft. Frankfurt a.M. (Suhrkamp) 1982b

Bourdieu, Pierre: Ökonomisches Kapital, kulturelles Kapital, soziales Kapital. In: Kreckel, Reinhard (Hrsg.): Soziale Ungleichheiten (Sonderband 2 von 'Soziale Welt'). Göttingen (Schwartz) 1983, S. 183-198

Brosziewski, Achim: Die Perspektive der Nachrichtenmacher. Politische Journalisten in Bonn. Köln (Diplomarbeit) 1989

Brown, George: Some Thoughts on Grounded Theory. In: Sociology, No. 7/1973, S. 1-16

Bruckner, Pascal/Finkielkraut, Alain: Das Abenteuer gleich um die Ecke. München, Wien (Hanser) 1981

Bruyn, Severyn T.: The Human Perspective in Sociology. Englewood Cliffs, N.J. (Prentice-Hall) 1966

Bry, Theodor de: America 1590-1634. (Bearbeitet und herausgegeben von Gereon Sievernich). Berlin, New York (Casablanca) 1990

Bude, Heinz: Text und Realität. Zu der von Oevermann formulierten Konzeption einer 'objektiven Hermeneutik'. In: Zeitschrift für Sozialisationsforschung und Erziehungssoziologie, 2. Jg., H. 1/1982, S. 134-143

Bude, Heinz: Der Sozialforscher als Narrationsanimateur. In: Kölner Zeitschrift für Soziologie und Sozialpsychologie, H. 2/1985a, S. 327-336

Bude, Heinz: Die individuelle Allgemeinheit des Falls. In: Franz, Hans-Werner (Hrsg.): Soziologie und gesellschaftliche Entwicklung. Opladen (Westdeutscher) 1985b, S. 84-86

Bude, Heinz: Deutsche Karrieren. Frankfurt a.M. (Suhrkamp) 1987

Bulmer, Martin: Concepts in the Analysis of Qualitative Data. In: The Sociological Review, Vol. 27/1979, S. 653-677

Bulmer, Martin (ed.): Social Research Ethics: An Examination of the Merits of Covert Participant Observation. London (Macmillan) 1982

Bulmer, Martin: The Chicago School of Sociology. Chicago and London (University of Chicago Press) 1984

Burger Sink, Barbara/Couch, Carl J.: The Construction of Interpersonal Negotiations. In: Couch, Carl J./Saxton, S.L./ Katovich, M.A. (eds.): Studies in Symbolic Interaction (Supplement 2). Greenwich, Conn., London 1986, S. 149-166

Burgess, Robert G.: The unstructured interview as a conversation. In ders. (ed.): Field Research. London et al. (Allen & Unwin) 1982, S. 107-110

Burke, Kenneth: A Rhetoric of Motives. New York (Prentice-Hall) 1950

Burke, Kenneth: On Symbols and Society. Chicago, London (University of Chicago Press) 1989

Charmaz, Kathy: The Grounded Theory Method: An Explication and Interpretation. In: Emerson, Robert M. (ed.): Contemporary Field Research. Boston (Little Brown) 1983, S. 109-126

Cicourel, Aron V.: Methode und Messung in der Soziologie. Frankfurt a.M. (Suhrkamp) 1970

Combe, Arno/Helsper, Werner (Hrsg.): Hermeneutische Jugendforschung. Opladen (Westdeutscher) 1991

Coreth, Emerich: Was ist der Mensch? Grundzüge einer philosophischen Anthropologie. Innsbruck, Wien (Tyrolia) 1986

Denzin, Norman K.: The research act: A theoretical introduction to sociological methods. New York (McGraw-Hill) 1978

Denzin, Norman K.: Review Symposium on Field Methods. In: Journal of Contemporary Ethnography, Vol. 18, No. 1/1989, S. 89-100

Dewe, Bernd/Ferchhoff, W.: Deutungsmuster. In: Kerber, H./ Schneider, A. (Hrsg.): Handbuch der Soziologie. Reinbek b. Hbg. (Rowohlt) 1984, S. 76-81

Diekmann, Jörn: Über qualitative und quantitative Ansätze empirischer Sozialforschung. Dortmund (Dissertation) 1983

Donohue, William A.: Analyzing negotiation tactics: Development of a negotiation interact system. In: Human Communication Research, Vol. 7/1981, S. 237-287

Dornheim, Jutta: "Ich kann nicht sagen: Das kann ich nicht." In: Jeggle, Utz (Hrsg.): Feldforschung. Tübingen (Vereinigung für Volkskunde) 1984, S. 129-157

Douglas, Jack D.: Investigative Social Research. Beverly Hills, London (Sage) 1976

Douglas, Jack D.: Creative Interviewing. Beverly Hills, London (Sage) 1985

Douglas, Jack D./Johnson, John M. (eds.): Existential Sociology. Cambridge et al. (Cambridge University Press) 1977

Durkheim, Emile/ Mauss, Marcel: Über einige primitive Formen von Klassifikation. In: Durkheim, Emile: Schriften zur Soziologie der Erkenntnis. Frankfurt a.M. (Suhrkamp) 1987, S. 169-256

Eberle, Thomas S.: Sinnkonstitution in Alltag und Wissenschaft. Bern, Stuttgart (Haupt) 1984

Eberle, Thomas: Rahmenanalyse und Lebensweltanalyse. In: Hettlage, Robert/Lenz, Karl (Hrsg.): Erving Goffman - Ein soziologischer Klassiker der zweiten Generation. Bern, Stuttgart (Haupt) 1991a, S. 157-210

Eberle, Thomas S.: Schütz' Lebensweltanalyse: Soziologie oder Protosoziologie? St. Gallen (Manuskript) 1991b

Eckardt, Jörg: Zu medialen Konstruktion des Heimwerkers. Bamberg (Diplomarbeit) 1987

Eckardt, Jörg: Freizeitidole - der Heimwerker in Heimwerker-Zeitschriften. In: Hoffmann-Nowottny, Hans-Joachim (Hrsg.): Kultur und Gesellschaft. Gemeinsamer Kongress der deutschen, österreichischen und schweizerischen Gesellschaft für Soziologie in Zürich 1988. Beiträge der Forschungskomitees, Sektionen und Ad-hoc-Gruppen. Zürich (Seismo) 1989, S. 656-660

Ehlich, Konrad/Switalla, Bernd: Transkriptionssysteme. In: Studium Linguistik, 1. Jg., H. 2/1976, S. 78-105

Elias, Norbert: Über die Zeit. Frankfurt/Main (Suhrkamp) 1984

Englisch, Felicitas: Bildanalyse in strukturalhermeneutischer Einstellung. In: Garz, Detlef/Kraimer, Klaus (Hrsg.): Qualitativ-empirische Sozialforschung. Opladen (Westdeutscher Verlag) 1991, S. 133-176

Esser, Hartmut: Qualitative und quantitative Methoden - Eine Scheinkontroverse? In: Deutsche Vereinigung für Sportwissenschaft (Hrsg.): Quantitative oder qualitative Sozialforschung in der Sportsoziologie. Clausthal-Zellerfeld (DVS) 1983, S. 3-14

Esser, Hartmut: Zum Verhältnis von qualitativen und quantitativen Methoden in der Sozialforschung. In: Voges, Wolfgang (Hrsg.): Methoden der Biographie- und Lebenslaufforschung. Opladen (Leske + Budrich) 1987, S. 87-101

Faßnacht, Gerhard: Systematische Verhaltensbeobachtung. München, Basel (Reinhardt) 1979

Fielding, Nigel G./Fielding, Jane L.: Linking Data. Beverly Hills et al. (Sage) 1986

Filstead, William J.: Qualitative Methodology. Chicago (Markham) 1970

Fischer, Wolfram: Struktur und Funktion erzählter Geschichten. In: Kohli, Martin (Hrsg.): Soziologie des Lebenslaufs. Darmstadt, Neuwied (Luchterhand) 1978, S. 311-336

Fischer-Rosenthal, Wolfram: William I. Thomas & Florian Znaniecki: 'The Polish Peasant in Europe and America'. In: Flick, Uwe u.a. (Hrsg.): Handbuch Qualitative Sozialforschung. München (Psychologie Verlags Union) 1991, S. 115-118

Flick, Uwe/Kardoff, Ernst von/Keupp, Heiner/Rosenstiel, Lutz von/Wolff, Stephan (Hrsg.): Handbuch Qualitative Sozialforschung. München (Psychologie Verlags Union) 1991

Frake, Charles O.: Cultural Ecology and Ethnography. In: American Anthropologist, Vol. 64, No. 1/1962, S. 53-59

Frake, Charles O.: Die ethnographische Erforschung kognitiver Systeme. In: Arbeitsgruppe Bielefelder Soziologen (Hrsg.): Alltagswissen, Interaktion und gesellschaftliche Wirklichkeit. Band 2. Reinbek b. Hbg. (Rowohlt) 1973, S. 323-337

Fuchs, Werner: Biographische Forschung. Eine Einführung in Praxis und Methoden. Opladen (Westdeutscher Verlag) 1983

Garfinkel, Harold: Studies in Ethnomethodology. Englewood Cliffs, N.J. (Prentice-Hall) 1967

Garfinkel, Harold: Ethnomethodological Studies of Work. London (Routledge & Kegan Paul) 1986

Garz, Detlef/Kraimer, Klaus: Rekonstruktive Sozialforschung und objektive Hermeneutik. In: Zeitschrift für Sozialisationsforschung und Erziehungssoziologie, H. 1/1983, S. 126-134

Garz, Detlef/Kraimer, Klaus: Qualitativ-empirische Sozialforschung im Aufbruch. In: Garz, Detlef/Kraimer, Klaus (Hrsg.): Qualitativ-empirische Sozialforschung. Opladen (Westdeutscher) 1991, S. 1-34

Garz, Detlef/Kraimer, Klaus (Hrsg.): Diskussion: Objektive Hermeneutik. Frankfurt a.M. (Suhrkamp) 1992

Geer, Blanche: First Days in the Field. In: Hammond, Phillip E. (ed.): Sociologists at Work. New York (Basic) 1964, S. 322-344

Geertz, Clifford: Dichte Beschreibung. Beiträge zum Verstehen kultureller Systeme. Frankfurt a.M. (Suhrkamp) 1983a

Geertz, Clifford: The way we think now. In ders. (Hrsg.): Local Knowledge. New York (Basis Books) 1983b

Geertz, Clifford: From the Native's Point of View In: Shweder, R./LeVine, R. (eds.): Culture Theory. Cambridge (University Press) 1984, S. 123-136

Geertz, Clifford: Vom Hereinstolpern. In: Freibeuter, H. 25/1985, S. 37-41

Geertz, Clifford: Die künstlichen Wilden. München, Wien (Hanser) 1990

Gerhards, Jürgen/Schmidt, Bernd: Strategien der Intimität. Baden-Baden (Nomos) 1992

Gerhardt, Uta: Erzähldaten und Hypothesenkonstruktion. In: Kölner Zeitschrift für Soziologie und Sozialpsychologie, H. 2/1985, S. 230-256

Gerhardt, Uta: Patientenkarrieren. Frankfurt a.M. (Suhrkamp) 1986a

Gerhardt, Uta: Verstehende Strukturanalyse: Die Konstruktion von Idealtypen als Analyseschritt bei der Auswertung qualitativer Forschungsmaterialien. In: Soeffner, Hans-Georg (Hrsg.): Sozialstruktur und soziale Typik. Frankfurt a.M., New York (Campus) 1986b, S. 31-83

Gerhardt, Uta: Typenbildung. In: Flick, Uwe u.a. (Hrsg.): Handbuch Qualitative Sozialforschung. München (Psychologie Verlags Union) 1991, S. 435-440

Gerken, Egbert: Der Typusbegriff in seiner deskriptiven Verwendung. In: Archiv für Rechts- und Sozialphilosophie, 50/1964, S. 367-383

Gilbert, G. Nigel/Abell, Peter (eds.): Accounts and Action. Aldershot (Gower) 1983

Girtler, Roland: Kulturanthropologie. München (dtv) 1979

Girtler, Roland: Polizei-Alltag. Opladen (Westdeutscher Verlag) 1980a

Girtler, Roland: Vagabunden der Großstadt. Stuttgart (Enke) 1980b

Girtler, Roland: Methoden der qualitativen Sozialforschung. Wien, Köln, Graz (Böhlau) 1984

Girtler, Roland: Der Strich - Erkundungen in Wien. Wien (L'Age d'homme - Karolinger) 1985

Girtler, Roland: Aschenlauge. Linz (Landesverlag) 1987

Girtler, Roland: Wilderer. Linz (Landesverlag) 1988

Girtler, Roland: Die feinen Leute. Linz (Veritas) 1989

Glaser, Barney G.: Theoretical Sensitivity. San Francisco (Sociology Press) 1978

Glaser, Barney G./Strauss, Anselm: The Discovery of Grounded Theory. Chicago (Weidenfeld and Nicolson) 1967

Goffman, Erving: Wir alle spielen Theater. München (Piper) 1969

Goffman, Erving: Das Individuum im öffentlichen Austausch. Frankfurt a.M. (Suhrkamp) 1974

Goffman, Erving: Stigma. Frankfurt a.M. (Suhrkamp) 1975

Goffman, Erving: Rahmen-Analyse. Frankfurt a.M. (Suhrkamp) 1977

Gold, Raymond L.: Roles in Sociological Field Observations. In: Social Forces, Vol. 36/1958, S. 217-223

Goodenough, Ward: Cultural Anthropology and Linguistics. In: Georgetown University Monograph Series on Language and Linguistics, No. 9/1957, S. 167-173

Goodenough, Ward E.: Description and Comparison in Cultural Anthropology. Chicago (Aldine) 1970

Gordon, Raymond L.: Interviewing: Strategy, techniques and tactics. Homewood, Ill. (Dorsey) 1980

Grathoff, Richard: Milieu und Lebenswelt. Frankfurt a.M. (Suhrkamp) 1989

Gross, Peter: Die unmittelbare Beziehung als Problem sozialwissenschaftlicher Analyse. In: Soeffner, Hans-Georg (Hrsg.): Interpretative Verfahren in den Sozial- und Textwissenschaften. Stuttgart (Metzler) 1979a, S. 188-208

Gross, Peter: Gesprochenes transkribieren und Miteinanderreden beschreiben. In: Zeitschrift für Semiotik, H. 1-2/ 1979b, S. 153-159

Gross, Peter: Ist die Sozialwissenschaft eine Textwissenschaft? In: Winkler, Peter (Hrsg.): Methoden der Analyse von Face-to-Face-Situationen. Stuttgart (Metzler) 1981, S. 143-167

Gross, Peter: Bastelmentalität: ein 'postmoderner' Schwebezustand? In: Schmid, Thomas (Hrg.): Das pfeifende Schwein. Berlin (Wagenbach) 1985, S. 63-84

Gross, Peter: "Selbst ist der Mann". In: Bamberger Universitätszeitung 7/1985, S. 3-7. Wiederabgedruckt in: Werkspuren, 7. Jg., Nr. 25/1986a, S. 45-52

Gross, Peter: Bei sich selbst zu Hause sein. In: Blätter für Wohlfahrtspflege, H. 7-8/1986b, S. 177-180

Gross, Peter: 12,5 Millionen Hijacker? In: gdi-impuls, H. 2/1986c, S. 3-12

Gross, Peter: Positive Wirkungen der Schattenwirtschaft. In: Arbeit und Sozialpolitik, H. 12/1987, S. 338-348

Gross, Peter: Zur gesellschaftlichen Bedeutung und Bewertung der Schattenarbeit. In: Gross, Peter/Friedrich, Peter (Hrsg.): Positive Wirkungen der Schattenwirtschaft? Baden-Baden (Nomos) 1988, S. 9-51

Gross, Peter: Die Moderne verschont nichts. In: St. Galler Hochschulnachrichten, Nr. 111/1990a, S. 46-52

Gross, Peter: Die Multioptionsgesellschaft. (Arbeitstitel). Erscheint 1993

Gross, Peter/Hitzler, Ronald/Honer, Anne: Selbermacher. (Forschungsbericht Nr.1 des DFG-Projekts 'Heimwerker'). Bamberg (Gross) 1985

Gross, Peter/Honer, Anne: Multiple Elternschaften. In: Soziale Welt, H. 1/1990, S. 97-116

Gross, Peter/Honer, Anne: Das Wissen der Experten. St. Gallen (unveröff. Projektantrag an den Schweizerischen Nationalfonds) 1991

Grümer, Karl-Wilhelm: Beobachtung. Stuttgart (Teubner) 1974

Gülich, Elisabeth: Konventionelle Muster und kommunikative Funktionen von Alltagserzählungen. In: Ehlich, Konrad (Hrsg.): Erzählen im Alltag. Frankfurt a.M. (Suhrkamp) 1980, S. 335-384

Gurvitch, Georges: The Social Frameworks of Knowledge. Oxford (Blackwell) 1971

Guttandin, Friedhelm: Die Relevanz des hermeneutischen Verstehens für eine Soziologie des Fremden. Erscheint in: Jung, Thomas/Müller-Doohm, Stefan (Hrsg.): Wirklichkeit als Deutungsprozeß. Frankfurt a.M. (Suhrkamp) 1993

Habermas, Jürgen: Theorie des kommunikativen Handelns. Band 2. Frankfurt a. M. (Suhrkamp) 1981

Härtel, Ulrich/Matthiesen, Ulf/Neuendorff, Hartmut: Deutungsmuster Arbeit in der Krise? In: Franz, Hans-Werner (Hrsg.): Soziologie und gesellschaftliche Entwicklung. Opladen (Westdeutscher) 1985, S. 707-709

Härtel, Ulrich/Matthiesen, Ulf/Neuendorff, Hartmut: Kontinuität und Wandel arbeitsbezogener Deutungsmuster und Lebensentwürfe. In: Brose, Hanns-Georg (Hrsg.): Berufsbiographien im Wandel. Opladen (Westdeutscher) 1986, S. 264-290

Halbwachs, Maurice: Das kollektive Gedächtnis. Frankfurt a.M. (Fischer) 1985

Harris, Marvin: The Rise of Anthropological Theory. New York (Crowell) 1968

Hartmann, Heinz: Sozialreportagen und Gesellschaftsbild. In: Soeffner, Hans-Georg (Hrsg.): Kultur und Alltag. (SB 5 von 'Soziale Welt') Göttingen (Schwartz) 1988, S. 341-352

Haubl, Rolf: Gesprächsanalyseverfahren. Frankfurt a.M., Bern (Lang) 1982

Haupert, Bernhard: Empirische Fallstudie zu Lebensgeschichten von arbeitslosen Jugendlichen auf dem Land. Oldenburg (Dissertation) 1987

Heinze, Rolf G./Hilbert, Josef: Haushaltliche und gemeinschaftliche Selbstversorgung - Wohlfahrtsressource oder 'Armutsfalle'? In: Gross, Peter/Friedrich, Peter (Hrsg.): Positive Wirkungen der Schattenwirtschaft? Baden-Baden (Nomos) 1988, S. 133-149

Heinze, Thomas: Qualitative Sozialforschung. Opladen (Westdeutscher) 1987

Henn, Alexander: Reisen in vergangene Gegenwart. Berlin (Reimer) 1988

Hepp, Robert: Do it yourself. In ders.: Selbstherrlichkeit und Selbstbedienung. München (Beck) 1971, S. 43-64

Hermanns, Harry: Narratives Interview. In: Flick, Uwe u.a. (Hrsg.): Handbuch Qualitative Sozialforschung. München (Psychologie Verlags Union) 1991, S. 182-185

Hermanns, Harry/Tkocz, Christian/Winkler, Helmut: Berufsverlauf von Ingenieuren. Frankfurt a.M., New York (Campus) 1984

Hildenbrand, Bruno: Alltag und Krankheit. Stuttgart (Klett-Cotta) 1983

Hildenbrand, Bruno: Methodik der Einzelfallstudie. 3 Kurseinheiten. Hagen (Studienbrief der Fernuniversität) 1984

Hildenbrand, Bruno: Familiensituation und Ablöseprozesse Schizophrener. In: Soziale Welt, H. 3/1985, S. 336-348

Hitzler, Ronald: Den Gegen-Stand verstehen. In: Soziale Welt, 33. Jg., H. 2/1982, S. 136-156

Hitzler, Ronald: Wir Teilzeit-Menschen. In: Die Mitarbeit, H. 4/1985, S. 344-356

Hitzler, Ronald: Die Attitüde der künstlichen Dummheit. In: Sozialwissenschaftliche Informationen (SOWI), H. 3/1986, S. 53-59

Hitzler, Ronald: Zeit-Rahmen. In: Österreichische Zeitschrift für Soziologie, H. 1/1987, S. 23-33

Hitzler, Ronald: Sinnwelten. Opladen (Westdeutscher) 1988a

Hitzler, Ronald: Leben und Arbeiten. In: Gross, Peter/Friedrich, Peter (Hrsg.): Positive Wirkungen der Schattenwirtschaft? Baden-Baden (Nomos) 1988b, S. 244-257

Hitzler, Ronald: Lebensstile und Freizeiträume. In: Freizeitpädagogik, 10. Jg, H. 3-4/1988c, S. 156-164

Hitzler, Ronald: Die Maschinen des Heimwerkers. In: Rammert, Werner/ Bechmann, Gotthard (Hrsg.): Jahrbuch 5 von 'Technik und Gesellschaft'. Frankfurt a.M., New York (Campus) 1989, S. 206-218

Hitzler, Ronald: Goffmans Perspektive. Notizen zum dramatologischen Ansatz. In: Sozialwissenschaftliche Informationen (SOWI), H. 4/1991a, S. 276-281

Hitzler, Ronald: Eine Medienkarriere ohne Ende? In: Müller-Doohm, Stefan/Neumann-Braun, Klaus (Hrsg.): Öffentlichkeit, Kultur, Massenkommunikation. Oldenburg (BIS der Universität) 1991b, S. 231-250

Hitzler, Ronald: Dummheit als Methode. In: Garz, Detlef/Kraimer, Klaus (Hrsg.): Qualitativ-empirische Sozialforschung. Opladen (Westdeutscher Verlag) 1991c, S. 295-318

Hitzler, Ronald: Der Goffmensch. Überlegungen zu einer dramatologischen Anthropologie. In: Soziale Welt, 43. Jg, 4/1992, S. 449-461

Hitzler, Ronald: Sinnbasteln. Zur subjektiven Aneignung von Lebensstilen. In: Mörth, Ingo/Fröhlich, Gerhard (Hrsg.): Kultur und soziale Ungleichheit. Frankfurt a.M., New York (Campus) 1993a

Hitzler, Ronald: Verstehen: Alltagspraxis und wissenschaftliches Programm. In: Jung, Thomas/Müller-Doohm, Stefan (Hrsg.): Wirklichkeit als Deutungsprozeß. Frankfurt a.M. (Suhrkamp) 1993b

Hitzler, Ronald/Honer, Anne: Lebenswelt-Milieu-Situation. In: Kölner Zeitschrift für Soziologie und Sozialpsychologie, 36. Jg., H. 1/1984, S. 56-74.

Hitzler, Ronald/Honer, Anne: Der lebensweltliche Forschungsansatz. In: Neue Praxis, H. 6/1988a, S. 496-501

Hitzler, Ronald/Honer, Anne: Reparatur und Repräsentation. Zur Inszenierung des Alltags durch Do-It-Yourself. In: Soeffner, Hans-Georg (Hrsg.): Kultur und Alltag (SB 6 von 'Soziale Welt'). Göttingen (Schwartz) 1988b, S. 267-283

Hitzler, Ronald/Honer, Anne: Vom Alltag der Forschung. Bemerkungen zu Knorr Cetinas wissenschaftssoziologischem Ansatz. In: Österreichische Zeitschrift für Soziologie, 14. Jg., H. 4/1989, S. 26-33

Hörning, Karl H./Gerhard, Anette/Michailow, Matthias: Zeitpioniere. Frankfurt a.M. (Suhrkamp) 1990

Hofmann, Gerhard: Datenverarbeitung in den Sozialwissenschaften. Stuttgart (Teubner) 1988

Hoffmann-Riem, Christa: Die Sozialforschung einer interpretativen Soziologie. In: Kölner Zeitschrift für Soziologie und Sozialpsychologie, H. 2/1980, S. 339-372

Hoffmann-Riem, Christa: Das adoptierte Kind. München (Fink) 1984

Holland, D./Quinn, N. (eds.): Cultural Models in Language and Thought. Cambridge (University Press) 1987

Holm, Kurt (Hrsg.): Die Befragung I. München (Francke) 1991

Honer, Anne: Körper und Wissen. Die kleine Lebens-Welt des Bodybuilders. Konstanz (Magisterarbeit) 1983

Honer, Anne: Beschreibung einer Lebens-Welt. In: Zeitschrift für Soziologie, 14. Jg., H. 2/1985a, S. 131-139

Honer, Anne: Bodybuilding als Sinnsystem. Elemente, Aspekte und Strukturen. In: Sportwissenschaft, 15. Jg., 2/1985b, S. 155-169

Honer, Anne: Die maschinelle Konstruktion des Körpers. Zur Leiblichkeit im Bodybuilding. In: Österreichische Zeitschrift für Soziologie, 11. Jg., H. 4/1986, S. 44-51

Honer, Anne: Helfer im Betrieb. Untersuchungen zur soziokulturellen Funktion einer speziellen Form prosozialen Handelns. In: Lipp, Wolfgang (Hrsg.): Kulturtypen, Kulturcharaktere. Berlin (Reimer) 1987, S. 45-60

Honer, Anne: Körperträume und Traumkörper. Vom anderen Selbst-Verständnis des Bodybuilders. In: Dietrich, Knut/Heinemann, Klaus (Hrsg.): Der nicht-sportliche Sport. Schorndorf (Hofmann) 1989a, S. 64-71

Honer, Anne: Helfen als zeichensetzendes Handeln. Interpretation einer Alltagsgeschichte. In: Archiv für Wissenschaft und Praxis der sozialen Arbeit, 20. Jg., H. 3/1989b, S. 173-185

Honer, Anne: "Was man halt so braucht". Über Einstellungen von Heimwerkern zu ihren Maschinen. In: Baerenreiter, Harald/ Kirchner, Rolf (Hrsg.): Der Zauber im Alltag? Hagen (Studienbrief der Fernuniversität) 1990, S. 66-75

Honer, Anne: Die Perspektive des Heimwerkers. In: Garz, Detlef/Kraimer, Klaus (Hrsg.): Qualitativ-empirische Sozialforschung. Opladen (Westdeutscher Verlag) 1991, S. 319-342

Honer, Anne/Unseld, Werner: "Die Zeit darf man natürlich nicht rechnen". In: Gross, Peter/Friedrich, Peter (Hrsg.): Positive Wirkungen der Schattenwirtschaft? Baden-Baden (Nomos) 1988, S. 219-226

Hopf, Christel: Die Pseudo-Exploration. In: Zeitschrift für Soziologie, H. 2/1978, S. 97-115

Husserl, Edmund: Die Krisis der europäischen Wissenschaften und die transzendentale Phänomenologie. Den Haag (Nijhoff) 1954

IFF (Institut für Freizeitwirtschaft): Spezialstudie Do-it-yourself. 2 Bände. München 1984

IFF: Wachstumsfelder im Freizeitbereich bis 1995. Band 1. München 1987

Jacobs, Scott/Jackson, Sally: Argument as a natural category. In: Western Journal of Speech Communication, Vol. 45/1981, S. 118-132

James, William: Principles of Psychology. Band II. New York 1893

Jones, E.E./Pittman, T.S.: Toward a general theory of strategic self-presentation. In: Suls, J. (ed.): Psychological perspectives of the self. Hillsdale, N.J. (Erlbaum) 1982, S. 231-263

Janoska-Bendl, Judith: Methodologische Aspekte des Idealtypus. Berlin (Duncker & Humblot) 1965

Johnson, John M.: Doing Field Research. New York, London (Free Press) 1975

Junker, Bufford H.: Field Work: An Introduction to the Social Sciences. Chicago (University of Chicago Press) 1960

Kallmeyer, Werner: Aushandlung und Bedeutungskonstitution. In: Schröder, Peter/Steger, Hugo (Hrsg.): Dialogforschung. Düsseldorf (Schwann) 1980, S. 89-127

Kallmeyer, Werner: Fokuswechsel und Fokussierungen als Aktivitäten der Gesprächskonstitution. In: Meyer-Hermann, R. (Hrsg.): Sprechen - Handeln - Interaktion. Tübingen 1987, S. 191-241

Kallmeyer, Werner/Schütze, Fritz: Konversationsanalyse. In: Studium Linguistik, H. 1/1976, S. 1-28

Kallmeyer, Werner/Schütze, Fritz: Zur Konstitution von Kommunikationsschemata der Sachverhaltsdarstellung. In: Wegner, Dirk (Hrsg.): Gesprächsanalyse. Hamburg (Buske) 1977, S. 159-274

Kardiner, Abram/Preble, Edward: Wegbereiter der modernen Anthropologie. Frankfurt a. M. (Suhrkamp) 1974

Kempski, Jürgen von: Zur Logik der Ordnungsbegriffe, besonders in den Sozialwissenschaften. In: Albert, Hans (Hrsg.): Theorie und Realität. Tübingen 1964, S. 209-220

Keppler, Angela: Der Verlauf von Klatschgesprächen. In: Zeitschrift für Soziologie, 16. Jg., H. 4/1987, S. 288-302

Keppler, Angela: Beispiele in Gesprächen. In: Zeitschrift für Volkskunde, 84. Jg., H. I/1988, S. 39-57

Keppler, Angela: Schritt für Schritt - das Verfahren alltäglicher Belehrung. In: Soziale Welt, 40. Jg., H. 4/1989, S. 538-556

Keppler, Angela/Luckmann, Thomas: 'Weisheits'vermittlung im Alltag. In: Oelmüller, W. (Hrsg.): Philosophie und Weisheit. Paderborn 1989, S. 148-160

Kerbusk, K.-P.: Drastisch und von Dauer: Die Do-it-yourself Welle. In: Burgdorff, S. (Hrsg.): Wirtschaft im Untergrund. Reinbek d. Hamburg 1983, S. 75 - 91

Kern, Horst: Empirische Sozialforschung: Ursprünge, Ansätze, Entwicklungslinien. München (Beck) 1982

Knauth, Bettina/Wolff, Stephan: Die Pragmatik von Beratung. In: Verhaltenstherapie und psychosoziale Praxis, H. 2/1989, S. 327-344

Knoblauch, Hubert: "...und Werbung ist das Geheimnis der ganzen Fahrt". Zur Soziologie der Kaffeefahrten. Konstanz (Magisterarbeit) 1985a

Knoblauch, Hubert: Zwischen Einsamkeit und Wechselrede. In: Husserl Studies, No. 2/1985b, S. 33-52

Knoblauch, Hubert: "Bei mir ist lustig Werbung, lacht Euch gesund" - Zur Rhetorik der Werbeveranstaltungen bei Kaffeefahrten. In: Zeitschrift für Soziologie, 16. Jg., H. 2/1987, S. 127-144

Knoblauch, Hubert: Wenn Engel reisen...: Kaffeefahrten und Altenkultur. In: Soeffner, Hans-Georg (Hrsg.): Kultur und Alltag (SB 6 von 'Soziale Welt'). Göttingen (Schwartz) 1988, S. 397-411

Knoblauch, Hubert: Bezaubernde Zeiten. In: Schweizerische Zeitschrift für Soziologie, H. 2/1989a, S. 301-319

Knoblauch, Hubert: Das unsichtbare neue Zeitalter. In: Kölner Zeitschrift für Soziologie und Sozialpsychologie, H. 3/1989b, S. 504-525

Knoblauch, Hubert: Vom Hundertsten ins Tausendste. Argumentative Gespräche in Familien. Konstanz (unveröff. Manuskript) 1989c

Knoblauch, Hubert: Die Welt der Wünschelrutengänger und Pendler. Erkundung einer verborgenen Welt. Frankfurt/New York (Campus) 1991

Knorr, Karin: Die Fabrikation von Wissen. In: Stehr, Nico/Meja, Volker (Hrsg.): Wissenssoziologie (SH 22 der 'KZfSS'). Opladen (Westdeutscher Verlag) 1980a

Knorr, Karin: Wissenschaftsforschung/Wissenschaftssoziologie. In: Speck, Josef (Hrsg.): Handbuch wissenschaftstheoretischer Begriffe, Band 3. Göttingen (Vandenhoeck & Ruprecht) 1980b

Knorr, Karin: Zur Produktion und Reproduktion von Wissen: Ein deskriptiver oder ein konstruktiver Vorgang? In: Bonß, Wolfgang/ Hartmann, Heinz (Hrsg.): Entzauberte Wissenschaft (SB 3 von 'Soziale Welt'). Göttingen (Schwartz) 1985, S. 151-177

Knorr Cetina, Karin: New Developments in Science Studies: The Ethnographic Challenge. In: Canadian Journal of Sociology, Vol. 8, No. 2/1983

Knorr Cetina, Karin: Die Fabrikation von Erkenntnis. Frankfurt a.M. (Suhrkamp) 1984

Knorr Cetina, Karin: Soziale und wissenschaftliche Methode oder: Wie halten wir es mit der Unterscheidung zwischen Natur- und Sozialwissenschaften? In: Bonß, Wolfgang/Hartmann, Heinz (Hrsg.): Entzauberte Wissenschaft (SB 3 von 'Soziale Welt'). Göttingen (Schwartz) 1985, S. 275-297

Knorr Cetina, Karin: Das naturwissenschaftliche Labor als Ort der 'Verdichtung' von Gesellschaft. In: Zeitschrift für Soziologie, H. 2/1988, S. 85-101

Knorr-Cetina, Karin: Spielarten des Konstruktivismus. In: Soziale Welt, H. 1-2/1989, S. 86-96

Koenen, Elmar J.: Verstehen statt Verfahren? In: Kölner Zeitschrift für Soziologie und Sozialpsychologie, 42. Jg., H. 4/1990a, S. 808-811

Koenen, Elmar J.: Trivialisierung - ihre Konsequenzen für eine verstehende Methodologie. Bamberg (Manuskript eines Vortrags vor der Sektion 'Sprachsoziologie' beim 25. Deutschen Soziologentag in Frankfurt) 1990b

König, René: Praktische Sozialforschung. In ders. (Hrsg.): Das Interview. (Praktische Sozialforschung I). Köln, Berlin (Kiepenheuer & Witsch) 1965, S. 13-33

Koepping, Klaus-Peter: Feldforschung als emanzipatorischer Akt? In: Müller, Ernst Wilhelm u.a. (Hrsg.): Ethnologie als Sozialwissenschaft (SH 26 der 'KZfSS'). Opladen (Westdeutscher) 1984, S. 216-239

Kohli, Martin: "Offenes" und "geschlossenes" Interview: Neue Argumente zu einer alten Kontroverse. In: Soziale Welt, 29. Jg., H.1/1978, S. 1-25

Kohli, Martin/Robert, Günther (Hrsg.): Biographie und soziale Wirklichkeit. Stuttgart (Metzler) 1984

Kopperschmidt, Josef: Argumentation. Ein Vorschlag zur Methode ihrer Analyse. In: Wirkendes Wort, 33. Jg., H. 6/1983, S. 384-398

Kotarba, Joseph A./Fontana, Andrea (eds.): The Existential Self in Society. Chicago, London (University of Chicago Press) 1984

Kracauer, Siegfried: The challenge of qualitative content analysis. In: Public Opinion Quarterly, Vol. 16/1952, b, S. 631-642

Kramer, Fritz: Verkehrte Welten. Zur imaginären Ethnographie des 19. Jahrhunderts. Frankfurt a.M. (Syndikat) 1977

Kreppner, Kurt: Zur Problematik des Messens in den Sozialwissenschaften. Stuttgart (Klett) 1975

Kroeber, A.L./Waterman, T.T. (eds.): Source Book in Anthropology. New York (Harcourt, Brace & Co.) 1931

Kvale, Steinar: Validierung: Von der Beobachtung zu Kommunikation und Handeln. In: Flick, Uwe u.a. (Hrsg.): Handbuch Qualitative Sozialforschung. München (Psychologie Verlags Union) 1991, S. 427-431

LaCoe, D.E.: Do-It-Yourself-Work around the House. U.C.L.A. (Unpublished paper, prepared for Dossier Commitee) 1977

Lafitau, Joseph Francois: Die Sitten der amerikanischen Wilden. Halle (Gebauer) 1752 (Faksimile: Weinheim (Acta Humaniora, VCH) 1987)

Lamnek, Siegfried: Qualitative Sozialforschung. Band 1: Methodologie. München (Psychologie Verlags Union) 1988

Lamnek, Siegfried: Qualitative Sozialforschung. Band 2: Methoden und Techniken. München (Psychologie Verlags Union) 1989

Lau, Thomas: Die heiligen Narren. Punk 1976 - 1986. Berlin, New York (de Gruyter) 1991

Lau, Thomas/Wolff, Stephan: Der Einstieg in das Untersuchungsfeld als soziologischer Lernprozess. In: Kölner Zeitschrift für Soziologie und Sozialpsychologie, H. 3/1983, S. 417-437

Lehmann, Burkhard E.: Rationalität im Alltag? Münster, New York (Waxmann) 1988

Lévi-Strauss, Claude: Strukturale Anthropologie I. Frankfurt a.M. (Suhrkamp) 1978

Lindner, Rolf: Die Entdeckung der Stadtkultur. Frankfurt a.M. (Suhrkamp) 1990

Lofland, John: Doing Social Life: The Qualitative Study of Human Interaction in Natural Settings. New York (Wiley) 1976

Lofland, John: Der Beobachter: inkompetent aber akzeptabel. In: Gerdes, Klaus (Hrsg.): Explorative Sozialforschung. Stuttgart (Enke) 1979, S. 110-120

Lofland, John/Lofland, Lyn H.: Analyzing Social Settings: A Guide to Qualitative Observation and Analysis. Belmont, CA (Wadsworth) 1984

Luckmann, Benita: The Small Life-Worlds of Modern Man. In: Social Research, No. 4/1970, S. 580-596 (Wiederabgedruckt in: Luckmann, Thomas (ed.): Phenomenology and Sociology. Harmondsworth (Penguin) 1978, S. 275-290)

Luckmann, Thomas: Das kosmologische Fiasko der Soziologie. In: Soziologie, H. 2/1974, S. 16-32

Luckmann, Thomas: Phänomenologie und Soziologie. In: Sprondel, Walter M./Grathoff, Richard (Hrsg.): Alfred Schütz und die Idee des Alltags in den Sozialwissenschaften. Stuttgart (Enke) 1979, S. 196-206

Luckmann, Thomas: Lebenswelt und Gesellschaft. Paderborn u.a. (Schöningh) 1980

Luckmann, Thomas: Einige Überlegungen zu Alltagswissen und Wissenschaft. In: Pädagogische Rundschau, Vol. 35/1981, S. 91-109

Luckmann, Thomas: Eine phänomenologische Begründung der Sozialwissenschaften? In: Henrich, Dieter (Hrsg.): Kant oder Hegel? Stuttgart (Klett-Cotta) 1983, S. 506-518

Luckmann, Thomas: Das Gespräch. In: Stierle, Karl-Heinz/Warning, Rolf (Hrsg.): Das Gespräch (Poetik und Hermeneutik XI). München (Fink) 1984, S. 49-63

Luckmann, Thomas: Zeit und Identität: Innere, soziale und historische Zeit. In: Fürstenberg, Friedrich/Mörth, Ingo (Hrsg.): Zeit als Strukturelement von Lebenswelt und Gesellschaft. Linz (Trauner) 1986a, S. 135-174

Luckmann, Thomas: Grundformen der gesellschaftlichen Vermittlung des Wissens: Kommunikative Gattungen. In: Neidhardt, Friedhelm/Lepsius, M. Rainer/Weiß, Johannes (Hrsg.): Kultur und Gesellschaft (SH 27 der 'KZfSS'). Opladen (Westdeutscher) 1986b, S. 191-213

Luckmann, Thomas: Kanon und Konversion. In: Assmann, A./Assmann, J. (Hrsg.): Kanon und Zensur. München (Fink) 1987, S. 38-46

Luckmann, Thomas: Alltägliche Verfahren der Rekonstruktion kommunikativer Ereignisse. Trier (Manuskript eines Vortrags vor der Sektion 'Sprachsoziologie') 1988a

Luckmann, Thomas: Kommunikative Gattungen im kommunikativen 'Haushalt' einer Gesellschaft. In: Smolka-Koerdt, G./Spangenberg, P.M./Tillmann-Bartylla, D. (Hrsg.): Der Ursprung von Literatur. München (Fink) 1988b, S. 279-288

Luckmann, Thomas: Die "massenkulturelle" Sozialform der Religion. In: Soeffner, Hans-Georg (Hrsg.): Kultur und Alltag. (SB 5 von 'Soziale Welt'). Göttingen (Schwartz) 1988c, S. 37-48

Luckmann, Thomas: Kultur und Kommunikation. In: Haller, Max/Hoffmann-Nowottny, Hans-Jürgen/Zapf, Wolfgang (Hrsg.): Kultur und Gesellschaft (Verhandlungen des Soziologentags in Zürich 1988). Frankfurt a.M.. New York (Campus) 1989, S. 33-45

Luckmann, Thomas: Lebenswelt: Modebegriff oder Forschungsprogramm. In: Grundlagen der Weiterbildung (GdW), H. 1/1990a, S. 9-13

Luckmann, Thomas: Towards a Science of the Subjective Paradigm: Protosociology. In: Koev, Kolyo (ed.): Phenomenology as a Dialogue (Special Issue of 'Critique & Humanism'). 1990b, S. 9-15

Luckmann, Thomas: Die unsichtbare Religion. Frankfurt a.M. (Suhrkamp) 1991

Luckmann, Thomas/Berger, Peter L.: Soziale Mobilität und persönliche Identität. In: Luckmann, Thomas: Lebenswelt und Gesellschaft. Paderborn u.a. (Schöningh) 1980, S. 142-160

Luckmann, Thomas/Bergmann, Jörg R.: Strukturen und Funktionen von rekonstruktiven Gattungen in der alltäglichen Kommunikation. Konstanz (DFG-Projektantrag und Fortsetzungsantrag) 1983 und 1987

Luckmann, Thomas/Bergmann, Jörg R.: Formen der kommunikativen Konstruktion von Moral. Konstanz/Gießen (DFG-Projektantrag) 1991

Luckmann, Thomas/Gross, Peter: Analyse unmittelbarer Kommunikation und Interaktion als Zugang zum Problem der Entstehung sozialwissenschaftlicher Daten. In: Bielefeld, H.U. u.a. (Hrsg.): Soziolinguistik und Empirie. Wiesbaden (Athenäum) 1977, S. 198-207

Luckmann, Thomas/Keppler, Angela: Lebensweisheiten im Gespräch. In: Petzold, H.G./Kühn, R. (Hrsg.): Psychotherapie und Philosophie. Paderborn 1989

Lüders, Christian: Deutungsmusteranalyse. Annäherungen an ein risikoreiches Konzept. In: Garz, Detlef/Kraimer, Klaus (Hrsg.): Qualitativ-empirische Sozialforschung. Opladen (Westdeutscher Verlag) 1991, S. 377-408

Lüders, Christian/Reichertz, Jo: Wissenschaftliche Praxis ist, wenn alles funktioniert und keiner weiß warum. In: Sozialwissenschaftliche Literatur Rundschau, H. 12/1986 S. 90-102

Lynch, Michael: Art and Artifact in Laboratory Science. London (Routledge and Kegan Paul) 1985

Lynch, Michael/Livingston, Eric/Garfinkel, Harold: Zeitliche Ordnung in der Arbeit des Labors. In: Bonß, Wolfgang/Hartmann, Heinz (Hrsg.): Entzauberte Wissenschaft (SB 3 von 'Soziale Welt'). Göttingen (Schwartz) 1985, S. 179-206

Maeder, Christoph: Das Organisationskonzept der Ethnomethodologie. St. Gallen (Diplomarbeit) 1989

Malinowski, Bronislaw: Argonauten des westlichen Pazifik. Frankfurt a.M. (Syndikat) 1979

Mannheim, Karl: Wissenssoziologie. Neuwied, Berlin (Luchterhand) 1964

Mannheim, Karl: Ideologie und Utopie. Frankfurt a.M. (Klostermann) 1969

Marotzki, Winfried: Sinnkrise und biographische Entwicklung. In: Garz, Detlef/Kraimer, Klaus (Hrsg.): Qualitativ-empirische Sozialforschung. Opladen (Westdeutscher) 1991, S. 409-440

Martin, Engelbertine: Do-it-yourself als Form der Schattenwirtschaft. In: Gross, Peter/Friedrich, Peter (Hrsg.): Positive Wirkungen der Schattenwirtschaft? Baden-Baden (Nomos) 1988, S. 123-132

Marx, Werner: Die Phänomenologie Edmund Husserls. München (Fink) 1987

Matthes, Joachim: Zur transkulturellen Relativität erzählanalytischer Verfahren in der empirischen Sozialforschung. In: Kölner Zeitschrift für Soziologie und Sozialpsychologie, H. 2/1985, S. 310-326

Matthes-Nagel, Ulrike: Latente Sinnstrukturen und objektive Hermeneutik. München (Minerva) 1982

Matthiesen, Ulf: Das Dickicht der Lebenswelt und die Theorie des kommunikativen Handelns. München (Fink) 1983

Matthiesen, Ulf: 'Bourdieu' und 'Konopka'. Imaginäres Rendezvous zwischen Habituskonstruktion und Deutungsmusterrekonstruktion. In: Eder, Klaus (Hrsg.): Klassenlage, Lebensstil und kulturelle Praxis. Frankfurt a.M. (Suhrkamp) 1989, S. 221-299

Matthiesen, Ulf: Lebenswelt/Lebensstil. In: Sociologia Internationalis, 29. Jg., H. 1/1991, S. 31-56

Matthiesen, Ulf: Standbein - Spielbein: Deutungsmusteranalysen im Spannungsfeld von Objektiver Hermeneutik und Sozialphänomenologie. In: Garz, Detlef/Kraimer, Klaus (Hrsg.): Diskussion objektive Hermeneutik. Frankfurt a.M. (Suhrkamp) 1992

Mayring, Philipp: Qualitative Inhaltsanalyse. Weinheim, Basel (Beltz) 1983

McKinney, John C.: Constructive Typology and Social Theory. New York (Appleton-Century-Crofts) 1966

Mead, Margaret: Jugend und Sexualität in primitiven Gesellschaften. 3 Bände. München (dtv) 1970

Meinefeld, Werner: Ein formaler Entwurf für die empirische Erfassung elementaren sozialen Wissens. In: Arbeitsgruppe Bielefelder Soziologen: Kommunikative Sozialforschung. München (Fink) 1976, S. 88-158

Merten, Klaus: Inhaltsanalyse. Opladen (Westdeutscher) 1983

Merton, Robert K./Kendall, Patricia L.: The Focused Interview. In: American Journal of Sociology, Vol. 51/1945-46, S. 541-557 (deutsch: Das fokussierte Interview. In: Hopf, Christel/Weingarten, Elmar (Hrsg.): Qualitative Sozialforschung. Stuttgart (Klett Cotta) 1979, S. 171-204)

Michailow, Matthias: Die Bildung von Lebensstilformationen. Aachen (Dissertation) 1989

Michel, Gabriele: Biographisches Erzählen - zwischen individuellem Erlebnis und kollektiver Geschichtentradition. Tübingen (Niemeyer) 1985

Mühlmann, Wilhelm E.: Geschichte der Anthropologie. Wiesbaden (AULA) 1984

Müller-Doohm, Stefan: Vom Positivismusstreit zur Hermeneutikdebatte. In: KulturAnalysen, 2. Jg., H. 3/1990, S. 292-307

Neidhardt, Friedhelm: Das innere System sozialer Gruppen. In: Kölner Zeitschrift für Soziologie und Sozialpsychologie, Jg. 31/1979, S. 639-660

Neidhardt, Friedhelm: Themen und Thesen zur Gruppensoziologie. In ders. (Hrsg.): Gruppensoziologie (SH 25 der 'KZfSS'). Opladen (Westdeutscher) 1983, S. 12-34

Neuendorff, Hartmut: Soziale Deutungsmuster im östlichen Ruhrgebiet. In: Institut für Landes- und Stadtentwicklung des Landes NRW (ILS) (Hrsg.): Umbruch der Industriegesellschaft – Umbau zur Kulturgesellschaft? Dortmund (ILS) 1991, S. 129-134

Neuendorff, Hartmut/Sabel, Charles: Zur relativen Autonomie der Deutungsmuster. In: Bolte, Karl Martin (Hrsg.): Materialien aus der soziologischen Forschung. Verhandlungen des 18. Deutschen Soziologentags. Darmstadt, Neuwied (Luchterhand) 1978, S. 842-863

Noblit, George W./Hare, R. Dwight: Meta-Ethnography: Synthesizing Qualitative Studies. Beverly Hills et al. (Sage) 1988

Oevermann, Ulrich: Zur Analyse der Struktur von sozialen Deutungsmustern. Frankfurt (unveröff. Manuskript) 1973

Oevermann, Ulrich: Zur Sache. In: Friedeburg, Ludwig von/Habermas, Jürgen (Hrsg.): Adorno-Konferenz 1983. Frankfurt a.M. (Suhrkamp) 1983a, S. 234-292

Oevermann, Ulrich: Hermeneutische Sinnrekonstruktion. In: Garz, Detlef/ Kraimer, Klaus (Hrsg.): Brauchen wir andere Forschungsmethoden? Frankfurt a.M. (Athenäum) 1983b, S. 113-155

Oevermann, Ulrich: Kontroversen über sinnverstehende Soziologie. In: Aufenanger, Stefan/ Lenssen, Margrit (Hrsg.): Handlung und Sinnstruktur. München (Kindt) 1986, S. 19-83

Oevermann, Ulrich: Eine exemplarische Fallrekonstruktion zum Typus versozialwissenschaftlichter Identitätsformationen. In: Brose, Hanns Georg/Hildenbrand, Bruno (Hrsg.): Vom Ende des Individuums zur Individualität ohne Ende. Opladen (Leske + Budrich) 1988, S. 243-286

Oevermann, Ulrich: Exemplarische Analyse eines Gedichtes von Rudolf Alexander Schröder mit dem Verfahren der objektiven Hermeneutik. In: KulturAnalyse, 2. Jg., H. 3/1990, S. 244-260

Oevermann, Ulrich: Genetischer Strukturalismus und das sozialwissenschaftliche Problem der Erklärung der Entstehung des Neuen. In: Müller-Doohm, Stefan (Hrsg.): Jenseits der Utopie. Frankfurt a.M. (Suhrkamp) 1991, S. 267-336

Oevermann, Ulrich/Allert, Tilmann/Konau, Elisabeth/Krambeck, Jürgen/ Schröder-Cesar, Erna/Schütze, Yvonne: Beobachtungen zur Struktur der sozialisatorischen Interaktion. In: Auwärter, Manfred/ Kirsch, Edith/ Schröter, Manfred (Hrsg.): Seminar: Kommunikation, Interaktion, Identität. Frankfurt a.M. (Suhrkamp) 1976, S. 371-402

Oevermann, Ulrich/Allert, Tilmann/Konau, Elisabeth/Krambeck, Jürgen: Die Methodologie einer 'objektiven Hermeneutik' und ihre allgemeine forschungspraktische Bedeutung in den Sozialwissenschaften. In: Soeffner, Hans-Georg (Hrsg.): Interpretative Verfahren in den Sozial- und Textwissenschaften. Stuttgart (Metzler) 1979, S. 352-433

Oevermann, Ulrich/Allert, Tilmann/Konau, Elisabeth: Zur Logik der Interpretation von Interviewtexten. In: Heinze, Thomas/ Klusemann, H.W./ Soeffner, H.-G.(Hrsg.): Interpretationen einer Bildungsgeschichte. Bensheim (päd.-extra) 1980, S. 15-69

Oevermann, Ulrich/Allert, Tilmann/Konau, Elisabeth/Krambeck, Jürgen: Die Methodologie einer 'objektiven Hermeneutik'. In: Zedler, Peter/Moser, Heinz (Hrsg.): Aspekte qualitativer Sozialforschung. Opladen (Leske + Budrich) 1983, S. 95-123

Park, Robert E.: Human Migration and the Marginal Man. In ders.: Race and Culture (Collected Papers, Vol. I). Glencoe, Ill. 1950, S. 345-356

Payne, Geoff/Dingwall, Robert/Payne, Judy/Carter, Mick: Sociology and Social Research. London (Routledge & Kegan Paul) 1981

Perelman, Chaim: Das Reich der Rhetorik. München (Beck) 1980

Plessner, Helmuth: Lachen und Weinen. Eine Untersuchung der Grenzen menschlichen Verhaltens. In ders.: Gesammelte Schriften VII. Frankfurt a.M. (Suhrkamp) 1982, S. 201-387

Plessner, Helmuth: Mit anderen Augen. In ders.: Gesammelte Schriften VIII. Frankfurt a.M. (Suhrkamp) 1983, S. 88-104

Plessner, Helmuth: Soziale Rolle und menschliche Natur. In ders.: Gesammelte Schriften X. Frankfurt a.M. (Suhrkamp) 1985, S. 227-240

Pool, Robert: 'Oh, Research, Very Good!': On Fieldwork and Representation. In: Nencel, Lorraine/Pels, Peter (eds.): Constructing Knowledge. London et al (Sage) 1991, S. 59-77

Porst, Rolf: Praxis der Umfrageforschung. Stuttgart (Teubner) 1985

Psathas, George: Verstehen, Ethnomethodologie und Phänomenologie. In: Bühl, Walter L. (Hrsg.): Verstehende Soziologie. München (Nymphenburger) 1972, S. 284-303

Punch, Maurice: The Politics and Ethics of Fieldwork. Beverly Hills et al. (Sage) 1986

Rammstedt, Otthein: Alltagsbewußtsein von Zeit. In: Kölner Zeitschrift für Soziologie und Sozialpsychologie, H. 1/1975, S. 47-63

Ray, John W.: Perelman's Universal Audience. In: The Quarterly Journal of Speech, Vol. 64, No. 4/1978, S. 361-375

Reeves Sanday, Peggy: The Ethnographic Paradigm(s). In: Van Maanen, John (ed.): Qualitative Methodology. Beverly Hills et al (Sage) 1979, S. 19-36

Reichertz, Jo: Probleme qualitativer Sozialforschung. Die Entwicklungsgeschichte der objektiven Hermeneutik. Frankfurt a.M., New York (Campus) 1986

Reichertz, Jo: Verstehende Soziologie ohne Subjekt? In: Kölner Zeitschrift für Soziologie und Sozialpsychologie, H. 2/1988a, S. 207-222.

Reichertz, Jo: "Die großen, starken Gefühle zum Sterben verurteilen?" - Privates in der Öffentlichkeit der 'Fröhlichen Guten-Tag-Anzeige'. In: Soeffner, Hans-Georg (Hrsg.): Kultur und Alltag (SB 6 von 'Soziale Welt'). Göttingen (Schwartz) 1988b, S. 251-266

Reichertz, Jo: Der Hermeneut als Autor - Das Problem der Darstellbarkeit hermeneutischer Fallrekonstruktionen. In: Grounded, H. 5/1988c, S. 29-49

Reichertz, Jo: Hermeneutische Auslegung von Feldprotokollen? In: Aster, R./Merkens, H./Repp, M. (Hrsg.): Teilnehmende Beobachtung. Frankfurt a.M. (Suhrkamp) 1989, S. 84-102

Reichertz, Jo: "Meine Schweine erkenne ich am Gang". Zur Typisierung typisierender Kriminalpolizisten. In: Grounded, 3. Jg., H.2/1990, S. 21-37

Reichertz, Jo: Objektive Hermeneutik. In: Flick, Uwe u.a. (Hrsg.): Handbuch Qualitative Sozialforschung. München (Psychologie Verlags Union) 1991a, S. 223-228

Reichertz, Jo: Aufklärungsarbeit. Kriminalpolizisten und Feldforscher bei der Arbeit. Stuttgart (Enke) 1991b

Riemann, Gerhard: Einige Anmerkungen dazu, wie und unter welchen Bedingungen das Argumentationsschema in biographisch-narrativen Interviews dominant werden kann. In: Soeffner, Hans-Georg (Hrsg.): Sozialstruktur und soziale Typik. Frankfurt a.M./New York (Campus) 1986, S. 112-157

Riemann, Gerhard: Das Fremdwerden der eigenen Biographie. München (Fink) 1987

Riggins, Stephen H.: The power of things: The role of domestic objects in the presentation of self. In: Riggins, Stephen H. (ed.): Beyond Goffman. Berlin, New York (Mouton de Gruyter) 1990, S. 341-367

Rosenthal, Gabriele: "...Wenn alles in Scherben fällt". Opladen (Leske + Budrich) 1987

Sacks, Harvey: The 1964-65 Lectures. In: Human Studies, Vol. 12, Nos. 3-4/1990

Sacks, Harvey/Schegloff, Emanuel/Jefferson, Gail: A simplest systematics for the organization of turn-taking for conversation. In: Language, Vol. 50/1974, S. 696-735

Schatzman, Leonard/Strauss, Anselm L.: Field Research - Strategies for a Natural Sociology. Englewood Cliffs, N.J. (Prentice-Hall) 1973

Schatzman, Leonard/Strauss, Anselm L.: Strategien für den Eintritt in ein Feld. In: Gerdes, Klaus (Hrsg.): Explorative Sozialforschung. Stuttgart (Klett-Cotta) 1979, S. 77-93

Scheler, Max: Probleme einer Soziologie des Wissens. In ders.: Die Wissensformen und die Gesellschaft. Bern, München (Francke) 1980, S. 15-190

Schenkein, Jim (ed.): Studies in the Organization of Conversational Interaction. New York (Academic Press) 1978

Scheuch, Erwin K.: Das Interview in der Sozialforschung. In: König, René (Hrsg.): Handbuch der empirischen Sozialforschung. Band 2. Stuttgart (Enke) 1973, S. 66-190

Schilling, H.: Wandschmuck unterer Sozialschichten. In: Wick, R./WickKmoch, A. (Hrsg.): Kunstsoziologie. Köln 1979, S. 335-355.

Schlenker, B.R.: Impression management: The self concept, social identity and interpersonal relations. Monterey, Cal. (Brooks) 1980

Schlösser, M.: Freizeit und Familienleben von Industriearbeitern. Frankfurt a.M./New York 1981.

Schneider, Gerald: Strukturkonzept und Interpretationspraxis der objektiven Hermeneutik. In: Jüttemann, Gerd (Hrsg.): Qualitative Forschung in der Psychologie. Weinheim, Basel (Beltz) 1985, S. 71-91

Schnell, Rainer/Hill, Paul B./Esser, Elke: Methoden der empirischen Sozialforschung. München, Wien (Oldenbourg) 1988

Schröer, Norbert: Der Kampf um Dominanz. Berlin/New York (de Gruyter) 1992

Schütz, Alfred: Gesammelte Aufsätze. Band 1. Den Haag (Nijhoff) 1971

Schütz, Alfred: Gesammelte Aufsätze. Band 2. Den Haag (Nijhoff) 1972

Schütz, Alfred: Der sinnhafte Aufbau der sozialen Welt. Frankfurt a.M. (Suhrkamp) 1974

Schütz, Alfred/Luckmann, Thomas: Strukturen der Lebenswelt. Band 1 und 2. Frankfurt a. M. (Suhrkamp) 1979 und 1984

Schütz, Alfred/Parsons, Talcott: Zur Theorie sozialen Handelns. Frankfurt a.M. (Suhrkamp) 1977

Schütze, Fritz u.a.: Grundlagentheoretische Voraussetzungen methodisch kontrollierten Fremdverstehens. In: Arbeitsgruppe Bielefelder Soziologen (Hrsg.): Alltagswissen, Interaktion und gesellschaftliche Wirklichkeit. Band 2. Reinbek b. Hbg. (Rowohlt) 1973, S. 433-495

Schütze, Fritz: Zur soziologischen und linguistischen Analyse von Erzählungen. In: Internationales Jahrbuch für Wissens- und Religionssoziologie. Band X. Opladen (Westdeutscher) 1975, S. 7-39

Schütze, Fritz: Zur Hervorlockung und Analyse von Erzählungen thematisch relevanter Geschichten im Rahmen soziologischer Feldforschung. In: Arbeitsgruppe Bielefelder Soziologen: Kommunikative Sozialforschung. München (Fink) 1976, S. 159-260

Schütze, Fritz: Die Technik des narrativen Interviews in Interaktionsfeldstudien. Bielefeld (Arbeitsberichte und Forschungsmaterialien Nr. 1) 1977

Schütze, Fritz: Prozeßstrukturen des Lebensablaufs. In: Matthes, Joachim/ Pfeifenberger, Arno/Stosberg, Manfred (Hrsg.): Biographie in handlungswissenschaftlicher Perspektive. Nürnberg (Verlag der Nürnberger Forschungsvereinigung) 1981, S. 67-156

Schütze, Fritz: Narrative Repräsentation kollektiver Schicksalsbetroffenheit. In: Lämmert, Eberhardt (Hrsg.): Erzählforschung. Stuttgart (Metzler) 1982, S. 568-590

Schütze, Fritz: Biographieforschung und narratives Interview. In: Neue Praxis, H. 3/1983, S. 283-293

Schütze, Fritz: Kognitive Figuren des autobiographischen Stegreiferzählens. In: Kohli, Martin/Robert, Günther (Hrsg.): Biographie und soziale Wirklichkeit. Stuttgart (Metzler) 1984, S. 78-117

Schuster, M./Woschek, B.P.: Von der Kreativität im Alltag, in der Kunst und in der Wissenschaft. In: liberal, H. 4/1985, S. 71-77.

Schwartz, Howard/Jacobs, Jerry: Qualitative Sociology. New York, London (Free Press) 1979

Schwartz, Morris S./Schwartz, Charlotte G.: Problems in Participant Observation. In: American Journal of Sociology, Vol. 60/1955, S. 343-353

Schweitzer, Arthur: Vom Idealtypus zum Prototyp. In: Zeitschrift für die gesamte Staatswissenschaft, 120/1964, S. 13-55

Scott, Marvin B./Lyman, Stanford M.: Praktische Erklärungen. In: Auwärter, Manfred/Kirsch, Edith/Schröter, Manfred (Hrsg.): Seminar: Kommunikation, Interaktion, Identität. Frankfurt a.M. (Suhrkamp) 1976, S. 73-114

Shibutani, Tamotsu: Reference Groups as Perspectives. In: American Journal of Sociology, Vol. 60/1955, S. 562-568

Simmel, Georg: Die Kreuzung sozialer Kreise. In ders.: Soziologie. Berlin (Duncker & Humblot) 1908, S. 305-344

Simmel, Georg: Philosophie des Geldes. Berlin (Duncker & Humblot) 1977

Sinn, Katja: 'Do-It-Yourself'. Eine volkskundliche Studie zum Phänomen des Heimwerkens. Göttingen (Magisterarbeit) 1991

Soeffner, Hans-Georg (Hrsg.): Interpretative Verfahren in den Sozial- und Textwissenschaften. Stuttgart (Metzler) 1979

Soeffner, Hans-Georg: Überlegungen zur sozialwissenschaftlichen Hermeneutik am Beispiel der Interpretation eines Textausschnitts aus einem 'freien' Interview'. In: Heinze, Thomas/Klusemann, H.W./Soeffner, H.-G. (Hrsg.): Interpretationen einer Bildungsgeschichte. Bensheim (päd.-extra) 1980, S. 70-96

Soeffner, Hans-Georg (Hrsg.): Beiträge zu einer empirischen Sprachsoziologie. Tübingen (Narr) 1982a

Soeffner, Hans-Georg: Statt einer Einleitung: Prämissen einer sozialwissenschaftlichen Hermeneutik. In ders. (Hrsg.): Beiträge zu einer empirischen Sprachsoziologie. Tübingen (Narr) 1982b, S. 9-48

Soeffner, Hans-Georg: Alltagsverstand und Wissenschaft. In: Zedler, Peter/Moser, Heinz (Hrsg.): Aspekte qualitativer Sozialforschung. Opladen: Leske+Budrich) 1983a, S. 13-50

Soeffner, Hans-Georg: 'Typus und Individualität' oder 'Typen der Individualität'? In: Wenzel, Horst (Hrsg.): Typus und Individualität im Mittelalter. München (Fink) 1983b, S. 11-44

Soeffner, Hans-Georg (Hrsg.): Beiträge zu einer Soziologie der Interaktion. Frankfurt a.M., New York (Campus) 1984a

Soeffner, Hans-Georg: Hermeneutik - Zur Genese einer wissenschaftlichen Einstellung durch die Praxis der Auslegung. In ders. (Hrsg.): Beiträge zu einer Soziologie der Interaktion. Frankfurt a.M., New York (Campus) 1984b, S. 9-52

Soeffner, Hans-Georg: Anmerkungen zu gemeinsamen Standards standardisierter und nicht-standardisierter Verfahren in der Sozialforschung. In: Kaase, Max/Küchler, Manfred (Hrsg.): Herausforderungen der Empirischen Sozialforschung. Mannheim (ZUMA) 1985, S. 109-126

Soeffner, Hans-Georg: Auslegung im Alltag - der Alltag der Auslegung. In: Klein, Jürgen/Erlinger, Hans Dieter (Hrsg.): Wahrheit, Richtigkeit, Exaktheit. Essen (Siegener Studien, Band 40) 1986a, S. 111-133

Soeffner, Hans-Georg (Hrsg.): Sozialstruktur und soziale Typik. Frankfurt a.M./New York (Campus) 1986b

Soeffner, Hans-Georg (Hrsg.): Kultur und Alltag (SB 6 von 'Soziale Welt'). Göttingen (Schwartz) 1988a

Soeffner, Hans-Georg: Luther - Der Weg von der Kollektivität des Glaubens zu einem lutherisch-protestantischenIndividualitätstypus. In: Brose, Hanns-Georg/Hildenbrand,Bruno (Hrsg.): Vom Ende des Individuums zur Individualität ohne Ende. Opladen (Leske + Budrich) 1988b, S. 107-147

Soeffner, Hans-Georg: Kulturmythos und kulturelle Realität(en). In ders. (Hrsg.): Kultur und Alltag. (SB 5 von 'Soziale Welt'). Göttingen (Schwartz) 1988c, S. 3-20

Soeffner, Hans-Georg: Auslegung des Alltags - Der Alltag der Auslegung. Frankfurt a.M. (Suhrkamp) 1989

Soeffner, Hans-Georg: Appräsentation und Repräsentation. In: Ragotzky, Hedda/Wenzel, Horst (Hrsg.): Höfische Repräsentation. Tübingen (Niemeyer) 1990, S. 43-63

Soeffner, Hans-Georg: Die Ordnung der Rituale - Punk, Papst und Politik. Frankfurt a.M. (Suhrkamp) 1992

Spiegelberg, Herbert A.: The Steps of the PhenomenologicalMethod. In ders.: The Phenomenological Movement. The Hague (Nijhoff) 1982, S. 681-715

Spradley, James P.: You Owe Yourself A Drunk. Boston (Little Brown) 1970

Spradley, James P.: The Ethnographic Interview. New York et al. (Holt, Rinehart and Winston) 1979

Spradley, James P.: Participant Observation. New York et al. (Holt, Rinehart and Winston) 1980

Spradley, James P./McCurdy, David W.: The Cultural Experience. Chicago et al. (SRA) 1972

Staden, Hans: Warhaftige Historia und beschreibung eyner Landtschafft der wilden nacketen grimmigen Menschfresser=Leuthen in der Newenwelt America gelegen. Marpurg 1557 (Faksimiledruck: Frankfurt a.M. (Wüsten & Co.) 1927)

Stagl, Justin: Kulturanthropologie und Kultursoziologie: Ein Vergleich. In: Neidhardt, Friedhelm/Lepsius, M.Rainer/Weiß, Johannes (Hrsg.): Kultur und Gesellschaft (SH 27 der 'KZfSS'). Opladen (Westdeutscher) 1986, S. 75-91

Stebbins, Robert A.: Amateurs. On the Margin between Work and Leisure. Beverly Hills/ London 1979.

Stonequist, Everett V.: The Marginal Man. New York 1961

Strauss, Anselm L.: Qualitative Analysis for Social Scientists. New York (Cambridge University Press) 1987 (deutsch: Grundlagen qualitativer Sozialforschung. München (Fink) 1991)

Strauss, Anselm/Corbin, Juliet: Basics of Qualitative Research. Newbury Park et al. (Sage) 1990

Sutherland, Edwin M.: The Professional Thief. Chicago 1937

Taylor, Charles: Leibliches Handeln. In: Metraux, Alexandre/Waldenfels, Bernhard (Hrsg.): Leibhaftige Vernunft. München (Fink) 1986, S. 194-217.

Tedeschi, J.T./Norman, N.: Social power, self-presentation and the self. In: Schlenker, B.R. (ed.): The self and social life. New York (McGraw Hill) 1985, S. 293-323

Thomas, William I.: The Definition of the Situation. In: Manis, Jerome/Meltzer, Bernard N. (eds.): Symbolic Interaction. Boston (Allyn and Bacon) 1978, S. 254-257

Thomas, William I./Znaniecki, Florian: The Polish Peasant in Europe and America. 2 Volumes. New York (Knopf) 1926

Thomssen, Willke: Deutungsmuster - eine Kategorie der Analyse von gesellschaftlichem Bewußtsein. In: Weymann, Ansgar (Hrsg.): Handbuch für die Soziologie der Erwachsenenbildung. Darmstadt, Neuwied (Luchterhand) 1980, S. 358-373

Ueding, Gert/Steinbrink, Bernd: Grundriss der Rhetorik. Stuttgart (Metzler) 1986

Ulmer, Bernd: Konversionserzählungenals rekonstruktive Gattung. In: Zeitschrift für Soziologie, 17. Jg., H. 1/1988, S. 19-33

Unruh, David: Characteristics and Types of Participation in Social Worlds. In: Symbolic Interaction, No. 2/1979, S. 115-129

Unruh, David: The Nature of Social Worlds. In: Pacific Sociological Review, Vol. 23, No. 3/1980, S. 271-296

Vico, Giambattista: Die Neue Wissenschaft von der gemeinschaftlichen Natur der Nationen. Frankfurt (Klostermann) 1981

Vonderach, Gerd: Verstricktsein in Sprachspiele, Metaphern und Geschichten. Leer 1986

Vonderach, Gerd: Geschichtenkonzept und empirische verstehende Soziologie. In: Hillmann, Karl-Heinz/Lange, Elmar (Hrsg.): Theoretische Ansätze zur Wirtschaftssoziologie. Bielefeld (Universitätsdruck) 1989

Vonderach, Gerd/Siebers, Ruth/Barr, Ulrich: Arbeitslosigkeit und Lebensgeschichte. Oldenburg (Universitätsdruck) 1990

Voß, Andreas: Betteln und Spenden. Berlin/New York (de Gruyter) 1993

Wax, Rosalie H.: Doing Fieldwork. Chicago (University of Chicago Press) 1975

Webb, Eugene J: Unconventionality, Triangulation and Inference. In: Denzin, Norman K. (Hrsg.): Sociological Methods. London (Butterworths) 1970, S. 449-457

Weber, Max: Soziologische Grundbegriffe. In ders.: Methodologische Schriften. Frankfurt a.M. (Fischer) 1968, S. 279-340

Weber, Max: Der Sinn der 'Wertfreiheit' der soziologischen und ökonomischen Wissenschaften. In ders.: Gesammelte Aufsätze zur Wissenschaftslehre. Tübingen (Mohr) 1973a, S. 489-540

Weber, Max: Die 'Objektivität' sozialwissenschaftlicher und sozialpolitischer Erkenntnis. In ders: Gesammelte Aufsätze zur Wissenschaftslehre. Tübingen (Mohr/Siebeck) 1973b, S. 146-214

Weber, Max: Die protestantische Ethik und der Geist des Kapitalismus. In ders.: Gesammelte Aufsätze zur Religionssoziologie. Band 1. Tübingen (Mohr) 1978, S. 17-206

Weller, Susan C./Romney, A. Kimball: Systematic Data Collection. Beverly Hills et al. (Sage) 1988

Whyte, William F.: Street Corner Society. Chicago (University of Chicago Press) 1981

Wiedemann, Peter: Deutungsmusteranalyse. In: Jüttemann, Gerd (Hrsg.): Qualitative Forschung in der Psychologie. Weinheim, Basel (Beltz) 1985, S. 212-226

Wiedemann, Peter: Erzählte Wirklichkeit. München (Psychologie Verlags Union) 1986

Wilson, Thomas P.: Qualitative 'oder' quantitative Methoden in der Sozialforschung. In: Kölner Zeitschrift für Soziologie und Sozialpsychologie, H. 3/1982, S. 487-508.

Winkler, Peter: Phonetische und konversationsanalytische Interpretationen: Eine Vororientierung. In: Linguistische Berichte, Vol. 68/1980, S. 67-84

Winter, Rainer: Zwischen Kreativität und Vergnügen. Der Gebrauch des postmodernen Horrorfilms. In: Müller-Doohm, Stefan/Neumann-Braun, Klaus (Hrsg.): Öffentlichkeit, Kultur, Massenkommunikation. Oldenburg (BIS der Universität) 1991, S. 213-230

Witzel, Andreas: Verfahren der qualitativen Sozialforschung. Frankfurt, New York (Campus) 1982

Wolff, Kurt H.: Surrender and Catch. Dordrecht/Boston (Reidel) 1976

Wolff, Stephan: Der rhetorische Charakter sozialer Ordnung. Berlin (Duncker & Humblot) 1976

Wolff, Stephan: Das Gespräch als Handlungsinstrument. In: Kölner Zeitschrift für Soziologie und Sozialpsychologie, H. 1/1986, S. 55-84

Yearley, Steven: Textual Persuasion: The Role of Social Accounting in the Construction of Scientific Arguments. In: Philosophy of the Social Sciences, Vol. 11/1981, S. 409-435

Zerssen, Detlef von: Methoden der Konstitutions- und Typenforschung. In: Thiel, Manfred
(Hrsg.): Enzyklopädie der geisteswissenschaftlichen Arbeitsmethoden. München (Olden-
bourg) 1973, S. 35-144
Ziegler, Rolf: Typologien und Klassifikationen. In: Albrecht, Günter/Daheim, Hansjürgen/Sack,
Fritz (Hrsg.): Soziologie. Opladen (Westdeutscher) 1973, S.11-47
Zinnecker, Jürgen: Einige strategische Überlegungen zur hermeneutisch-lebensgeschichtlichen
Forschung. In: Zeitschrift für Sozialisationsforschung und Erziehungssoziologie, H. 2/1982,
S. 297-306